石油高职教育"工学结合"规划教材

钻井液使用与维护

（第二版）

主　编　郏志刚
副主编　张远弟　詹美萍

石油工业出版社

内 容 提 要

本书紧密结合生产岗位实际，以真实工作任务及其生产过程为依据，整合、序化教学内容，科学设计学习性工作任务，阐述了钻井液的使用与检测、钻井液的配制、钻井液固控设备的使用与维护、钻井液的维护处理、井下复杂情况和事故的钻井液处理、钻井液 HSE 管理等内容。

本书可供石油高职高专院校油田化学、石油工程、钻井技术等专业学生使用，也可作为职工岗位培训教材及现场钻井液技术人员技能鉴定的参考书。

图书在版编目（CIP）数据

钻井液使用与维护/郏志刚主编. —2 版. —北京：石油工业出版社，2024.5
石油高职教育"工学结合"规划教材
ISBN 978-7-5183-6653-8

Ⅰ.①钻⋯　Ⅱ.①郏⋯　Ⅲ.①钻井液-高等职业教育-教材　Ⅳ.①TE254

中国国家版本馆 CIP 数据核字（2024）第 079234 号

出版发行：石油工业出版社
　　　　　（北京市朝阳区安华里二区 1 号楼　100011）
　　　　　网　　址：www.petropub.com
　　　　　编辑部：（010）64523733
　　　　　图书营销中心：（010）64523633　（010）64523731
经　　销：全国新华书店
排　　版：三河市聚拓图文制作有限公司
印　　刷：北京中石油彩色印刷有限责任公司

2024 年 5 月第 2 版　　2024 年 5 月第 1 次印刷
787 毫米×1092 毫米　　开本：1/16　　印张：14.25
字数：364 千字

定价：36.00 元
（如发现印装质量问题，我社图书营销中心负责调换）
版权所有，翻印必究

第二版前言

《钻井液使用与维护》的再版是依据《教育部关于职业院校专业人才培养方案制订与实施工作的指导意见》和2020年《中国石油天然气集团公司职业技能培训教程》的相关要求进行的。总的思想和培养目标是要明确学生的知识、能力和素质要求，保证培养规格，注重"学用相长、知行合一"。本书首次纳入"思政要点"，在培养学生的创新精神、实践能力，以及增强学生的职业适应能力和可持续发展能力的同时，着重培养学生热爱工作、热爱集体、热爱国家的乐观主义奉献精神。

全书共分为六个学习情境，每个学习情境下都有若干个子项目及应会技能训练，其内容都围绕着现场技能作业和考工技能训练项目编制，让学生在学习该课程的过程中注重岗位知识、岗位技能的学习和训练。本书以现场"钻井液工"的岗位情景和岗位身份为切入点，以钻井液相邻知识领域为拓展引领，具体来说就是以钻井液为视角，使学生对钻井地质、钻井作业、钻井事故、钻井井控及石油工程HSE等专业领域有更深入的理解和掌握，使学生进入工作岗位后，能尽快融入和适应石油钻井工、钻井液工、录井工等岗位的要求，从而拓展学生的就业渠道，增强学生的就业市场竞争力。本书从内容设计上看，既是专业知识书，又是岗位培训、作业工具书，这样可以极大地将理论知识与实践技能紧密联系起来，从而发挥该门课程服务一线、培养岗位群的作用。

本书由天津石油职业技术学院石油工程学院石油工程教研室主任郑志刚任主编，石油工程教研室副主任张远弟、石油地质教研室主任詹美萍任副主编，原渤海石油职业学院石油工程教研室谢培勇（现调中石油华港燃气集团公司）、中石油渤海钻探二公司40666钻井队技术员李振山、石油工程教研室王若男等参与编写。具体编写分工如下：学习情境一、二由李振山、王若男编写；学习情境三由谢培勇编写；学习情境四、六由张远弟、詹美萍编写；学习情境五由郑志刚编写；石油工程教研室其他教师负责绘图及资料整理工作。

本书在编写过程中还得到了新疆派特罗尔能源服务股份有限公司、中国石油渤海钻探二公司、中国石油华北油田井控中心等单位的大力支持，在此一并表示衷心的感谢！

由于编者水平有限，书中难免有疏漏及错误之处，请读者批评指正。

编 者
2024年2月

第一版前言

2011年12月，石油工业出版社组织10所石油高职院校的老师讨论了《钻井液使用与维护》《石油钻井设备使用与维护》《钻井作业HSE与安全操作》《钻井井控技术》四本"工学结合"教材的大纲。本教材就是依据此大纲编写的。

本书的特色是以培养高技能型人才为目标，根据行业企业发展和完成职业岗位实际工作任务所需要的知识、能力、素质要求，选取教学内容；遵循学生职业能力培养的基本规律，以真实工作任务及其工作过程为依据，整合、序化教学内容，科学设计学习性工作任务，将教、学、做相结合，理论与实践一体化。

本书紧密结合岗位实际，按照"以应用为目的，理论知识够用为度"的原则，针对性地选择了实用性、应用性较强的内容。全书共分为六个教学情境、二十九个项目，下设若干个任务。每个项目包含知识目标、能力目标、任务描述、任务分析、相关知识、任务考核。学生完成所有学习情境的学习，考试合格后，能够达到钻井液中级工水平。本书由天津石油职业技术学院孙焕引、大庆职业学院刘传任主编，山东胜利职业学院刘日华、松原石油职业技术学院姚天野任副主编。

本书由渤海石油职业学院晏炳利、庞玉池，渤海钻探工程有限公司第四钻井工程分公司王立泉编写学习情境一；刘传编写学习情境二的项目一、学习情境五的项目四；克拉玛依职业技术学院赵翔编写学习情境二的项目二、三；山东胜利职业学院刘日华、王晓琛编写学习情境二的项目四、五；天津工程职业技术学院王增才编写学习情境三的项目一、二、三；孙焕引编写学习情境三的项目四、五、六；辽河石油职业技术学院李加旭编写学习情境四和学习情境六的项目一、二、三；松原石油职业技术学院姚天野、刘艳杰编写学习情境五的项目一、二、三；延安职业技术学院武世新编写学习情境六的项目四、五；辽河石油职业技术学院张玉蝶编写学习情境六的项目六；天津石油职业技术学院陈蓓编写学习情境六的项目七。全书由孙焕引统稿，由中国石油渤海钻探泥浆技术服务公司霍仰春、杨贺卫审稿。

本书在编写过程中借鉴了许多国内外钻井液领域专家和技术人员的科研成果以及石油类相关网站的信息和资料，在此一并表示衷心感谢。

由于编者水平有限，对本书出现的疏漏、错误之处，恳请各位专家、教师和学生提出宝贵意见。

编 者
2012年12月

目 录

学习情境一　钻井液的使用与检测 1

项目一　钻井液的发展、分类和作用 2
项目二　钻井液的性能 10
项目三　钻井液性能的测定仪器 23
项目四　钻井液工岗位职责和巡回检查 39
项目五　应会技能训练——钻井液的性能测定 47

学习情境二　钻井液的配制 54

项目一　钻井液配制材料的选择 54
项目二　细分散钻井液的配制 65
项目三　粗分散钻井液的配制 68
项目四　聚合物钻井液的配制 72
项目五　油基钻井液的配制 83
项目六　应会技能训练——钻井液的配制 88

学习情境三　钻井液固控设备的使用与维护 94

项目一　固控设备 94
项目二　辅助设备 108
项目三　固控分析与控制 118
项目四　应会技能训练——钻井液固控设备的维护保养与测定 125

学习情境四　钻井液的维护处理 131

项目一　地质与钻井液的关系 131
项目二　常规井钻井液的维护处理 137
项目三　特殊井钻井液的维护处理 146
项目四　钻开油气层和完井的维护处理 160
项目五　应会技能训练——特殊钻井液的配制 164

学习情境五　井下复杂情况和事故的钻井液处理 … 169

　项目一　井漏事故的预防与处理 … 170

　项目二　井塌事故的预防与处理 … 173

　项目三　卡钻事故的预防与处理 … 177

　项目四　溢流事故的预防与处理 … 186

　项目五　应会技能训练——根据井下事故调整钻井液性能 … 191

学习情境六　钻井液 HSE 管理 … 199

　项目一　钻井液、处理剂的危害 … 199

　项目二　钻井液对健康、环境危害的方式 … 204

　项目三　钻井液环保技术 … 211

　项目四　现场安全与救护 … 216

　项目五　应会技能训练——正压式空气呼吸器的佩戴与洗眼器的使用 … 218

参考文献 … 221

学习情境一　钻井液的使用与检测

　　钻井液是钻井过程中以其多种功能满足钻井工作需要的各种循环流体的总称。它与井下事故处理中的解卡液、润滑液、堵漏液，固井中的前置液（清洗液）、隔离液、顶替液，以及采修中的压裂液等都是油气开采中的重要液态流体，是石油工程中的一个重要组成部分。钻井液也被称作钻井工程的血液，又称钻孔冲洗液。它的成分根据需要也变得极为复杂，基本形态可分为清水、泥浆、油水混合液（油包水）、泡沫和压缩空气等。清水是使用最早的钻井液，无须处理，使用方便，适用于地表沙土层、完整无高压岩层和水源充足的地区；泥浆是广泛使用的钻井液，主要适用于松散、裂隙发育、易坍塌掉块、遇水膨胀剥落等孔壁不稳定岩层；油水混合液（油包水）适用于深井或超深井的高温高压地层；泡沫和压缩空气适用于储层复杂、压力较低、易塌易漏的地层。

　　钻井液的循环是通过钻井泵来维持的。钻井泵依靠机械传动或电动机驱动，从钻井液上水池（钻井液罐）中吸入钻井液并形成高压后排出，再经过地面高压管汇、立管、水龙带、水龙头、方钻杆（或顶驱）、钻杆、钻铤到达钻头，最后从钻头水眼上的喷嘴喷出，如图 1-1-1 所示。这个过程中钻井液润滑了钻具、清洗了井底、稳定了井壁，同时携带钻头切削下的岩屑沿钻柱与井壁（或套管）形成的环形空间向上流动。到达地面后，经地面低压管汇流入钻井液罐，再经各种固控设备进行处理后返回上水池（储备罐），最后再次进入钻井泵循环使用。钻井液流经的各种管件、设备构成了一整套钻井液循环系统。

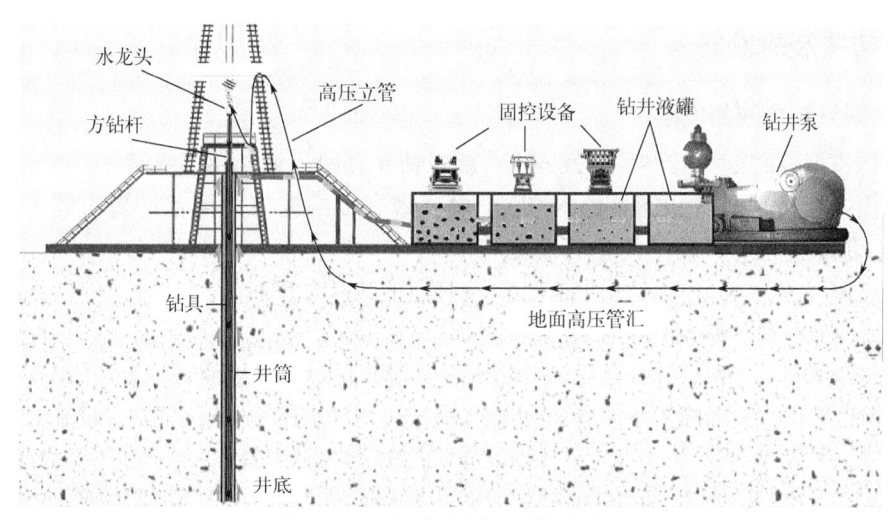

图 1-1-1　钻井液循环系统示意图

知识目标

（1）了解钻井液的发展、成分和在油气开发中的作用；

（2）掌握钻井液的分类及流体性能；

(3) 掌握钻井液工的岗位职责；
(4) 掌握钻井液的检测参数及测定方法。

技能目标

(1) 会根据钻井需要正确使用钻井液；
(2) 会坐岗观察钻井液动态；
(3) 会对钻井液及固控装置进行巡回检查；
(4) 会使用仪器对钻井液密度、黏度、切力、滤失量、含砂量和 pH 值进行测定操作。

思政要点

回顾历史，我国石油工业自诞生就面临着资源匮乏、设备落后、技术封堵等诸多困难，正是一代代石油人的奉献才铸就了国家强大的基石。钻井液的发展与我国石油工业的发展是紧密相连的，发展至今，我国钻井液质量从劣到优、功能从弱到强、门类从偏到全，在石油领域应用中，基本上能实现完全国产化。

新时代的石油人要接过石油科技的接力棒，继续钻研业务、推陈出新，打造以科技为支撑的石油产业，以更好、更完善的钻井液体系满足更新型的钻井需要，为国家能源安全持续发力。

项目一　钻井液的发展、分类和作用

一、钻井液的发展

(一) 国外钻井液的发展

(1) 初步形成时期（1888—1928 年）：旋转钻井开始，最初用清水钻井。
(2) 快速发展时期（1928—1948 年）：发现带有砂的泥浆比清水的携带能力更好，于是出现细分散钻井液，并使用简单的处理剂。
(3) 高速发展时期（1948—1965 年）：发现细分散钻井液的不足——抗侵能力差，于是发展为钙处理、适度絮凝的粗分散钻井液。
(4) 科学优化时期（1965 至今）：高压喷射钻井中，要求低固相，于是出现聚合物不分散低固相钻井液。20 世纪 80 年代末 90 年代初至今，先后出现正电胶、硅酸盐、甲酸盐、多元醇、生物降解型等钻井液体系，具体就是聚合物钻井液、MMH 钻井液、合成基钻井液、聚合醇钻井液、甲酸盐钻井液和硅酸盐钻井液，并得到广泛应用。但都没有形成主流，不能完全取代聚合物钻井液体系。与此同时，20 世纪 40 年开始使用的油基钻井液也在不断发展，从开始用原油发展为柴油，再到矿物油；从全油基发展为油包水乳化钻井液；从有毒污染的油基发展为低毒无毒的油基钻井液。

(二) 国内钻井液的发展

(1) 20 世纪 50—60 年代：分散钻井液；钙处理钻井液（以石灰、石膏及氯化钙为絮凝剂）；盐水钻井液。

（2）20世纪70年代：低固相铁铬混油（或盐水）钻井液；褐煤氯化钙钻井液；褐煤石膏钻井液；低固相饱和盐水钻井液；高分子有机处理剂钻井液。

（3）20世纪80年代：我国钻井液技术有了很大发展，主要表现在三磺钻井液（磺化酚醛树脂、磺化褐煤和磺化栲胶）在全国推广使用后，创下了钻超深井7175m的记录。低固相不分散聚合物钻井液技术在我国得到全面推广，开始仅使用聚丙烯酰胺单一聚合物絮凝剂，之后陆续研制成功了不同基团、不同分子量的聚合物处理剂，形成了多种聚合物钻井液体系。由于聚合物钻井液具有良好的护壁作用，特别是甲基聚合物钻井液在很大程度上解决了泥页岩地层的坍塌问题，从而极大地提高了钻井速度。我国又相继研制成功了油包水乳化加重钻井液，并在华北油田、新疆油田和中原油田得到成功应用，有效地解决了钻遇大段盐膏层和水敏性泥页岩地层所遇到的各种复杂问题。这些成果的获得离不开钻井液处理剂和原材料品种的迅速增加与完善。1978年我国钻井液处理剂仅有40多种，至1983年增至76种，1985年已达16个门类共129种。

（4）1986—1990年（"七五"期间）：我国科研人员再次对聚合物钻井液进行了全面系统的研究，先后研制出了两性离子聚合物钻井液和阳离子聚合物钻井液新体系，并在全国许多油田推广使用，取得了良好效果。将聚合物处理剂的类型从阴离子扩展到阳离子、两性离子，并对大、中、低分子量聚合物处理剂及其复配作用在抑制性、降滤失、降黏作用机理方面进行了系统研究，形成了由阳离子包被剂、降滤失剂、降黏剂、防塌剂等组成的全阳离子聚合物钻井液体系。为保护油气层、提高钻速、开发小型敏感脆弱储层，实现欠平衡压力钻井，又研发了泡沫和充气钻井液技术。其中，使用泡沫钻成的油井井深达到3232m。

为了有效地解决井壁失稳问题，国内专家系统地研究了各类钻井液及其处理剂与井壁稳定性的关系，研制出了各种具有强抑制性的防塌钻井液体系，同时研制出了可应用于复杂盐膏层的过饱和盐水钻井液和油包水乳化钻井液等。

针对我国油气产层日益加深的问题，又研制出了应用于深井、超深井的聚磺钻井液体系。该体系兼有聚合物钻井液和三磺钻井液的优点，既有很强的抑制性，又改善了高温高压条件下钻井液的性能。因此，作业中大大地减少了井下复杂情况的发生，提高了机械钻速，降低了开采成本。

（5）1991—1995年（"八五"期间）：我国钻井液技术又有了突飞猛进的发展。具体表现为：聚合物钻井液技术又有了新的发展，其中两性离子聚合物钻井液技术更加成熟和完善，研制出了两性离子聚合物加重钻井液，最高密度可达$2.03g/cm^3$。同期又发展了混合金属层状氢氧化物（MMH）钻井液（也称正电胶钻井液）技术。这类钻井液除具有独特的流变特性外，同时还具有强抑制性、防漏、减少油气层伤害、有利于提高钻速等性能。后又发展了水平钻井液配套技术，成功地解决了钻水平井时所遇到的携屑、井壁稳定、防漏堵漏、钻井液润滑性和保护油气层技术等技术难题，其成果在总体上达到20世纪90年代国际先进水平。至1993年，我国钻井液处理剂已有16个门类共246种。

（6）2000年至今：20多年来，随着当前复杂地层深井、超深井及特殊工艺井越来越多，人们对钻井液技术提出了更高的要求，我国钻井液体系的发展也有了日新月异的变化，钻井液在保障钻井井下安全、稳定井壁、提高钻速、保护储层等方面的作用更是日益突出。人们开展了大量的应用基础理论和新技术研究，取得了一系列的研究成果和应用技术：

① 井壁稳定技术。a. 高性能水基钻井液技术：该钻井液体系中，黏土优先吸附聚胺盐的胺基，导致黏土晶层间脱水，降低水化膨胀；铝酸盐络合物进入泥页岩后形成沉淀，与地层矿物基质结合，提高井壁稳定性；钻速提高剂能有效覆盖钻屑和金属表面，避免钻头泥包；可变形聚合物封堵剂能与泥页岩微孔隙相匹配，形成紧密填充。b. 成膜水基钻井液技术：通过在水基钻井液中加入成膜剂，可以在泥页岩井壁表面形成高质量的膜，从而防止钻井液滤液进入地层，保护储层和稳定井壁，类似于油基钻井液的作用。c. 井壁"贴膜"技术或称井壁"镶衬"技术：利用树脂的光固化反应性能，可在井壁上生成一层类似壁纸的"贴膜"，从而实现稳定井壁、防漏堵漏、提高地层承压能力和保护储层的综合效果。

② 严重漏失堵漏塞技术。采用高滤失—高固相钻井液配制，经过漏层时，液相挤压钻井液而快速形成滤饼封堵漏层。该产品抗温可达232℃，环境友好，且封堵效果不受速凝剂、缓凝剂、温度及时间的影响。

③ 抗高温钻井液技术。抗高温处理剂可使钻井液具有良好的剪切稀释性和携带能力，抗温达180℃，运用该处理剂的钻井液在233℃的温度下仍能保持良好的黏度，不会发生高温絮凝等问题。

④ 大位移井钻井液技术。大位移井主要应用于海上油田的开发和海油陆采，主要采用的是高效润滑水基钻井液和油基钻井液。

(三) 钻井液的发展趋势

(1) 低密度和超低密度钻井液技术，以满足枯竭地层和低压超低压地层的钻井需求。
(2) 水基和油基钻井液技术，有助于提高机械钻速。
(3) 稳定井壁钻井液技术，降低地层坍塌压力。
(4) 抗高温（230~350℃）、高盐、高密度（2.6g/cm³）钻井液技术。
(5) 水平井、大位移井及特大位移井钻井液技术。
(6) 自适应性防漏堵漏技术，能够自适应性封堵不同大小孔缝。
(7) 新型合成基、油基钻井液及后续处理再利用系列技术。
(8) 深水钻井液技术，适用于海洋深水钻井的钻井液体系及配套技术。
(9) 环保型钻井液及钻井液废弃物无害化处理技术。
(10) 能动态模拟井下条件的钻井液性能及储层保护评价新设备，为合理的钻井液与储层保护设计提供科学依据。

二、钻井液的分类

石油开采一个多世纪，特别是旋转钻井诞生至今，对钻井液的依赖日趋加剧。伴随着钻井液工艺技术的不断发展，钻井液的种类越来越多。目前，国内外对钻井液有着各种不同的分类方法。普遍有以下几种分类：

(1) 按其密度大小，钻井液可分为非加重钻井液和加重钻井液。
(2) 按黏土水化作用的强弱，钻井液可分为非抑制性钻井液和抑制性钻井液。
(3) 按其固相含量的不同，钻井液可分为低固相钻井液和无固相钻井液。
(4) 按其流体介质的不同，钻井液可分为水基钻井液、油基钻井液、泡沫钻井液、合成基钻井液和气体钻井液等，如图1-1-2所示。

水基钻井液是由膨润土、水（或盐水）、各种处理剂、加重材料及钻屑所组成的多相分

图 1-1-2　钻井液分类示意图

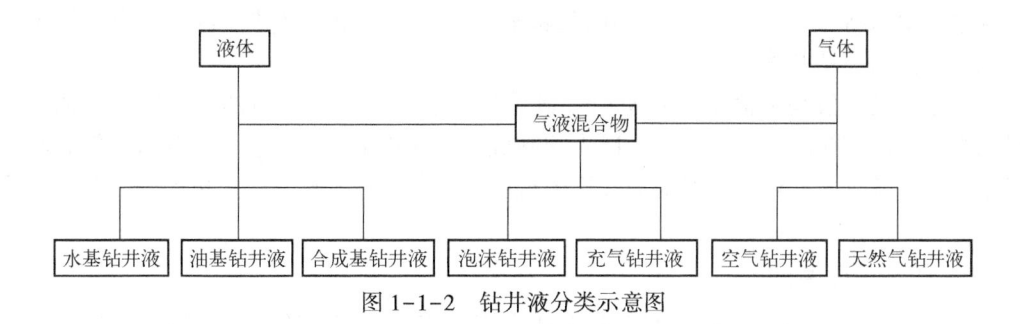

散体系。其中膨润土和钻屑的平均密度均为 2.6g/cm³，通常称它们为低密度固相，而加重材料常被称为高密度固相。最常用的加重材料为重晶石，其密度为 4.2g/cm³。由于在水基钻井液中膨润土是最常用的配浆材料，在其中主要起提黏切、降滤失和造壁等作用，因而又将它和重晶石等加重材料统称为有用固相，而将钻屑称为无用（或有害）固相。在钻井液中，应通过各种固控设备和措施尽量减少无用固相含量，膨润土的用量也应以够用为度，不宜过大。否则，会造成钻井液黏切过高、流变性变差、循环压耗增大、泵压和井底压力升高等，还会严重影响机械钻速，并对保护油气层产生不利影响。

由于水基钻井液在实际应用中一直占据着主导地位，根据体系在组成上的不同又将其分为若干类型。在参考国际对钻井液分类标准的基础上，被广泛认可的钻井液分类如下。

(一) 分散钻井液

分散钻井液是指用淡水、膨润土和各种对黏土与钻屑起分散作用的处理剂（简称分散剂）配制而成的水基钻井液。它是一类使用历史较长、配制方法较简单、配制成本较低的常用钻井液。其主要特征是：

(1) 可容纳较多固相，适于配制高密度钻井液。

(2) 易于在井壁上形成较致密的滤饼，因此其滤失量一般较低。

(3) 一些分散钻井液，如以磺化栲胶、磺化褐煤和磺化酚醛树脂作为主处理剂的三磺钻井液就具有较强的抗温能力，适于在深井和超深井中的使用。

但与其他类型钻井液相比，它也存在一些缺点：抑制性和抗污染能力较差；因固相含量较高，对提高钻速和保护油气层均有不利的影响。

(二) 钙处理钻井液

钙处理钻井液体系主要由含 Ca^{2+} 的无机絮凝剂、降黏剂和降滤失剂组成。其组成体系的特点是同时含有一定质量浓度的 Ca^{2+}（钙离子）和分散剂。Ca^{2+} 通过与水化作用很强的钠膨润土发生离子交换，使一部分钠膨润土转为钙膨润土，从而减弱水化度。分散剂的作用是防止 Ca^{2+} 引起体系中的黏土颗粒过度絮凝，使其保持在适度的絮凝状态。其主要特征是：

(1) 性能较稳定，抗盐、钙污染的能力较强。

(2) 对所钻地层中的黏土有抑制其水化分散的作用，可控制页岩坍塌和井径扩大。

(3) 钻井液中黏土细颗粒含量较少，对油气层的伤害程度相对较小。

(三) 盐水钻井液

盐水钻井液分为普通盐水钻井液（简称盐水钻井液）和饱和盐水钻井液两类。盐水钻井液是用盐水（或海水）配制而成的。其盐含量从 1%（Cl^- 含量为 6000mg/L）直至饱和

（Cl⁻含量为189000mg/L）之间的范围内都属于这种类型。盐水钻井液也是一类对黏土水化有较强抑制作用的钻井液。

饱和盐水钻井液是指钻井液中NaCl（氯化钠）含量达到饱和时的盐水钻井液体系。它可以用饱和盐水直接配制而成，也可以先配制成钻井液再加盐至饱和。饱和盐水钻井液主要用于钻其他水基钻井液难以对付的大井段岩盐层和复杂的盐膏层，也可以作为完井液和修井液使用。

（四）聚合物钻井液

聚合物钻井液是以某些具有絮凝和包被作用的高分子聚合物作为主处理剂的水基钻井液。由于这些聚合物的存在，体系所包含的各种固相颗粒可保持在较粗的粒度范围内，与此同时所钻出的岩屑也因及时受到保护而不易分散成细微颗粒。其主要特征是：

（1）钻井液的密度和固相含量低，钻速高，对油气层的伤害程度也较小。

（2）钻井液剪切稀释性强。在一定泵排量下，环空流体的黏度、切力较高，因此具有较强的携带岩屑的能力。同样，在钻头喷嘴处的高剪切速率下，流体的流动阻力较小，有利于提高钻速。

（3）聚合物处理剂具有较强的包被和抑制分散的作用，有利于保持井壁稳定。因此，自20世纪70年代发展应用以来，此类钻井液一直在国内外得到十分广泛的应用，并且其工艺技术也得到不断发展和完善。

（五）钾基聚合物钻井液

钾基聚合物钻井液是以各种聚合物的钾（或铵、钙）盐和KCl（氯化钾）为主处理剂的防塌钻井液。其主要特征是：

（1）在各种常见无机盐中，KCl抑制黏土水化分散的效果最好，而聚合物处理剂的存在使该类钻井液具有聚合物钻井液的各种优良特性。

（2）在钻遇泥页岩地层时，使用它可以取得比较理想的防塌效果。

（六）油基钻井液

油基钻井液是以水为分散相，油（通常使用柴油或矿物油）为连续相，并添加适量乳化剂、润湿剂、亲油的固体处理剂（有机土、氧化沥青等）、石灰和加重材料所形成的乳状液体系。目前含水量在5%以下的普通油基钻井液已较少使用，而主要以油水比在（50~80）：（50~20）范围内的油包水乳化钻井液最为常用。与水基钻井液相比，其主要特征是：

（1）抗高温。

（2）有很强的抑制性。

（3）有很强的抗盐、钙的污染能力。

（4）润滑性好。

（5）能有效地减轻对油气层的伤害。

（6）成本较高、配制工艺复杂、易污染环境，因此其应用受到一定限制。

（七）合成基钻井液

合成基钻井液是以合成的有机化合物作为连续相，盐水作为分散相，含有乳化剂、降滤失剂、流型改进剂的一类新型钻井液。其主要特征是：

（1）用无毒且能够生物降解的非水溶性有机物取代了柴油，保持了油基钻井液的各种优良特性。

（2）极大减轻了钻井液排放时对环境造成的不良影响，尤其适用于海上钻井。

（八）气体型钻井流体

气体型钻井流体主要适用于钻低压油气层、易漏失地层及某些稠油油层。气体型钻井流体的特点是密度低，钻速快，可有效保护油气层，并能有效防止井漏等复杂情况的发生。通常将气体型钻井液按流体介质分为以下4种类型：

（1）空气或天然气钻井流体：钻井中使用干燥的空气或天然气作为循环流体。关键是必须有足够大的注入压力，以保证能达到将全部钻屑从井底携至地面的环空流速。

（2）雾状钻井流体：将少量液体分散在空气介质中所形成的雾状流体，是空气钻井流体和泡沫钻井流体之间的一种过渡形式。

（3）泡沫钻井流体：一种气体介质（一般为空气）分散在液体中，并添加适量发泡剂和稳定剂形成的分散体系。

（4）充气钻井液：有时为了降低钻井液密度，将气体（一般为空气）均匀地分散在钻井液中而形成的一种钻井液。混入的气体越多，钻井液密度越低。

（九）保护油气层钻井液

保护油气层钻井液是指在储层中钻进时使用的一种钻井液。当一口井钻达其目的层时，所设计的钻井液不仅要满足钻井工程和地质的要求，还要满足保护油气层的需要。比如，钻井液密度和流变参数应调整至合理范围（避免储层漏失，影响采收率）；滤失量应尽可能低，所选用的处理剂应与油气层相匹配，还要选用适合的暂堵剂等（避免伤害储层，影响开采和冶炼成本）。

三、钻井液的作用

（一）清洁井底、悬浮和携带岩屑

钻井作业中，保证井底清洁、钻出的岩屑能及时离开井底上返至地面的原因是钻井液的黏度和切力指标。因此，在满足钻井液其他性能的同时，保证钻井液适当的黏度和切力就显得非常重要，对以往的钻井井下事故案例的研究也证明了这一点。

（1）钻井液首要和最基本的功用，就是通过其本身的循环，将井底被钻头破碎的岩屑冲离井底携至地面，保持井底钻头工作面的清洁，保证钻头在井底始终接触和破碎新地层，不造成重复切削，确保安全、快速钻进。否则，会造成泵压升高、钻速下降、钻头磨损加剧、使用寿命缩短等，同时还极易诱发沉砂卡钻事故。

（2）钻井液能悬浮破碎的岩屑，并在钻井液具有一定上返速度时将岩屑携带至地面，以保持井眼清洁，使起下钻畅通无阻。否则，会造成钻具磨损增大、井底压力增大、钻具旋转损耗增大等，同时还极易诱发井漏事故、沉砂和砂桥卡钻事故等。

（3）在接单根、起下钻或因故停止循环时，钻井液又将井内的钻屑悬浮在钻井液中，使钻屑不会很快下沉，防止沉砂卡钻等情况的发生。

相关知识：

沉砂卡钻事故通常出现在钻进接单根作业后，表现为钻具无法下放、上提或旋转，开泵循环时，泵压升高有憋泵现象。主要原因就是钻井液的黏度切力过低，导致悬浮、携屑能力下降，使井底有害固相（岩屑）含量增大。当接单根停泵后，岩屑不能悬浮，迅速下沉至井底,从而填埋钻头和钻具造成卡钻,如图 1-1-3 所示。

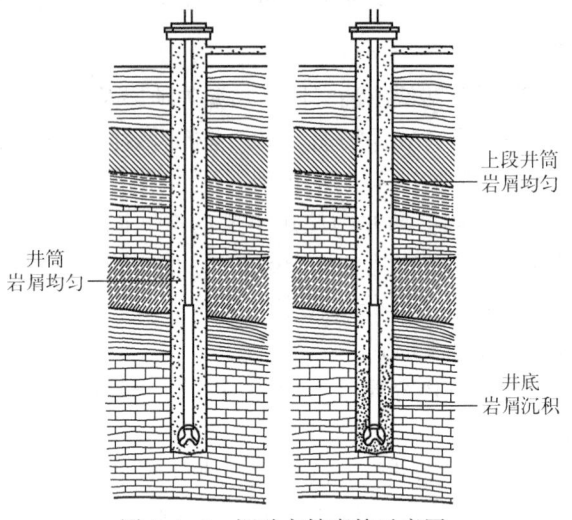

图 1-1-3 沉砂卡钻事故示意图

(二) 平衡地层压力

在地层中,不同的地质构造、岩石特性、流体介质以及不断的地层变动等,造就了地层中极为复杂多变的压力体系,特别是储层区域气体的出现,对安全顺利地钻井带来了极大的威胁。因此,在整个钻进过程中需通过不断调整钻井液密度,以便使液柱压力能够平衡地层压力,从而防止井塌和井喷等井下复杂情况的发生。这种平衡既是微妙的,也是多变的,需要根据地层压力的变化而及时调整,否则,就会造成"小则喷塌、大则漏"的后果。这就要求我们深入了解钻井液密度、高度与地层压力关系,并能根据需要及时配制和调整。某井钻井液在 5 种状态下,井底压力的变化如图 1-1-4 所示。

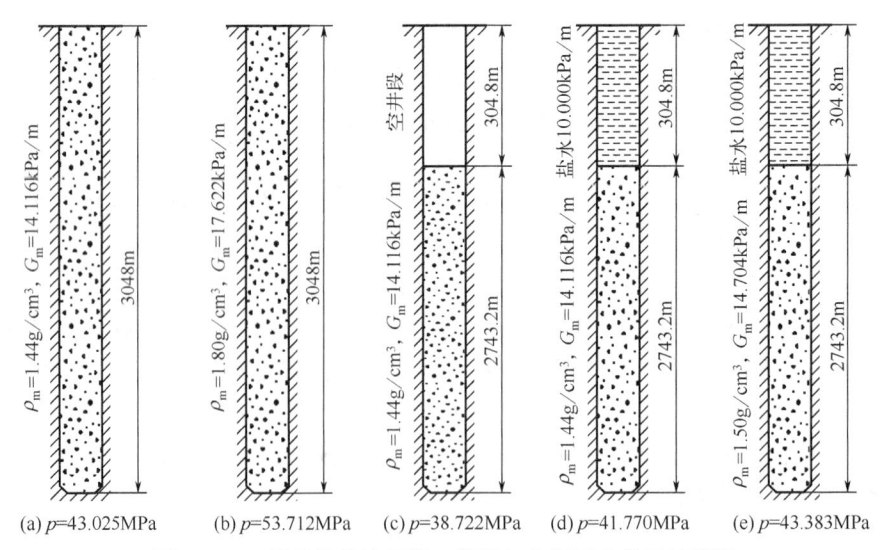

(a) p=43.025MPa　(b) p=53.712MPa　(c) p=38.722MPa　(d) p=41.770MPa　(e) p=43.383MPa

图 1-1-4 某井钻井液密度、高度与井底压力关系示意图

ρ_m—钻井液密度;G_m—压力梯度;p—井底压力

— 8 —

（三）稳定和保护井壁

由于地层中岩石间存在裂隙，岩石中存在或大或小的孔隙，因此会具有一定渗透性（如泥页岩、盐岩、砂岩、石灰岩等）。基于地层岩石的这些特性，在钻井中就可能造成钻井液向地层中进行渗透性漏失；同时，地层流体也可以通过这些裂隙和孔隙向井内侵入，发生置换，造成钻井液污染，另外，新钻出的井壁粗糙且不稳定，存在作业裂缝（特别是具有水力破岩功能的牙轮钻头），如不处理，可能会造成井壁剥落或坍塌，造成卡钻事故；起下钻过程中还可能划伤钻具并造成起下钻或下套管遇阻，引发钻具阻卡或下套管事故。因此，井壁稳定、井眼规则是实现安全、优质、快速钻井的基本条件。性能良好的钻井液应能借助液相的滤失作用，在井壁上形成一层薄而韧的滤饼，以稳固已钻开的地层并阻止液相侵入地层，减弱泥页岩水化膨胀和分散的程度。

（四）冷却和润滑钻头、钻具

在钻进中，随井眼深度增加会出现地热高温，钻头持续旋转破碎岩层也会产生摩擦高温，这些温度的增加会对钻头及牙齿强度产生影响，从而降低破岩效率，减少机械钻速并影响钻头的使用寿命。同时，由于旋转钻具也不断地与井壁摩擦而产生热量，同样会影响钻具强度。钻井液通过不断地循环，将这些热量及时吸收，然后带到地面释放到大气中，从而起到了冷却钻头、钻具并延长其使用寿命的作用。钻井液的存在使钻头和钻具均在液体内旋转，因此在很大程度上降低了摩擦阻力，起到了很好的润滑作用，减少了动力能量损失，如图1-1-5所示。

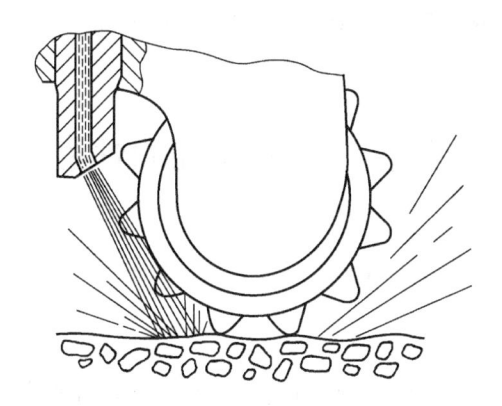

图1-1-5　钻井液通过钻头水眼喷出而产生高压射流循环冷却钻头示意图

（五）传递水动力

钻井液在钻头喷嘴处以极高的流速冲击井底，从而提高了钻井速度和破岩效率。高压喷射钻井正是利用了这一原理，即采用高泵压钻进，使钻井液所形成的高速射流对井底产生强大的冲击力，从而显著地提高钻速。在使用涡轮和螺杆钻具时，钻井液通过钻具以极高的流速流经涡轮叶片和螺杆，从而带动涡轮叶片和螺杆持续旋转，最终将旋转扭矩传递给钻头来破碎地层，如图1-1-5、图1-1-6所示。

（六）传导信号

在当今的油气钻探开采井中，定向井占据了主流，可以说逢井必斜。因此，定向井的开采施工，离不开随钻（有线或无线）测控仪器。由于有线监测仪对钻具组合有一些苛刻的

图 1-1-6　螺杆钻具结构原理示意图

要求（不能切断钻具水眼所提供的线缆通道），这就使无线监测仪得到了广泛的应用。地面计算机所发出的指令信号和接收到的井底信号，均是由钻井液作为传导介质所实现的。

综上所述，钻井液在钻井的整个生产施工过程中，有着不可替代的举足轻重的作用。然而，越来越复杂的钻井实践表明，作为一种优质的钻井液，仅做到以上几点是不够的，还要兼顾以下几个方面：

（1）为了防止和尽可能减少对油气层的伤害，现代钻井技术还要求钻井液必须与所钻的油气层配伍，满足保护油气层的要求。

（2）为了满足地质上的要求，所使用的钻井液必须有利于地层测试，不影响对地层的评价。

（3）钻井液还应对钻井人员及环境不发生伤害和污染，尽可能减少对井下工具及地面装备的腐蚀，或不腐蚀。

项目二　钻井液的性能

一、密度

（一）概念

钻井液的密度是指单位体积钻井液的质量。密度一般用符号"ρ"表示，常用单位是 g/cm^3（克/厘米^3）。计算公式为：

$$钻井液密度(\rho) = \frac{钻井液质量(m)}{钻井液体积(V)} \tag{1-2-1}$$

已知（ρ、m、V）任意两个量，则可求第三个量。

钻井液密度的大小决定着钻井液质量的大小，从而也决定了钻井液液柱压力的大小。也就是密度大，质量就大，钻井液液柱压力就大，反之则小。

（二）性能

一是平衡地层压力。在钻井作业中，钻井液密度的作用是通过钻井液液柱对井底和井壁产生压力，以平衡地层中油气压力和岩石侧压力、防止井喷、保护井壁，同时防止高压油、气、水侵入钻井液，以免破坏钻井液的性能引起井下复杂情况。在实际工作中，应根据具体情况，选择恰当的钻井液密度，若钻井液密度过小，则不能平衡地层流体压力和稳定井壁，可能引起井喷、井塌、卡钻等事故。

二是对钻速的影响。钻井液密度大，产生的液柱压力就大，钻具在井中转动的摩擦阻力就大，从而增加了动力消耗，加重了钻头研磨新地层的负担，致使钻速降低，延长了钻井周期，增加了开采成本。同时，钻井液的密度大还可能会压漏地层，破坏油层渗透性，或把油气层压死，增加了发现油气藏的困难，不利于油气层的保护，也影响了采收率。通常在保证井下情况正常的前提下，为了提高钻速，应尽量使用低密度钻井液。

（三）调整

钻井液在整个钻井过程中，始终是在不断地配制和调整维护中的，配制是为了满足不断延伸的井眼需要；调整维护是为了满足不同地质构造、不同的岩石特性、不同的压力变化及不同的钻井设备工艺的需要。

1. 提高钻井液密度

（1）通常可在钻井液中加入惰性的、密度大的固体粉末，如重晶石粉、石灰石粉、铁矿粉、方铅矿粉等。

（2）还可加入可溶性盐类，如 NaCl（氯化钠）、$CaCl_2$（氯化钙）等无机盐。使用较为广泛的是重晶石粉和石灰石粉。

2. 降低钻井液密度

（1）利用机械除砂，即用振动筛、除砂除泥器清除钻井液中钻屑、砂粒等有害固相，减少钻井液固相含量，从而降低其密度。

（2）利用离心分离机，分离出加重材料（如重晶石、石灰石等），同时加入大量的清水进行稀释。

（3）加入一定数量的发泡剂。

（4）使用化学絮凝剂，使部分固体颗粒聚结沉淀。

二、黏度

（一）概念

钻井液黏度是指钻井液流动时，固体颗粒之间、固体颗粒与液体分子之间，以及液体分子之间内摩擦的总反映。钻井液黏度可用漏斗黏度计和旋转黏度计进行测定，由于测定的方法不同，有不同的黏度值，现场常采用漏斗黏度计测量钻井液的黏度，单位是 s（秒）。

（二）性能

钻井液的黏度，对钻井液携带岩屑能力有很大的影响，一般来说，钻井液黏度大，携带岩屑能力强，但在钻井过程中，钻井液黏度要适当，否则将会引起不良后果。若钻井液黏度过低，不利于携带岩屑，井内沉砂快，冲刷井壁，易造成井壁剥落、坍塌、井漏等。钻井液黏度过高，则可能造成下列危害：

（1）流动阻力大，泵压高，井底清洗效果差，严重影响钻速。

（2）钻头易泥包，起下钻易产生抽汲作用或压力激动，从而引起井漏、井喷、井塌等复杂情况。

（3）沉砂困难，净化不良，磨损钻具和配件。

（4）除气困难，钻井液密度下降，易引起下钻复杂情况。

（5）岩屑在井壁形成假滤饼，易引起阻卡。

(6) 固井时水泥浆易窜槽，影响固井质量。

因此，钻井液黏度的高低应根据具体情况而定。通常在保证携带岩屑的前提下，黏度应低。井深时泵压高，泵排量受限制，井眼情况一般比浅井复杂，为了有效地携带岩屑和悬浮岩屑，黏度应大些；当井眼出现垮塌、沉砂较多或轻度漏失时，为消除井下复杂情况，黏度也应适当增大。

从提高钻速的角度出发，对钻井液的黏度提出了新的要求，即钻井液的黏度要随流速梯度上升而下降，这就是剪切降黏的特性。当钻井液从钻头水眼喷出时有较低的黏度，有利于钻头破碎岩屑、清洗井底，而在环形空间上返时又具有较高的黏度，有利于携带岩屑。这个特性对提高钻速有利。除清水外，多数钻井液具有剪切降黏的特性。

（三）分类

因反映钻井液黏度的角度不一样，所以钻井液的黏度有几种不同概念，即漏斗黏度、塑性黏度和表观黏度（也称为有效黏度、视黏度）。

1. 漏斗黏度

在钻井过程中，钻井液的漏斗黏度是需要井场测定的重要参数。由于测定的方法简便，可直观反映钻井液黏度的大小，因此该参数一直沿用，每个井队仍配备有漏斗黏度计。

与其他流变参数一般使用按 API 标准设计的旋转黏度计在某一固定的剪切速率下进行测定的方法不同，漏斗黏度使用一种特制的马氏漏斗黏度计来测量，如图 1-2-1 所示。马氏漏斗黏度是指 1500mL 钻井液从漏斗底流口流出 1 夸脱（约 946mL）所需要的时间，单位为 s。

2. 塑性黏度

塑性黏度是塑性流体的性质，它不随剪切速率而变化。塑性黏度是指钻井液在层流时，钻井液中的固体颗粒与固体颗粒之间、固体颗粒与液体分子之间、液体分子与液体分子之间内摩擦力（即剪切力）的总和。符号为 PV，常用单位为 mPa·s（或 cP）。

图 1-2-1 马氏漏斗黏度计实图

塑性黏度实际上是流动阻力的反映，它受钻井液中固相含量、固相粒度分布、固相表面润滑性及钻井液中液相黏度等因素的影响。固相含量高、颗粒分散或研磨较细等都会使塑性黏度增加。塑性黏度受化学稀释剂或分散剂影响不大。影响塑性黏度的因素主要有以下几种：

(1) 钻井液中的固相含量，这是影响塑性黏度的主要因素。一般情况下，随着钻井液密度升高，由于固体颗粒逐渐增多，颗粒的总表面积不断增大，所以颗粒间的内摩擦力也会随之增加。

(2) 钻井液中黏土的分散程度。当黏土含量相同时，其分散度越高，塑性黏度越大。

(3) 高分子聚合物处理剂的含量。钻井液中加入高分子聚合物处理剂会提高液相黏度，从而使塑性黏度增大。显然，其含量越高，塑性黏度越高；分子量越大，塑性黏度同样越高。

3. 表观黏度

对于非牛顿流体，剪切应力和剪切速率的比值不是一个常数，这就意味着不能用同一黏度值来描述它在不同剪切速率下的流动特性。因此，有必要引入表观黏度这一概念。

表观黏度，也称有效黏度或视黏度，是在某一剪切速率下，剪切应力（τ）与剪切速率（γ）的比值。计算公式为：

$$\eta_a = \tau/\gamma \tag{1-2-2}$$

式中，η_a 表示表观黏度，由于非牛顿流体的黏度随 γ 和 τ 而变化，所以人们用流动曲线上某一点的 τ 与 γ 的比值来表示在某一值时的黏度。

(四) 调整

1. 提高钻井液黏度

（1）提高固相含量。这是因为固体颗粒的增加减少了液体流动空间，固体颗粒本身的水化增加了固相吸附水，减少了自由流动的自由水，且固体颗粒与固体颗粒之间、固体颗粒与液体分子之间的摩擦力都大于液体与液体之间的摩擦力。

（2）加入水溶性高分子化合物。钻井液中加入高分子化合物后，由于它们是长链高分子，增加了滤液黏度，并促使黏土颗粒形成网状结构；大分子本身的水化又使部分自由水变为束缚水，使黏度升高，如使用 Na-CMC、水解聚丙烯腈提黏。

（3）提高固相分散度。固相分散度越高，钻井液中固体颗粒数越多，粒间距越小，越易碰撞接触形成网状结构，使摩擦力变大，黏度升高。

2. 降低钻井液黏度

（1）增加钻井液中自由水，补充清水即可。

（2）加入稀释剂（或降黏剂）。

（3）升高温度。升温后，一方面增稠剂性能减弱，另一方面各种分子间热运动距离增大，液体内部总摩擦力降低，黏度降低。

三、切力

(一) 概念

由于钻井液中黏土颗粒的形状很不规则，表面性质也极不均匀，颗粒之间容易部分黏结，形成絮凝网架结构。当颗粒浓度足够大时，能够形成布满整个有效容积的连续空间网架结构。要使钻井液流动，就必须在一定程度上破坏这种连续网架结构，才能使颗粒之间产生相对运动，切力就是这种网架结构的反映，而且结构强度越大，则切力越大，反之则越小。反映钻井液结构力的参数有静切力、触变性、动切力等。

（1）静切力 τ。钻井液的切力通常是指静切应力，也就是钻井液在静止的条件下形成凝胶结构的强度，称为静切力。其物理意义是当钻井液静止时破坏钻井液内部单位面积上的网架结构所需的力，单位为 Pa。通常用浮筒切力计测定，单位是 mg/cm^3。

（2）触变性。钻井液的触变性是指搅拌后变稀、切力降低，静置后变稠、切力升高的特性，或者说，钻井液的切力随搅拌后的静置时间延长而增大的特性。钻井时钻井液不断循环黏度较低，而起下钻时钻井液静止循环黏度大，就是这个道理。由于钻井液有触变性，静止时间不同，则切力不同，通常测两个静止时间的切力值，静止 1min（或 10s）所测切力为初切；静止 10min 后所测的切力为终切，初切与终切的差值即表示触变大小，差值越大则触变性越大。

（3）动切力（屈服值）τ_0。动切力是指塑性流体流变曲线中的直线段在τ轴上的截距。它反映了钻井液在层流流动时，黏土颗粒之间及高分子聚合物分子之间相互作用力的大小，即形成空间网架结构能力强弱。因此，凡是影响钻井液形成结构的因素，均会影响动切力的值。

(二) 性能

钻井液具有切力，有利于携带和悬浮岩屑。切力大小代表了钻井液悬浮固相颗粒的能力，钻井工艺要求钻井液具有适当的切力和良好的触变性，在钻井液停止循环时，切力能较快地增大，到某个适当的数值，既有利于钻屑的悬浮又不至于静置后开泵泵压过高。因此，若钻井液切力过低，则悬浮携带岩屑效果不好，一旦停泵很容易造成沉砂卡钻；若切力过高，又可能造成下列危害：

（1）流动阻力大，下钻后开泵困难、易憋漏地层。
（2）除气困难，气侵严重时，会使钻井液密度降低，导致井喷。
（3）含砂量增大，磨损钻具和配件，滤饼质量差，易造成井漏、缩径和黏附卡钻。
（4）钻具转动阻力大，动力消耗大，降低钻速。

(三) 调整

1. 提高钻井液切力

（1）提高钻井液中固体颗粒含量。
（2）提高黏土颗粒分散度。
（3）加入适当电解质，如 $NaCl$、$CaCl_2$ 和石灰等。
（4）加入水溶性高分子化合物。

2. 降低钻井液切力

（1）加水或低浓度处理剂溶液，增大颗粒间距离，降低黏土含量。
（2）加降黏剂。

四、滤失量及滤饼

(一) 滤失量

在压差作用下，钻井液中的部分水向井壁岩石的裂隙或孔隙中渗透，这种现象称为滤失。滤失的多少称为滤失量（失水量），即钻井液滤液进入地层的多少。在失水同时，钻井液中的黏土颗粒被阻挡沉积在井壁上形成一层固体颗粒的胶结物称为滤饼，滤饼厚度的单位是 mm。钻井液的失水和滤饼的产生是同时发生的，也是相互影响的。开始是由于失水而形成滤饼，失水大形成的滤饼厚，失水小则形成的滤饼薄，而滤饼形成后又反过来阻挡进一步失水。失水主要取决于滤饼本身的渗透性，但失水量并不是决定滤饼厚度的唯一因素，钻井液的失水和滤饼可用气压失水仪测定。

钻井液在井内发生滤失的全过程由三个阶段组成，与此相对应的三种滤失量分别称为瞬时滤失量、动滤失量和静滤失量。

1. 瞬时滤失

从钻头破碎井底岩石，形成新的自由面的瞬间开始，钻井液开始接触新的自由面，钻井液中的自由水便向岩石孔隙中渗透，直到钻井液中的固相颗粒及高聚物在井壁上开始出现滤饼，这段时间的滤失称为瞬时滤失。瞬时滤失的特点是时间很短和井底岩石表面尚无滤饼，滤失速率很好，也称初滤失。

2. 动滤失

紧接着瞬时滤失，在井内钻井液循环的情况下，滤失继续进行并开始形成滤饼。随着滤失过程中的进行，滤饼不断增厚，直至滤饼的增厚速度与滤饼被冲刷掉的速度相等，即达到滤饼动平衡。此后钻井液在循环下继续滤失，但滤饼不再增厚。这段时间的滤失称为动滤失，其特点是压力差较大，它等于静液柱压力加上环空压力降和地层压力之差，滤饼厚度维持在较薄的水平，单位时间的滤失量开始较大，其后逐渐减小，直至稳定在某一值。

3. 静滤失

在起下钻或其他原因停止钻进时，钻井液停止循环，液流的冲刷作用消失，此时压力差为静液柱压力和地层压力之差。随着滤失的进行，滤饼逐渐增厚，单位时间的滤失量逐渐减小。在这一阶段，因压力差较小，滤饼较厚，故大多数情况下单位时间内的静滤失量比动滤失量小。

4. API（美国石油学会）滤失量

钻井液中部分水在压差作用下渗透到地层中去，这种现象称为滤失过程。习惯上所说的钻井液滤失指的是 API 滤失量，是指钻井液在常温及一定压差［油压滤失仪的压力为 0.098MPa，API 标准为 100lbf/in^2（≈0.689MPa）］作用下，30min 内，透过直径为 75mm 的过滤面积所滤失的水量。常用符号"B"表示，单位是 mL。

5. 高温高压滤失量

为模拟井下温度和压力条件，更能反映钻井液在井下的真实情况而引出高温高压滤失。钻井液在高温［API 标准为 300℉（≈150℃）］、高压［API 标准为 500lbf/in^2（≈3.5MPa）］作用下，30min 内，透过直径为 75mm（高温高压滤失测定仪过滤面积的直径为 53mm，故测定结果需乘以 2）的过滤面积所滤失的水量称为高温高压滤失量，习惯称高温高压滤失，用"HTHP"表示，单位是 mL。

（二）滤饼

在滤失过程中，随着钻井液中的部分水进入岩层，钻井液中的固相颗粒便附着在井壁上形成滤饼。测滤失时，在滤纸上附着一层滤饼，以厚薄来衡量，单位是 mm。

（三）滤失量与滤饼厚度的关系

滤饼的厚度与钻井液的滤失量有密切关系。对同一钻井液而言，其滤失量越大，滤饼越厚；对不同的钻井液而言，滤失量相同时滤饼厚度不一定相同。致密而坚韧的滤饼能够使滤失量减小。在其他条件相同的情况下，压差对滤失量也有影响，不同的钻井液存在三种不同的情况：

（1）滤失量随压差增加而变大。
（2）滤失量不随压差变化而变化。
（3）压差越大，滤失量反而越小。

滤饼具有较好的压缩性，第三种情况是深井钻井液所要求的。

（四）影响滤失量与滤饼质量的因素

（1）钻井液中优质活性固体（膨润土）的含量。

(2) 钻井液中固体颗粒的水化分散性。

(3) 滤液黏度。

(4) 地层岩石的孔隙度和渗透性。

(5) 钻井液液柱与地层的压力差。

(6) 温度。

(7) 时间。

（五）滤失量和滤饼的性能要求

滤饼质量高，具有润滑作用，有利于防止黏附卡钻，有利于井壁稳定，防止地层坍塌与剥蚀掉块。钻井液滤失量过大，滤饼厚而疏松，会引起一系列问题：

(1) 易造成地层孔隙堵塞伤害储层，滤液大量进入油气层，会引起渗透率等物性参数变化，降低采收率。

(2) 易引起泥包钻头，导致下钻遇阻、遇卡或堵死水眼。

(3) 滤饼在井壁堆积太厚，环空间隙变小，泵压升高。

(4) 在高渗透地层易造成较厚的滤饼而引起阻卡，甚至发生压差卡钻。

(5) 电测不顺利，并且由于钻井液滤液进入地层较深，水侵半径增大，若超过测井仪所测范围，其结果是电测解释不准确而易漏掉油气层。

(6) 对松软地层，易泡垮、易坍塌地层，会形成不规则井眼，引发井漏等事故。

（六）滤失量的确定原则

虽然滤失量过大会引起许多问题，但滤失量也不是越小越好，在一般地层中也不需要过小的滤失量。因为一方面瞬时滤失量大可增加钻井速度，有利于钻头破碎岩石，提高机械效率，延长钻头使用寿命；另一方面，过分降低滤失量会造成处理剂大量消耗，增加成本。

确定钻井液滤失量时应注意以下几点：

(1) 井浅时可放宽，井深时要从严。

(2) 裸眼时间短时可放宽，裸眼时间长时要从严。

(3) 使用不分散处理剂时可放宽，使用分散处理剂时要从严。

(4) 矿化度高者可放宽，矿化度低者要从严。

(5) 在油气层中钻进，滤失量越低越有利于减少伤害，尤其是在高温高压时，滤失量应在 10~15mL。

(6) 在易塌地层钻进，滤失量需要严格控制，API 滤失量小于 5mL。

(7) 一般地层 API 滤失量小于 10mL，高温高压滤失量小于 20mL，也可根据具体情况适当放宽。

(8) 要求滤饼薄而坚韧，以利于保护井壁，避免压差卡钻。

(9) 加强对钻井液滤失性能的监测。正常钻进时，每 4h 测一次常规滤失量。对定向井、丛式井、水平井、深井和复杂井要增测高温高压滤失量和滤饼的润滑性，对其要求也相应高一些。

总之，要根据钻井实际情况，以井下情况正常为原则，正确制定并及时调整钻井液滤失量，既要快速、节省，又要保证井下安全、不伤害油气层。

（七）降低滤失量

（1）进行钻井液固相控制，清除岩屑和劣质黏土等有害固相，使膨润土含量保持在一定范围内。

（2）钻井液被污染后，应加电解质清除污染，恢复黏土良好的水化分散状态。

（3）加入降滤失剂，依靠高分子化合物的保护作用和增加滤液黏度来降低滤失量。

五、润滑性

（一）概念

钻井液的润滑性能通常包括滤饼的润滑性能和钻井液流体自身的润滑性能两方面。钻井液和滤饼的摩阻系数是评价钻井液润滑性能的两个主要技术指标。

润滑性是钻井液的重要性能之一。特别是钻超深井、大斜度井、水平井、大位移井和丛式井时，钻柱的旋转阻力和提拉阻力会大幅度提高。由于影响钻井扭矩和阻力及钻具磨损的主要可调节因素是钻井液的润滑性能，因此润滑性对减少卡钻等井下复杂情况，保证安全、优质、快速钻进起着至关重要的作用。

（二）摩擦系数性能要求

滤饼摩擦系数太大，将对钻具产生较大摩擦阻力，且易黏附卡钻，起下钻遇阻，对钻具磨损严重。因此，滤饼摩擦系数越小对钻井越有利。为降低滤饼摩擦系数可加入润滑剂，如钻井液中混入一定量润滑剂等。

滤饼摩擦系数不但与接触物体的材质及表面状况有关，而且与相对运动速度的大小有关。为了减小滤饼摩擦系数，可以在两个接触面之间涂覆一层"液膜"，即"润滑膜"。滤饼摩擦系数的降低幅度，决定于这层液膜的质量，而润滑剂就是改善液膜质量的化学剂。在一定的压力下，润滑膜可能破裂，使两表面直接接触，因而摩擦力猛增。这个刚好使润滑膜破裂的最小压力，就称为"膜强度"。膜强度是表征润滑剂质量的重要参数。

（三）钻井作业中摩擦现象的特点及钻井液润滑性的影响因素

1. 钻井作业中摩擦现象的特点

在钻井过程中，按摩擦副表面润滑情况，摩擦可分为以下三种情况：

（1）边界摩擦：两接触面间有一层极薄的润滑膜，摩擦和磨损不取决润滑剂的黏度，而是与两表面和润滑剂的特性有关，如润滑膜的厚度和强度、粗糙表面的相互作用以及液体中固相颗粒间的相互作用。有钻井液的情况下，钻铤在井眼中的运动属边界摩擦。

（2）干摩擦（无润滑摩擦）：又称为障碍摩擦，如空气钻井中钻具与岩石的摩擦，或井壁极不规则情况下，钻具直接与部分井壁岩石接触时的摩擦。

（3）流体摩擦：由两接触面间流体的黏滞性引起的摩擦。

钻进过程中的摩擦是混合摩擦，即部分接触面为边界摩擦，部分为流体摩擦。在钻井作业中，摩擦系数是两个滑动或静止表面间的相互作用及润滑剂所起作用的综合体现。

钻井作业中的摩擦现象较为复杂，摩阻的大小不仅与钻井液的润滑性能有关，其影响因素还涉及钻柱、套管、地层、井壁滤饼表面的粗糙度；接触表面的塑性；接触表面所承受的负荷；流体黏度与润滑性；流体内固相颗粒的含量和大小；井壁表面滤饼润滑性；井斜角钻柱重量；静态与动态滤失效应等。在这些影响因素中，钻井液的润滑性能是主要的可调节因素。

2. 钻井液润滑性的影响因素

1）钻井液固相

随着钻井液固相含量增加，通常其密度、黏度、切力等也会相应增大。因此，钻井液的润滑性能也会相应变差。同时固相含量增加，除使滤饼黏附性增大外，还会使滤饼增厚，易产生压差黏附卡钻。

另外，固相颗粒尺寸的影响也不可忽视。研究结果表明，钻井液在一定时间内通过不断剪切循环，其固相颗粒尺寸随剪切时间增加而减小，其结果是双重性的。钻井液滤失有所减小，从而钻柱摩擦阻力也有所降低；颗粒分散得更细微，使比表面积增大，从而造成摩擦阻力增大。可见，严格控制钻井液黏土含量，搞好固相控制和净化，尽量用低固相钻井液，是改善和提高钻井液润滑性能的最重要的措施之一。

2）滤失性、岩石条件、地下水和滤液 pH 值

致密、表面光滑、薄的滤饼具有良好的润滑性能。降滤失剂和其他改进滤饼质量的处理剂如磺化沥青，主要是通过改善滤饼质量来改善钻井液的防磨损和润滑性能。

在钻井液条件相同的情况下，岩石的条件是通过影响所形成滤饼的质量及井壁与钻柱之间接触表面粗糙度而起作用的。地下水、井底温度、压差和滤液 pH 值等因素也会在不同程度上影响润滑剂和其他处理剂的作用效能，从而影响滤饼的质量，对钻井液的润滑性能产生影响。

3）有机高分子处理剂

许多高分子处理剂都有良好的降滤失、改善滤饼质量、减少钻柱摩擦阻力的作用。有机高分子处理剂能提高钻井液的润滑性能，还与其在钻柱和井壁上的吸附能力有关。吸附膜的形成，有利于降低井壁与钻柱之间的摩擦阻力。某些处理剂，如聚阴离子纤维素、磺化酚醛树脂等具有提高钻井液润滑性的作用。不少高分子化合物通过复配、共聚等处理，可成为具有良好润滑性能的润滑材料。

4）润滑剂

试验表明，用清水作钻井液，摩擦阻力是较大的，而往清水中加入以阴离子表面活性剂为主的润滑剂后，润滑性能会得到明显改善。因此，使用润滑剂是改善钻井液润滑性能，降低摩擦阻力的主要途径。

(四) 钻井液润滑性的维护

1. 对钻井液润滑剂的要求

(1) 润滑剂必须能够润滑金属表面，并在金属表面形成边界膜和次生结构。

(2) 与基浆有良好的配伍性，对钻井液的流变性和滤失性不产生不良影响。

(3) 不降低岩石的破碎效率。

(4) 具有良好的热稳定性和耐寒稳定性。

(5) 不腐蚀金属，不损坏密封材料。

(6) 易于生物降解，满足环保要求，来源广泛，价格合理。

(7) 具有低荧光或无荧光性质。

2. 加入润滑剂

1）惰性固体润滑剂

该类产品主要有塑料小球、石墨、炭黑、玻璃微珠及坚果圆粒等，该类润滑剂适合在低固相钻井液中使用。

塑料小球和玻璃小球这类固体润滑剂由于受固体尺寸的限制，在钻井过程中很容易被固控设备清除，而且在钻杆的挤压或拍打下，有破坏、变形的可能，在使用上受到一定限制。

石墨粉作为润滑剂具有抗高温、无荧光、降摩阻效果明显、加量小、对钻井液性能无不良影响等特点。弹性石墨（RGC）无毒、无腐蚀性，在高浓度下不会阻塞钻井液发动机；即使在高剪切速率下，它也不会在钻井液中发生明显的分散。石墨粉能牢固地吸附（包括物理和化学吸附）在钻具和井壁岩石表面，从而改善摩擦副之间的摩擦状态，起到降低摩阻的作用。同时，石墨粉吸附在井壁上，可以封堵井壁的微孔隙，因此兼有降低钻井液滤失量和保护储层的作用。

固体润滑剂能够在两接触面之间产生物理分离，其作用是在摩擦表面上形成一种隔离润滑薄膜，从而达到减小摩擦、防止磨损的目的。多数固体类润滑剂类似于细小滚珠，可以存在于钻柱与井壁之间，将滑动摩擦转化为滚动摩擦，从而可大幅度降低扭矩和阻力。固体润滑剂在减少带有加硬层工具接头的磨损方面尤其有效，还特别有利于下尾管、下套管和旋转套管。固体类润滑剂的热稳定性、化学稳定性和防腐蚀性好，适于在高温、低转速条件下使用，缺点是冷却钻具的性能较差，不适合在高转速条件下使用。

2）液体类润滑剂

液体类润滑剂主要有矿物油、植物油和表面活性剂等。

液体类润滑剂又分为油性剂和极压剂，前者主要在低负荷下起作用，通常为酯或酸；后者主要在高负荷下起作用，通常含有硫、磷、硼等活性元素。往往这些含活性元素的润滑剂兼有两种作用，既是油性剂，又是极压剂。

性能良好的润滑剂必须具备两个条件，一是分子的烃链要足够长（一般碳链在 $C_{12} \sim C_{18}$ 之间），不带支链，以利于形成致密的油膜；二是吸附基要牢固地吸附在黏土和金属表面上，以防止油膜脱落。许多润滑剂大多属于阴离子型表面活性物质，多含有磺酸基团，例如，磺化脂肪醇、磺化棉籽油、磺化蓖麻油和其他含硫的润滑剂如硫代烷烃琥珀酸（或酸酐）的唑啉化合物，或含酯的脂肪族琥珀酸（或酸酐）如十八碳烯琥珀酸酐和二硫代烷基醇等化合物。常用的作为润滑剂使用的表面活性剂有：OP-30、聚氧乙烯硬脂酸酯-6、甲基磺酸铅（CH_6O_3PbS）和十二烷基苯磺酸三乙醇胺（ABSN）等。

矿物油、植物油、表面活性剂等主要是通过在金属、岩石和黏土表面形成吸附膜，使钻柱与井壁岩石接触产生的固—固摩擦，改变为活性剂非极性端之间或油膜之间的摩擦，或者通过表面活性剂的非极性端还可再吸附一层油膜，从而使回转钻柱与岩石之间的摩阻大大降低，减少钻具和其他金属部件的磨损，降低钻具回转阻力。

3）沥青类润滑剂

沥青类润滑剂主要用于改善滤饼质量和提高滤饼润滑性。沥青类物质亲水性弱，亲油性强，可有效地涂敷在井壁上，在井壁上形成一层油膜。这样，既可减轻钻具对井壁的摩擦，又可减轻钻具对井壁的冲击作用。由于沥青类润滑剂的作用，井壁岩石由亲水转变为憎水，可阻止滤液向地层渗透。

近年来钻井液润滑剂品种发展最快的是惰性固体类润滑剂,液体润滑剂主要发展了高负荷下起作用的极压润滑剂及有利于环境的无毒润滑剂。由于环境保护的原因沥青类润滑剂的用量则逐年减少。

3. 加入有机高分子处理剂

许多高分子处理剂都有良好的降滤失、改善滤饼质量、减少钻柱摩擦阻力的作用。有机高分子处理剂能提高钻井液的润滑性能,还与其在钻柱和井壁上的吸附能力有关。吸附膜的形成,有利于降低井壁与钻柱之间的摩阻力。某些处理剂,如聚阴离子纤维素、磺化酚醛树脂等具有提高钻井液润滑性的作用。不少高分子化合物通过复配、共聚等处理,可成为具有良好润滑性能的润滑材料。

4. 降低钻井液固相含量

钻井液中固相含量对其润滑性影响很大。钻井液固相含量增加,除使滤饼黏附性增大外,还会使滤饼增厚,易产生压差黏附卡钻。另外,固相颗粒尺寸的影响也不可忽视。研究结果表明,钻井液在一定时间内通过不断剪切循环,其固相颗粒尺寸随剪切时间增加而减小,其结果是双重性的:钻井液滤失有所减小,从而钻柱摩擦阻力也有所降低;颗粒分散得更细微,使比表面积增大,从而造成摩擦阻力增大。可见,严格控制钻井液黏土含量,做好固相控制和净化,尽量用低固相钻井液,是改善和提高钻井液润滑性能最重要的措施之一。

5. 加入降滤失剂和其他改进滤饼质量的处理剂

致密、表面光滑、薄的滤饼具有良好的润滑性能。降滤失剂和其他改进滤饼质量的处理剂(如磺化沥青)主要是通过改善滤饼质量来改善钻井液的防磨损和润滑性能。

六、固相含量

(一)概念

钻井液中的固相含量是指钻井液中除液体以外的全部固体占钻井液总体积的比例。钻井液中的固相,对各种化学剂基本不起化学反应的固相称作惰性固相(如加重材料和钻屑等);与处理剂起化学反应的固相称作活性固相(如黏土)。通常把钻井液中的固相分为有用固相和无用固相(或有害固相)两类。

(1)有用固相:钻井液配方中有用的固相,如适量的黏土、化学处理剂、加重剂等。

(2)无用固相:对钻井液性能有害的固相,如钻屑、劣质黏土和砂粒等。

(二)危害

钻井液中固相含量越低越好,一般控制在5%左右。固相含量过大将有以下危害:

(1)钻井液密度大,钻速下降,钻头寿命缩短。

(2)滤饼质量差,质地松散,摩擦系数高,导致起下钻遇阻,易引起黏附卡钻;另外,滤失增大,地层膨胀,易缩径、剥落、坍塌,引起井塌卡钻;再者,滤饼渗透性强,滤失大,可降低油层渗透率和原油生产能力,也影响固井质量。

(3)含砂量增高,对钻井设备磨损严重。

(4)导致钻井液性能不稳定,黏度、切力高,流动性不好,易发生黏土侵和化学污染。若要处理,则需耗费大量清水、钻井液处理剂和原材料,使钻井液成本大大增加。

(5) 会影响地质资料和电测资料的录取，如砂样混杂、电测不顺利等。

(三) 控制意义

通过固相控制，不断清除在钻井过程中被钻碎而进入钻井液的钻屑、砂粒和劣质黏土等有害固相，使膨润土和重晶石等有用固相维持在合适的范围，保持低固相含量和低胶体含量指标，实现既提高钻速又保持钻井液性能良好，保证井下安全正常。

(四) 性能要求

(1) 根据需要配备良好的净化设备，彻底清除无用固相。

(2) 必须严格控制膨润土含量，所使用的钻井液密度越高、井越深、温度越高，膨润土的含量应越低，一般控制在 30~80g/L。

(3) 在低密度钻井液中，固相的体积含量不应超过10%或密度不大于 $1.15g/cm^3$。

(4) 无用固相含量与膨润土含量的比值，应控制在 (2∶1)~(3∶1)。

(五) 控制方法

1. 清水稀释法

钻井液中加入大量清水，增加钻井液总体积，可使钻井液中固相含量降低。但该方法要增加钻井液容器或放掉大量钻井液，又使钻井液成本大增，且容易使钻井液性能变化大，导致井下出现复杂情况。

2. 替换部分钻井液法

用清水或低固相含量的钻井液替换掉一定体积的高固相含量的钻井液，从而达到降低钻井液固相含量的目的。与清水稀释法比较，该法可减少清水和处理剂用量，但仍有浪费。

3. 大池子沉淀法

大池子沉淀法是使钻井液由井口返出流入大循环池，因钻井液流动速度变得很慢，加上固体与液体有密度差，钻屑在重力作用下会从钻井液中沉淀分离出来。这种方法对清水钻井液，特别是对不分散无固相钻井液是很有效的。但当钻井液黏度较大（如大于30s），特别是具有较高切力时，颗粒自动下沉速度便显著变慢，在它们尚未下沉至池底就被冲离大循环池进入钻井液槽和上水池，没有起到有效清除固相的作用，故也有较大局限性。

4. 化学絮凝法

在钻井液中加入高分子化学絮凝剂，使钻屑、砂粒和劣质黏土等无用固相在钻井液中不水化分散，而且絮凝成较大的颗粒而沉淀；对膨润土等有用固相不发生絮凝作用，使这些固相保存在钻井液中。

5. 机械设备清除法

根据钻井液中不同粒度的固体含量多少，设计出不同工作范围的固体机械分离设备。目前现场采用的钻井液固体分离设备有振动筛、除砂器、除泥器、离心机等。以上设备必须成套安装，成套使用，才能达到固相控制的目的。其安装顺序应遵循先清除大颗粒后清除小颗粒的原则，即按振动筛→除砂器→除泥器→微型旋流器→离心机的顺序。若只使用其中的一种或几种，则不能达到有效控制固相的目的。若只使用振动筛和除砂器，则只能清除较大的颗粒。若不使用振动筛而只使用除泥器和离心机，不但达不到清除固相的目的，还会损坏设备，因此在使用时必须注意。

七、含砂量

（一）概念

钻井液含砂量是指钻井液中不能通过200目筛网（即边长为74μm）的砂粒，也可说成直径大于0.074mm的砂粒占钻井液总体积的比例，用符号"N"表示，无单位。

（二）危害与要求

含砂量高时，钻井液密度大，钻速低，滤饼质量较差，滤失量大，滤饼摩擦系数大，影响固井质量，对设备的磨损严重。所以，钻井要求钻井液含砂量越小越好，一般控制在0.5%以下。

（三）调整

（1）机械除砂：利用振动筛、除砂器、除泥器等设备除砂。

（2）化学除砂：通过加入化学絮凝剂，将细小砂粒由小变大，再配合机械设备除去。例如聚丙烯酰胺（PAM）或部分水解聚丙烯酰胺（PHP 水解度30%），分子量 $500×10^4$ 以上，就是常用的絮凝剂。

八、pH 值

（一）概念

钻井液的 pH 值即钻井液的酸碱值，表示钻井液酸碱性的强弱，它等于钻井液中的氢离子浓度的负对数值，又称 pH 值。当 pH 值小于 7 时，钻井液为酸性；当 pH 值等于 7 时钻井液为中性；当 pH 值大于 7 时钻井液为碱性，现场通常用比色法测定钻井液的 pH 值。

（二）性能

1. 对钻井液的影响

钻井液的 pH 值应根据不同钻井液类型及地层的需要进行控制。在钻井液中 CO_3^{2-}（碳酸根离子）质量浓度在相对低的情况下，流变性能较差，初切和终切较小；质量浓度进一步增加时，影响不再加剧。质量浓度大于 50mg/L 时，流变性能急剧恶化，甚至达到固化程度。若用反絮凝剂（如木质素磺酸盐）进行降黏处理，结果更坏。

2. 对黏土水化分散的影响

pH 值过低，在黏土颗粒表面进行 H^+ 交换，使黏土的水化性和分散性变差，从而破坏钻井液的稳定性，使滤失量增大，切力升高。但若 pH 值高，氢氧根离子在黏土表面的吸附会促使膨润土水化膨胀，不利于防塌。

3. 对处理剂的影响

许多有机处理剂必须在碱性条件下才能溶解发挥作用，pH 值过低，有机处理剂易发酵变质。

经验表明，各种类型的钻井液都有适宜的 pH 值范围。如高碱性钻井液的 pH 值为 12~14，不分散低固相钻井液的 pH 值为 8~9，弱酸性钻井液和饱和盐水钻井液的 pH 值为 6~7。pH 值控制在合适的范围内，钻井液黏切较低，失水量较小，性能比较稳定。

（三）技术要求

（1）一般钻井液：pH值控制在8.5~9.5范围内，P_f❶为1.3~1.5mL。

（2）饱和盐水钻井液：$P_f>1$mL，海水钻井液P_f为1.3~1.5mL。

（3）深井钻井液：应严格控制CO_2含量，一般应控制M_f/P_f❷小于3，至少应小于5。

（4）不分散型：pH=7.5~8.5。

（5）分散型：pH>10。

（6）钙处理钻井液：pH>11。为防止CO_2腐蚀，pH值应控制在9.5以上。

（四）pH值对钻井工艺的影响

（1）pH值过高，OH^-在黏土表面吸附，会促进泥页岩的水化膨胀和分散，对巩固井壁、防止缩径和坍塌都不利，往往会引起井下复杂情况的发生。另外，高pH值的钻井液具有强腐蚀性，缩短了钻具及设备的使用寿命。

（2）分析pH值的变化，可以预测井下情况。如盐水侵、石膏侵、水泥侵等都会引起pH值的变化。

（五）调整

提高pH值的方法是加入烧碱（NaOH）、纯碱（Na_2CO_3）、熟石灰[$Ca(OH)_2$]等碱性物质。如果是石膏侵、盐水侵造成的pH值降低，可加高碱比的煤碱液、单宁碱液等进行处理，既提高了pH值又能降黏切、降滤失，使钻井液性能变好。若需降低pH值，现场一般不加无机强酸，而是加弱酸性的单宁粉或栲胶粉。

项目三　钻井液性能的测定仪器

一、钻井液密度计

（一）结构

测量钻井液密度的仪器是钻井液密度计，如图1-3-1所示。钻井液密度计包括钻井液密度计主体和支架两部分。主体由秤杆、主刀口、钻井液杯、杯盖、游码、校正筒等组成。支架上有支撑密度计刀口的主刀垫。钻井液杯容量为140mL。常用钻井液密度计的测量范围为0.95~2.00g/cm³，精确度为±0.01g/cm³。秤杆上的刻度每小格表示0.01g/cm³，秤杆上带有水平泡，保证测量时秤杆水平。

（二）使用

（1）将仪器底座放置在一个水平的平面上。

---

❶ 钻井液滤液的酚酞碱度（P_f）是指用0.02mol/L的标准硫酸中和1mL样品至酚酞指示剂变色时所需要的体积（单位：毫升），甲基橙碱度（M_f）是指用0.01mol/L的标准硫酸中和1mL样品至甲基橙指示剂变色时所需要的体积（单位：毫升）。

❷ 钻井液滤液的甲基橙碱度（M_f）/酚酞碱度（P_f）之比表示它们的污染程度。$M_f/P_f=3$，表明CO_3^{2-}含量较高，出现CO_3^{2-}污染；$M_f/P_f \geq 5$，表明出现严重CO_3^{2-}污染。

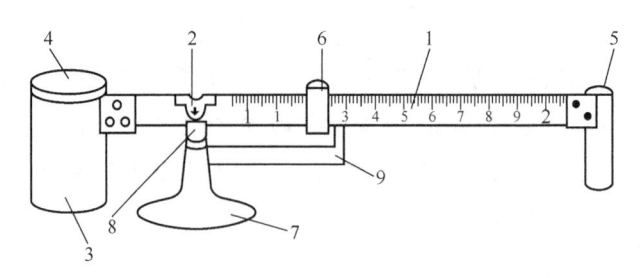

图 1-3-1 钻井液密度计结构示意图

1—秤杆；2—主刀口；3—钻井液杯；4—杯盖；
5—校正筒；6—游码；7—支架；8—主刀垫；9—挡臂

（2）将待测钻井液注入洁净的钻井液杯中，倒出，再注入新的待测钻井液，将杯盖盖好，并缓慢拧动压紧，使多余的钻井液从杯盖的小孔中慢慢溢出。

（3）用大拇指堵住杯盖的小孔，冲洗并擦净，同时擦干杯和盖的外部。

（4）将密度计刀口置于支架的主刀垫上，移动游码，使秤杆呈水平状态（即水平泡在两线之间）。

（5）在游码的左边边缘读出所示刻度，即为待测钻井液的密度值。

(三) 校正

在钻井液杯中注满清洁的淡水（严格来讲是4℃时的纯水，一般可用20%以下的清洁淡水），盖上杯盖擦干，置于支架上。当游码内侧对准密度1.00g/cm³的刻度线时，秤杆呈水平状态（水平泡处于两线中央），说明密度计准确，否则应旋开校正筒上盖，增减其中铅粒，直至水平泡处于两线中间，称出淡水密度为1.00g/cm³时为止。

(四) 注意事项

（1）经常保持仪器清洁干净，特别是钻井液杯，每次用完后应冲洗干净并擦干，以免生锈或黏有固体物质，影响数据的准确性。

（2）要经常用规定的清水校正密度计，尤其是在钻进高压油、气、水层等复杂地层时，更应经常校正，保证所提供的数据有足够的准确性。

（3）使用后，密度计的刀口不能放在支架上，要保护好刀口，不得使其腐蚀磨损，以免影响数据准确性。

（4）注意保护水平泡，不能用力碰撞，以免损坏而影响使用。

二、马氏漏斗黏度计

(一) 结构

马氏漏斗黏度计是日常用于测量钻井液黏度的仪器，采用美国API标准制造，以一定量的钻井液从漏斗中流出的时间来确定钻井液的黏度，广泛用于石油、地质勘探等部门。

马氏漏斗黏度计主要包括漏斗、筛网、量杯三个组成部分，如图1-3-2所示。主要技术指标如下：

（1）筛网孔径：1.6mm（12目）。

(2) 漏斗网底以下容积：1500mL。

(3) 准确度：当向漏斗注入1500mL纯水时，流出946mL纯水的时间为（26±0.5）s。

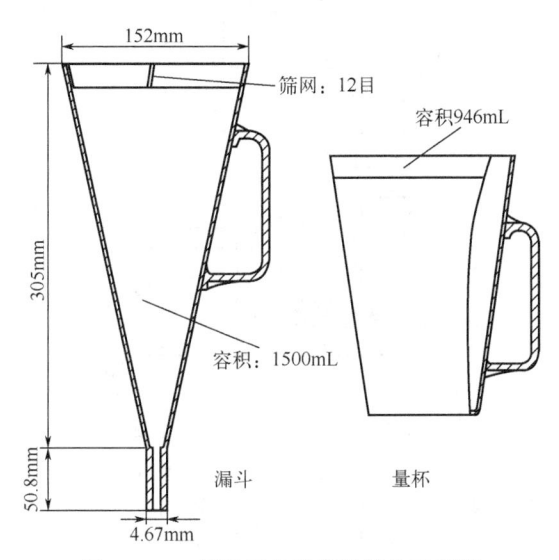

图1-3-2 马氏漏斗黏度计结构示意图

(二) 使用

(1) 用手指堵住漏斗下部的流出口，将新取的钻井液样品经筛网注入干净并直立的漏斗中，直到钻井液样品液面达到筛网底部为止。

(2) 移开手指并同时启动秒表，测量钻井液流至量杯中的946mL（1夸脱）刻度线所需要的时间。

(3) 测量钻井液的温度，以℃（或℉）表示。

(4) 以秒（s）为单位记录马氏漏斗黏度，并记录钻井液的温度值℃（或℉）。

(三) 校正

(1) 将测量环境温度控制在20℃±2℃，秒表校定在备用状态。

(2) 手握漏斗呈直立位置，用手指堵住下端导流管出口。

(3) 将蒸馏水1500mL（20℃）注入漏斗内用量杯量取。

(4) 然后放开手指，同时开始计时，当容量瓶中流入946mL时停止计时，其时间应符合26s±0.5s。

(四) 注意事项

未测定前必须将全部仪器用清水冲洗干净。

三、六速旋转黏度计

(一) 结构原理

六速旋转黏度计是由电动机、恒速装置、变速装置、测量装置和支架箱体等五部分组成的，如图1-3-3所示。恒速装置和变速装置合称旋转部分。在旋转部件上固定一个外筒，即外转筒。测量装置由测量弹簧部件、刻度盘和内筒组成。内筒通过扭簧固定在机体上，扭簧上附有刻度盘。

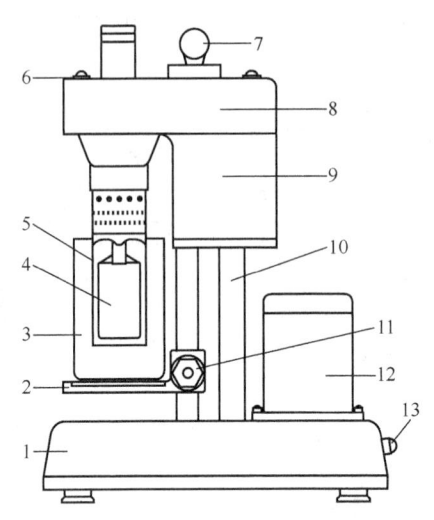

图 1-3-3 六速旋转黏度计结构示意图
1—底座；2—托盘；3—样品杯；4—悬锤；5—转子；6—刻度盘；7—拉杆头；
8—变速装置；9—罩壳；10—传动装置；11—调节手轮；12—电动机；13—电源接口

液体放置在两个同心圆的环隙空间内，电动机经过传动装置带动外筒恒速转动，借助于被测液体的黏滞性作用于内筒产生一定的转矩，带动与扭簧相连的内筒产生一个角度。该转角的大小与液体的黏性成正比，于是液体的黏度测量转换为内筒转角的测量。

(二) 操作步骤

(1) 取出仪器，检查各转动部件、电器及电源插头是否安全可靠。

(2) 向左旋转外转筒，取下外转筒。将内筒逆时针方向旋转并向上推与内筒轴锥端配合。动作要轻柔，以免仪器的内筒轴变形和损伤。向右旋转外转筒，装上外转筒。

(3) 接通电源，按动三位开关，调至高速挡或低速挡。

(4) 仪器转动时，轻轻拉动变速拉杆的红色手柄（拉杆头），根据标示变换所需要的转速。

(5) 使仪器以 300r/min 和 600r/min 转动，观察外转筒不得有摆动，如有摆动应停机重新安装外转筒。

(6) 以 300r/min 转动，检查刻度盘指针零位是否摆动，如指针不在零位，应进行校验。

(7) 将刚搅拌过的钻井液倒入样品杯内至刻线处（350mL），立即置于托盘上，上升托盘使内杯液面达到外转筒刻线处。

(8) 迅速从高速调整到低速进行测量，待刻度盘的读数稳定后，分别记录各速度下的读数。对触变性的流体应在固定速度下，剪切一定时间，取最小的读数为准，也可采用在快速搅拌后，迅速转为低速进行读数的方法。

(9) 样品的黏度、切应力等测试和数据计算参照后文"参数计算"进行。

(10) 测试完后，关闭电源，松开调节手轮，移开样品杯。

(11) 轻轻左旋卸下外转筒，并将内筒逆时针方向旋转垂直向下用力，取下内筒。

(12) 清洗外转筒，并擦干，将外转筒安装在仪器上。清洗内筒时应用手指堵住锥孔，以免脏物和液体进入腔内，内筒单独放置在箱内固定位置。

(三) 参数计算

将室温调整在 20℃±5℃，严格按照上述操作步骤操作。如在井场测量时，应尽可能减少取样所耽搁时间，取样地点、条件应记录在测量表上。仪器系数为 $C=0.511$。

1. 牛顿液体绝对黏度测试

将仪器转速调整至 300r/min，等到刻度盘上的读数恒定，其读数为绝对黏度值。

2. 塑性流体黏度测试

(1) 将仪器转速调整为 600r/min，待刻度盘上的读数恒定其读数的 1/2 为视黏度值。

(2) 将仪器转速调整为 300r/min，待刻度盘上的读数恒定，其读数与 600r/min 读数之差为塑性黏度。

(3) 将钻井液在仪器转速为 600r/min 下搅拌 10s，以 3r/min 转速开始旋转后的最大读数值即为初切，静置 10min 记录的读数值即为终切。

(4) 视黏度：$\eta_{视} = 1/2 \times 600\text{r/min}$ 读数 (mPa·s)。

(5) 塑性黏度：$\eta_{塑} = 600\text{r/min}$ 读数 $- 300\text{r/min} \times$ 读数 (mPa·s)。

(6) 动切力：$\tau_0 = 0.511$ (300r/min 读数 $- \eta_{塑}$) (Pa)。

(7) 静切力：$\tau_{初} = 0.511 \times 3\text{r/min}$ 读数 (Pa) (静置 1min)。

3. 注意事项

(1) 仪器最高工作温度为 93℃。如果测定温度高于 93℃ 的钻井液，应使用实心的金属内筒或内部完全干燥的空心金属内筒。因为当浸入高温钻井液中时，空心内筒内部的钻井液可能会蒸发而引起内筒的破裂。

(2) 直读式黏度计的准确度主要依赖于正确的弹簧扭力及正确的转速。通常可通过测量一些已知黏度的牛顿液体来对仪器进行校正。

四、API 滤失测量仪

(一) 结构

API 滤失测量仪 (图 1-3-4) 主体是一个内径为 76.2mm、高度至少为 64mm 的筒状钻井液杯。此杯由耐强碱溶液的材料制成，加压介质可方便地从其顶部进入和放掉。装配时在钻井液杯下部底座上放一张直径为 90mm 的滤纸。过滤面积为 $4580\text{mm}^2 \pm 60\text{mm}^2$。在底座下部安装有一个排出管，用来排放滤液至量筒内。用密封圈密封后，将整个装置放置在一个支撑架上。

(二) 使用

(1) 确保钻井液杯各部件，尤其是滤网清洁干燥，也要保证密封圈未变形或损坏。将钻井液杯口向上放置，用食指堵住钻井液杯上的小气孔，将钻井液注入钻井液杯中，使其距离顶部至少 13mm，然后将 O 形橡胶垫圈放在钻井液杯内台阶处，而后放好一张干燥的滤纸，并装配好仪器。

(2) 将干燥的量筒放在排出管下面以接收滤液。关闭减压阀并调节压力调节器，以便在 30s 内或更短的时间内使压力达到 690kPa±35kPa。在加压的同时开始计时。

(3) 到 30min 后，测量滤液的体积。关闭压力调节器并小心打开减压阀。如果测定时

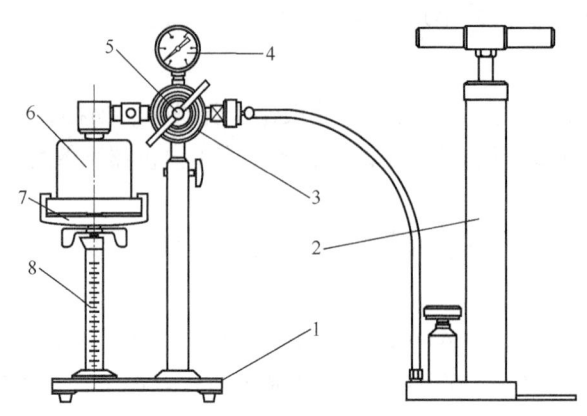

图 1-3-4 API 滤失测量仪结构示意图
1—底座组件；2—打气筒组件；3—减压阀组件；4—压力表；
5—放空阀；6—钻井液杯；7—挂架；8—量筒

间不足 30min 应注明。

（4）以 mL 为单位记录滤液的体积（精确到 0.1mL），同时记录钻井液样品的初始温度（单位为℃或℉）。

（5）在确保所有压力全部被释放的情况下，取下钻井液杯，倒去其中的钻井液，小心取出带有滤饼的滤纸，用水冲去滤饼表面上的浮泥，用钢板尺测量并记录滤饼厚度（单位 mm），观察并记录滤饼质量好坏（硬、软、韧、松等）。

（三）测量

（1）测量 30min，量筒中所接收的滤液体积即为所测 API 滤失量。为了缩短测量时间，一般测量 7.5min，其滤失体积乘以 2，即 API 滤失量。

（2）测量 30min，所得滤饼厚度即为该钻井液的滤饼厚度。若测 7.5min，则所得滤饼厚度乘以 2 为该钻井液的滤饼厚度。

（四）注意

（1）气源可使用压缩空气瓶、氮气瓶、二氧化碳气瓶或打气筒，并应使用特殊接头与进气管线连接，切勿使用氧气瓶或氢气瓶，以免发生危险。

（2）放气阀上及气源接头的凹槽中皆有 O 形橡胶垫圈，其尺寸要选用合适，并且要经常检查，如有损坏应及时更换。

（3）调节负荷压力为 15kgf/cm^2，泵压为 10kgf/cm^2，使用时要避免超负荷工作而造成损坏。

（4）实验完毕，应将接触钻井液的部件洗净擦干，以防生锈。

五、高温高压滤失测量仪

（一）结构

高温高压滤失测量仪（图 1-3-5）由带恒温器的加热套、钻井液杯、压板总成、加压部分和回压接收器组成。进行测定时使用 4A、110V 交流电或直流电，或使用 2A、220V 交流电。滤器面积的直径为 53mm（2.1in），滤液接收器容积为 15mL。测定在 150℃，

35kgf/cm² (500lbf/in²) 的作用下，30min 内通过直径为 53mm 的过滤面积所滤失的滤失量，即为高温高压滤失量。

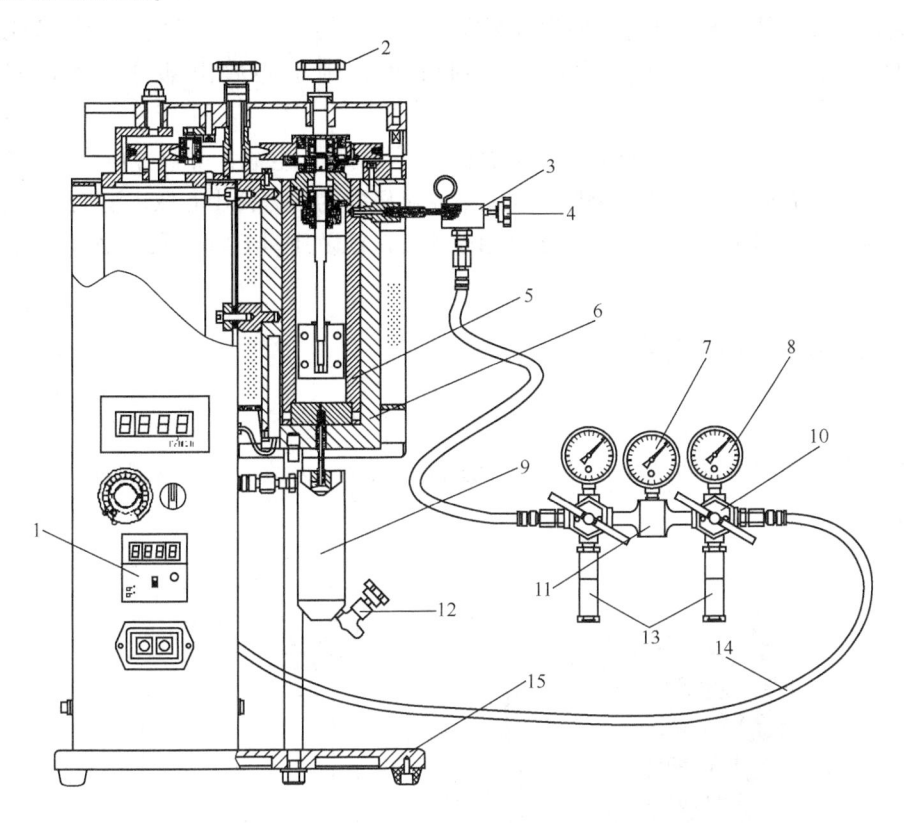

图 1-3-5 高温高压滤失测量仪结构示意图
1—温控面板；2—锁紧螺钉；3—三通组件；4—放气阀；5—钻井液杯组件；
6—加热保温箱；7—25MPa 压力表；8—16MPa 压力表；9—滤液接收器；10—加压阀组件；
11—管汇；12—放气阀；13—保险阀；14—高压胶管；15—底座

(二) 使用

(1) 把加热套的电源线插头接上合适的电源，使仪器预热。把温度计插入加热套的插孔，调节恒温器使之达到要求的温度范围。

(2) 从井口出口管处取来钻井液或在搅拌条件下把钻井液预热到 45~50℃。

(3) 关闭入口阀，倒置钻井液杯，注入钻井液至距离 O 形槽约 13mm (0.5in) 处，以防钻井液受热膨胀。

(4) 放一圆形滤纸在沟槽中，并在滤纸顶部放 O 形垫圈，将钻井液杯压板总成放在滤纸上，把安全锁紧凸耳对准卡住，然后缓慢地用手拧紧锁紧螺钉。

(5) 关闭所有阀门，钻井液杯压板总成朝下，把钻井液杯放入加热套中，把温度计插入温度计小孔中。

(6) 将气源管线接头与加压装置连接。

(7) 试验超过 95℃时，使用回压接收器，以防滤液蒸发。

(8) 调节顶部和底部压力为 690kPa，打开顶部阀杆，加热至所需温度（样品加热时间不要超过1h)。

(9) 待温度恒定后，将顶部压力调至4140kPa，打开底部阀杆并计时，收集30min的滤失量，结果乘2（因为该仪器过滤面积是标准过滤面积的一半）。在试验过程中温度应在所需温度的±3℃之内。如底部压力超过690kPa时，则小心放出部分滤液以降低压力至690kPa。

(10) 试验结束后，关紧顶部和底部阀杆，关闭气源、电源，并放掉压力调节器中的压力，待冷却至室温后，取出钻井液杯，放掉钻井液杯内的压力，小心取出滤纸，用水冲洗滤饼表面上的浮泥，测量并记录滤饼厚度（单位为mm）及质量好坏（硬、软、松等）。洗净并擦干钻井液杯。

六、滤饼黏滞系数测量仪

(一) 结构

滤饼黏滞系数测量仪主要由外壳、工作滑板、数字显示器、传动机构及微电动机组成，如图1-3-6所示。

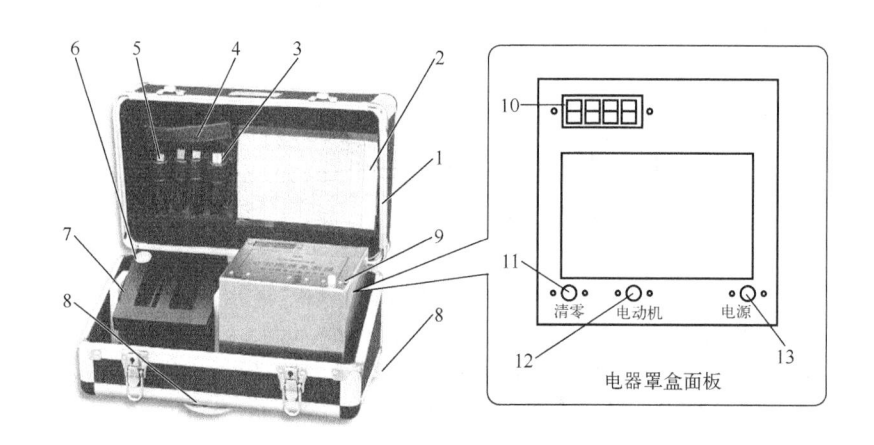

图1-3-6 滤饼黏滞系数测量仪结构示意图

1—箱体；2—正切函数表；3—滑棒；4—滑块、滑棒套；5—滑块；6—水平泡；7—工作滑板；8—调平手柄；9—电气控制罩盒；10—角度显示；11—清零键；12—电动机开关；13—电源开关

(二) 原理

在工作滑板倾斜条件下，放在滤饼上的滑块受向下的重力作用，当克服黏滞力后开始滑动。根据牛顿摩擦定律和三角函数，查表求得滤饼的黏滞系数。

(三) 注意

(1) 使用前检查各紧固部位紧固牢固可靠。
(2) 使用时所用电源要保证接地可靠。
(3) 工作滑板工作前要调整水平泡调至水平。
(4) 维修和移动仪器前应切断电源。
(5) 滑块和滑棒使用与保管时不得破坏表面。

七、固相含量的测量

（一）蒸干法测定固相含量

在坩埚（或蒸发皿）中放入定量钻井液，加热蒸干，将剩下的所有固体放入盛有柴油且液面一定的量筒中，柴油增加的体积就是钻井液蒸发后的固相体积（柴油不能使黏土水化分散膨胀）。这个固相体积与所取钻井液试样体积之比，即为固相占该钻井液的比例，计算公式为：

$$固相含量 = \frac{V_{油2} - V_{油1}}{V_{液}} \times 100\% \qquad (1-3-1)$$

式中　$V_{油2}$——加入固体后油面上升的刻度，mL；
　　　$V_{油1}$——加入固体前油面原来的刻度，mL；
　　　$V_{液}$——所取钻井液体积，mL。

（二）仪器法测定固相含量

用钻井液固相含量测定仪（蒸馏器）可快速测定钻井液中油、水和固相含量，通过计算可间接推算出钻井液中固相的平均密度等。

1. 结构

钻井液固相含量测定仪是根据范氏固相、液相含量测定仪仿制的。它由加热棒、蒸馏器和量筒等部分组成，如图1-3-7所示。

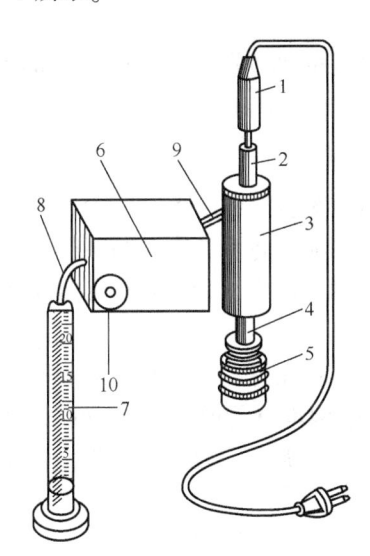

图1-3-7　钻井液固相含量测定仪结构示意图
1—电线接头；2—加热棒插头；3—套筒；4—加热棒；5—钻井液杯；
6—冷凝器；7—量筒；8—引流嘴；9—引流管；10—计量盖

加热棒有两只，一只用220V交流电，另一只用12V直流电，功率都是100W。蒸馏器由蒸馏器本体和带有蒸馏器引流管的套筒组成，二者用螺纹连接起来，将蒸馏器的引流管插入冷凝器的孔中，使蒸馏器和冷凝器连接起来。冷凝器为一长方体形状的铝锭，有一斜孔穿过整个冷凝器，上端与蒸馏器引流管相连，下端为一弯曲的引流嘴。

2. 原理

工作时,由蒸馏器将钻井液中的液体(包括油、水)蒸发成气体,经引流管进入冷凝器,冷凝器散发热量将气态的油和水冷却成液体,经引流嘴流入量筒。量筒刻度为百分刻度(也可用普通刻度的量筒),可直接读出接收的油和水的体积百分数。

3. 使用

(1)在蒸馏器内倒满钻井液,盖上计量用的计量盖,用棉纱擦掉由计量盖小孔中溢出的钻井液,取下计量盖,这时蒸馏器内的钻井液体积恰好是20mL(这是一个不可改变的定值)。

(2)将蒸馏器套筒拧到蒸馏器上,再将加热棒插入蒸馏器,将连接加热棒和蒸馏器的螺纹拧紧。

(3)将蒸馏器引流管插入冷凝器的孔中,将蒸馏器和冷凝器连接起来,将量筒放在引流嘴下方,以接收冷凝成液体的油和水。

(4)将导线的母接头插在加热棒上端的插头上(切勿转动),接通电源,使蒸馏器开始工作,直至冷凝器引流嘴中不再有液体流出为止,一般工作时间为20~30min。

(5)待蒸馏器和加热棒完全冷却后(也可用套环取下放在水中冷却,但电源插头上不要沾上水),将其卸开,用刮铲刀刮去蒸馏器内和加热棒上烘干的固体,然后洗净擦干,以备下次使用。

八、筛洗法含砂仪

(一)结构

筛洗法含砂仪是由一个带刻度的刻度瓶和一个带漏斗的筛网筒组成的,如图1-3-8所示。筛网为200目(即200孔/in)。

(二)使用

测量时将钻井液倒入刻度瓶至刻度50mL处,然后注入清水至刻线,用手堵住瓶口并用力振荡,然后倒入筛网筒过筛,筛完后将漏斗套在筛网筒上反转,漏斗嘴插入刻度瓶,将不能通过筛网的砂粒用清水冲洗进刻度瓶中,读出砂粒沉淀的体积刻度数再乘以2,即为该钻井液的含砂量,以百分数表示。

筛洗法含砂仪所取的钻井液量是任意的,没有规定。若取钻井液100mL,则所得结果不必乘以2,但筛洗过滤及沉淀时较困难。若取钻井液20mL,其结果要乘以5。取量的多少,可视钻井液黏度的大小而确定。黏度大的,取量少一些,黏度小的,可适当取量大一些,这样有利于筛洗过滤。

九、浮筒切力计

(一)结构

浮筒切力计由钻井液杯、浮筒、尺杆和标尺等组成,如图1-3-9所示。

(二)参数

(1)浮筒内径:35.56mm;浮筒重量:5g。

(2)钻井液杯容量:500mL。

(3)标尺刻度:0~20Pa。

图 1-3-8　筛洗法含砂仪结构示意图

图 1-3-9　浮筒切力计结构示意图
1—钻井液杯；2—下固定螺钉；3—浮筒；
4—尺杆；5—标尺；6—上固定螺钉

(三) 使用

(1) 取 500mL 钻井液搅拌均匀，立即倒入钻井液杯中，液面在标尺 0 刻度位置。
(2) 随即将用水蘸湿的浮筒沿刻度标尺套入并轻轻垂直接触钻井液液面，然后让其自由下降，待静止时便可从浮筒上端面与标尺相对应的刻度读出钻井液的初切。
(3) 取出浮筒清洗擦净。
(4) 再搅匀钻井液倒入钻井液杯内。
(5) 让其静止 10min 后，仍将浮筒按步骤 (2) 的方法让其自由下降，便可测出终切。

(四) 注意

(1) 一定要保持标尺垂直液面。
(2) 浮筒要保持干净、完整、不变形。
(3) 浮筒与钻井液液面要轻轻接触，让其自由沉落，数据方能准确。
(4) 操作浮筒切力计时一定在平稳无振动的台面上。

十、润滑性测定仪

在钻井过程中发生的各种类型的卡钻中，最为频繁、危害最严重的是滤饼黏附卡钻。钻柱与滤饼的黏附力与滤饼摩阻系数成正比。为了预防滤饼黏附卡钻，钻井过程中需经常测定滤饼摩阻系数。特别是对于复杂钻井，要求钻井液的摩阻系数越小越好。

钻井液的润滑性能对提高钻速、保证正常钻进和井下安全及降低能耗等方面都有十分重要的意义。因此，钻井液工要掌握钻井液的润滑性能、钻井对钻井液润滑性的要求、钻井液润滑性测定仪的结构和使用方法，以及降低钻井液摩阻系数的方法。

(一) 钻井对钻井液润滑性的要求

钻井液的润滑性能一般包括钻井液形成的滤饼的润滑性能和钻井液流体自身的润滑性能。钻井液和滤饼的摩阻系数，相当于物理学中的摩擦系数，是评价钻井液润滑性能的两个主要技术指标。

钻井液的润滑性处于清水与油中间，清水的摩阻系数为0.35，柴油的摩阻系数为0.07。在配制的钻井液中，大部分油基钻井液的摩阻系数在0.08~0.09之间，水基钻井液的摩阻系数在0.20~0.35之间，如果加有油品或各类润滑剂，可使摩阻系数降到0.10以下。

对大多数水基钻井液来说，摩阻系数为0.20以下是可以接受的。但是对于水平井、超深井、大斜度井，要求钻井液的摩阻系数尽可能保持在0.08~0.10范围内，以保持较好的摩阻控制。润滑性能良好的钻井液对钻井工程有以下作用：

（1）减小钻具的扭矩，减少磨损，降低疲劳，延长钻头寿命。
（2）减小钻柱的摩擦阻力，缩短起下钻时间。
（3）减少黏附卡钻概率，防止钻头泥包，同时易于处理井下事故。
（4）提高钻井工程整体效益。

(二) 钻井液润滑性的测定

由于摩阻的大小不仅与钻井液的润滑性能有关，而且还与钻具和地层接触面的粗糙程度、接触面的塑性变形情况、钻柱侧向力的大小和分布情况、钻柱的尺寸和旋转速度等因素有关。因此，要全面、客观地评价和测定钻井过程中钻井液和滤饼的摩阻系数是很困难的。目前，国内外对钻井液润滑性能的检测尚无公认的通用仪器和方法，在目前的测试仪器和条件下，只能从某一侧面评价与优选钻井液基液和润滑剂，确定在该条件下的摩阻系数。

1. NR-1型钻井液润滑性测定仪

NR-1型钻井液润滑性测定仪是评价钻井液润滑性效果的专用仪器。该仪器在岩石表面形成滤饼的过程中，测定钻具与滤饼接触时的润滑性能，可以对不同润滑剂（液体或固体）在改善润滑性能指标方面，进行定量分析并作出客观评价。

1) 仪器主要技术参数
（1）润滑系数量程：0~0.5；
（2）磨合后用蒸馏水校正的润滑系数：0.33~0.37；
（3）扭力扳手读数范围：-150~150lbf·in；
（4）电源电压：交流220V；
（5）电动机电压：直流110V；
（6）主轴转速：60r/min。

2) 仪器结构及工作原理

仪器由试杯、试块、传动主轴、电源开关、调速旋钮、调零旋钮、加压把手、扭力扳手、数显摩阻系数表等组成，如图1-3-10所示。用试块和试环分别模拟钻杆及孔壁，使两者浸没在被测试的钻井液中，电动机带动主轴上的试环回转，扭力扳手给试环和试块施加正压力。

3) 操作步骤
（1）仪器的标定。

仪器出厂时已经标定但在使用过程中应定期标定。其步骤如下：

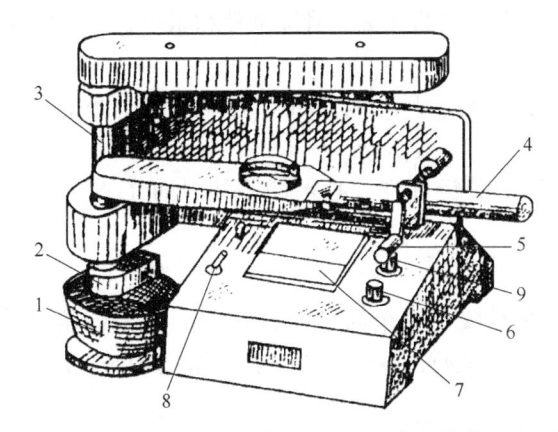

图 1-3-10　NR-1 型钻井液润滑性测定仪结构示意图
1—试杯；2—试块；3—传动主轴；4—扭力扳手；5—加压把手；
6—调速旋钮；7—数显摩阻系数表；8—电源开关；9—调零旋钮

① 使仪器侧倒放置，卸下扭力扳手，使试块脱离试环。

② 开动电动机，运转 5min 以上，使电动机及主轴承润滑油温度稳定，以确保电动机空载电流稳定。

③ 在主轴上装好量秤杆，用螺钉固定，使其处于平衡临界状态（即主轴的转矩与量秤杆自重所产生的转矩平衡）。调节调零旋钮，使电流表指针指零。

④ 在量秤杆的一端加一定砝码，电流表的读数应符合表 1-3-1 的规律。

表 1-3-1　电流表读数与悬挂砝码之间的关系

悬挂砝码，g	102	170	204	255	328	426
电流表读数	0.12	0.20	0.24	0.30	0.385	0.5

（2）试环与试块的标定。

① 清洗试环与试块，要求其接触表面不得有任何杂质油污。

② 将清洗后的试环安装在主轴上，用螺母固定，将试块安放在托架上。检查试环与试块的圆弧是否吻合，如不吻合，使之吻合。

③ 在试杯内装约 300mL 的蒸馏水，试环与试块浸在液面以下，在无负载下，开动电动机运转至电流表指针稳定，调节调零旋钮使指针指零。

④ 扭力扳手放在托架上，调扭力扳手使指针指零，在运转情况下，扭力扳手缓慢加压至 50lbf·in，运转 5min，此时的电流表读数应在 33~37 之间，蒸馏水的润滑系数在 0.33~0.37 之间。

⑤ 若蒸馏水的润滑系数值小于 0.33，则检查水中是否有油污，要反复检查试环、试块，换蒸馏水再测；若蒸馏水的润滑系数值大于 0.37，则检查试环、试块表面，当确实清洁无他物时，用研磨膏或金相砂纸打磨，在 50lbf·in 负载下运转，使其合乎要求。

（3）钻井液润滑系数的测定。

① 对蒸馏水标定合格后，将被测试的钻井液装入试杯中。

② 在无负载下开动电动机，运转至电流表指针稳定。

③ 用扭力扳手缓慢加压至 50lbf·in，运转 5min，至电流表指针稳定，记下电流表读数乘以 0.01，即为被测试的钻井液的润滑系数值。

④ 松开加压手柄,倒出被测钻井液,清洗试环和试块,涂上防锈油。
(4) 注意事项。
① 一定要在无负载的情况下开动电动机,运转正常后才能逐渐加压,严禁在负载下启动。
② 试环与试块是仪器的关键部件,必须保持其表面光洁,每次用完后必须清洗干净,涂上防锈油。

2. 钻井液极压(EP)润滑仪

钻井液极压(EP)润滑仪是一个简单而且紧凑的用来评价钻井液润滑性的仪器,如图1-3-11所示。用这种仪器进行的测试是测量钻井液的相对极压润滑特性。

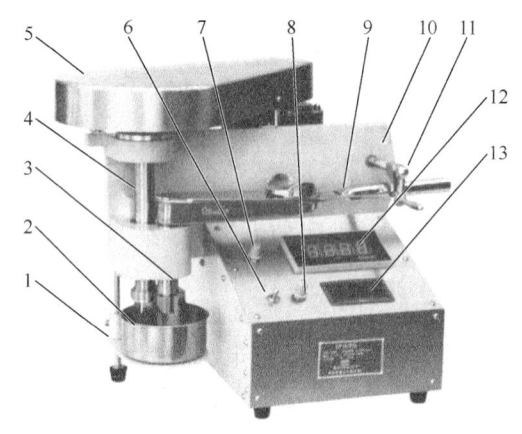

图1-3-11 钻井液极压(EP)润滑仪结构图
1—托板;2—测试杯;3—测试块座;4—主轴;5—皮带护罩;6—电动机开关;7—调速旋钮;
8—调零旋钮;9—扭力杆;10—主机体;11—加压手把;12—数显转速表;13—数显摩阻系数表

1) 使用方法

(1) 测试杯放在驱动轴底部有斜坡的台肩上。用扳手和轴锁将锁紧螺母紧紧锁住,防止在测试过程中滑脱。轴锁位于轴对面的框架后面。要防止上得太紧,否则它会剪磨锁紧螺母的螺纹。如果出现滑脱,取下锁紧螺母,清理轴上的斜坡台肩面,用一个新的测试杯重新进行测试。

(2) 测试块平正地安放在测试块座上,这个测试块座在和扭臂相连的轴的底部。测试块座应清洁,没有任何钻井液,这样可以用调节刀口调节使其与测试杯自由地移动排齐。如果测试块不能呈线型排齐,将会出现梯形或三角形的划痕。如果发现有这样的划痕,则应重新测试。如果测试块能排齐,则划痕为长方形。如排得不齐,测试块座应重新安放,使刀口与测试块排齐。为重新安放,可松开在轴上固定测试块的固定螺栓。

(3) 将样品杯充满350mL钻井液,或充到完全淹没上测试表面为止。

(4) 再倒入样品并将两测试表面完全淹没后,在不加载荷的情况下启动电动机。任何时候都不要在有载荷的情况下启动电动机。在不加载荷的情况下,使电动机转动1~2min,直至无载电流为1~2A。如高于2A,则表明仪器处于不正常工作状态。

(5) 用扭力杆施加载荷,扭矩仪应安放在这样的位置,即只要一扳动其手杆就会使扭矩仪显示出压力。这个压力传到测试块上,使它抵住测试杯。在第一次松开手后,扳动手杆以5lbf·in/s的速度增加载荷。保持这个速率,增加载荷直至出现"咬住",记录这时的扭矩载荷和电流值。一旦出现"咬住"，立即卸载，更换测试杯。而测试块只需要重新调整位置而不必更换，用一个测试块可以进行8次测试。一旦出现"咬住"就立即卸载，是为了避免电动机过载。电动机的过载可由电流表的读值看出，任何情况下不应超过8A。严重过载会使熔断丝熔断。当指示灯亮起，表明熔断丝需更换。如果电流超过3A，电动机只能工作很短的时间。如感觉电动机已烫手，在做下一次测试前应使其冷却。

2）注意事项

（1）测试杯和测试块在使用之前应将出厂时涂上的油脂擦掉并用溶剂清洗，当不使用时，为防腐蚀应涂上油脂。

（2）同时需要润滑脂来保护两个表面以防止磨损。

（3）要防止任何物质对测试杯和测试块的污损。

(三) 滤饼黏附系数的测定

滤饼黏附系数测定仪如图1-3-12所示。

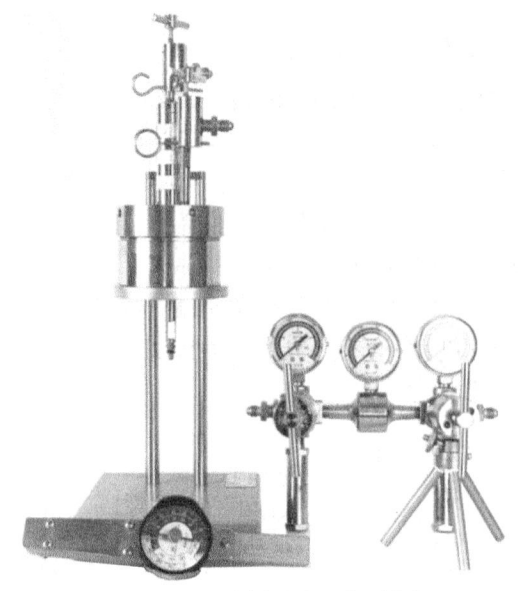

图1-3-12 滤饼黏附系数测定仪

1. 测量步骤

（1）选用干净的仪器进行测量。

（2）确保扭力盘清洁干燥。将扭力盘用研料研磨擦拭，直至盘面闪亮，并用水淋洗，然后将其干燥。

（3）将滤纸铺在钻井液杯内的筛网上。

（4）将橡胶垫圈放在滤纸上。

（5）将塑料垫圈放在橡胶垫圈上，将止推环旋放在垫圈上。

（6）注意将滤纸和垫圈居中放置在筛网上，否则会造成泄漏。

（7）将钻井液注入钻井液杯中，并至刻度线。

（8）把杯盖穿过扭力盘轴放在钻井液杯上扭紧。

（9）接好加压管线，顶紧泄压阀。

(10) 用调压器调节压力至 3448kPa。

(11) 打开调压阀和钻井液杯之间的阀门,记录打开时间。

(12) 使钻井液滤失 30min,记录滤液体积。在扭力盘上保持 3.5MPa 压力(应确保扭力盘被确实压下),使扭力盘黏住 5min,卸掉加在扭力盘上的压力,待 45min(扭力盘被黏住 5min 也计入其内)后,用扭力仪测出扭矩,记录扭矩。

(13) 测试结束,关闭调压器和钻井液杯间的阀门。

(14) 松开泄压阀,释放压力。

(15) 卸开各部件,彻底清洗。

2. 计算方法

滤饼黏附系数的计算公式为:

$$滤饼黏附系数 = \frac{扭矩 \times 1.5}{压差 \times 扭力盘受压面积} \qquad (1-3-2)$$

(四) 钻井液滤饼黏滞系数测定(滑块)

钻井液滤饼黏滞系数的测量用滤饼黏滞系数测量仪(图 1-3-6),步骤如下:

(1) 首先调节底部调平手柄,将水平泡居中。开启电源,然后按"清零"按钮,使显示为零。

(2) 将中压滤失滤饼用清水冲洗后放在滑板平面上。

(3) 轻轻地将滑块垂直放在滤饼中央,静置 1min。

提示:此时如果显示不为零,应"清零",确保显示为零后,计时 1min。

(4) 按电动机按钮,当滑块有滑动趋势时,立即关闭电动机开关,记录翻转角度,根据翻转角度查出对应的滤饼黏滞系数值。

十一、pH 试纸

pH 试纸(图 1-3-13)是 pH 值指示剂的一种,可用以显示不同溶液的酸碱度。用玻璃棒或滴管取少量被测溶液,滴到 pH 试纸上稍等片刻,试纸颜色将起变化。将检测结果与 pH 试纸的比色卡对比,即可确定被检测溶液的酸碱程度。pH 试纸分为精密型和广泛型。广泛型 pH 试纸的比色卡是每 1 级 pH 值一个颜色,精密型 pH 试纸按测量精度可分为 0.5 级、0.3 级、0.2 级或更高精度等级。

pH 试纸的使用方法如下:

(1) 打开 pH 试纸包装盒,会发现里面含有 pH 试纸比色卡和 pH 试纸两部分。

(2) 取被检测的溶液少许,放入器皿中。然后将 pH 试纸浸入被测溶液中,待 2~3s 后,取出。

(3) 还可以用试管取少量被测溶液,滴到 pH 试纸上。稍等片刻,试纸颜色将起变化。最后将检测结

图 1-3-13 pH 试纸

果与 pH 试纸比色卡进行对比,以确定被检测溶液的酸碱程度。

pH 值越小,溶液酸性越强;pH 值为 7 时,显中性,接近于水的酸碱性;pH 值越大,则溶液碱性越强。

项目四　钻井液工岗位职责和巡回检查

一、钻井液大班和钻井液工岗位职责

(一) 钻井液大班岗位职责

(1) 负责保证钻井液性能优质稳定,确保各项性能符合设计要求。
(2) 负责对本井钻井液材料计划的提出和送井材料的妥善保管,合理使用。
(3) 负责对本井钻井液大处理的方案制订、技术指导和组织工作。
(4) 负责全井原始记录的保管、数据资料的收集汇报,及时写出完井总结。
(5) 负责对小班钻井液工的管理和工作安排,帮助解决现场钻井液存在的技术难题。
(6) 负责固控设备管理及配件报领和储备。

(二) 钻井液工岗位职责

(1) 负责本班钻井液管理。深井每 30min、浅井每 40min 测量一次密度和黏度(特殊情况下适当加密测量次数)。每班做一次全套性能测量,进入 2500m 以后每班做两次全套性能测量和一次加温性能测量;如果钻井液进行加药处理,处理前后要各测一次全套性能,做好记录并收集保管本班所有原始记录和数据资料。
(2) 按照《钻井液技术指令》和大班的安排做好钻井液的维护处理,确保本班钻井液性能符合设计要求。
(3) 负责钻井液仪器的使用与保管。
(4) 负责钻井液房和仪器的卫生及维护保养,为下班做好准备工作。
(5) 根据大班要求或钻井液处理需要,完成配制处理剂和其他任务。
(6) 负责固控设备的保养、更换、使用及部分维修工作。
(7) 负责钻井液处理剂、固控配件的验收、登记、保管和使用。
(8) 进行钻井液巡回路线的检查。

二、钻井液工 HSE 要求

员工上岗之前必须进行三级安全教育,了解安全生产和劳动保护在生产中的意义,理解本岗位职责和 HSE 要求。在生产过程中保障人身安全和设备安全,消除一切由于人的不安全行为和物的不安全状态而产生的危害因素,是保障生产正常进行的前提和关键。对于钻井液工来说,必须严格遵守岗位职责和 HSE 的有关要求。具体来说就是要注意以下两个方面:

(一) 安全生产

安全生产是企业管理中的一项基本原则,其含义是在生产过程中保障人身安全和设备安全。也就是说,既要消除危害人身安全与健康的一切有害因素,也要消除损坏设备、产品或原料的一切危害因素,保障生产的正常进行。石油工业安全生产的基本原则主要包括：

(1) 安全第一，预防为主。

(2) 管生产必须管安全。

(3) 安全具有否决权。

(4) 企业行政负责人是安全生产的第一责任者。

（二）劳动保护

劳动保护就是依靠技术和科学管理，采取技术和组织措施，消除劳动过程中危及人身安全和健康的不良条件与行为，防止伤亡事故和职业病，保障劳动者在劳动过程中的安全和健康。国家为保护劳动者在生产劳动中的安全与健康，在改善劳动条件、防止工伤事故、预防职业病、实行劳逸结合、加强女工保护等方面采取的各种组织措施和技术措施，统称为劳动保护。钻井液工在生产劳动中存在的危害因素主要有：

(1) 电气设备漏电、不安全用电、违规用电等带来的危害。

(2) 高空落物伤害。

(3) 钻井液处理剂的腐蚀及毒性危害等。

为了真正实现安全生产，确保人身安全与健康及生产设备始终处于安全状态，工作在生产一线的钻井液工，必须严格遵守各项规章制度、严格按照操作规程作业、严格履行岗位职责和 HSE 要求。

（三）大班钻井液工 HSE 职责

(1) 严格遵守公司相关规定及本油田《安全生产禁令》。

(2) 认真贯彻实施上级有关 HSE 法规、标准和制度，负责本岗分管的 HSE 工作。

(3) 负责固控设备、钻井液的管理工作，指导职工严格遵守 HSE 操作规程、管理规定，并实施监督。

(4) 对钻井液工进行操作技术与 HSE 知识培训，参与技术练兵和现场考核。

(5) 做好危害识别，搞好清洁工作，做好巡回检查，发现隐患及时整改。

(6) 严格遵守工业动火规定，做好协助岗位的安全监护。

(7) 接受 HSE 教育培训和考核，增强自身 HSE 意识和防护能力，做好持证上岗。

（四）小班钻井液工 HSE 职责

(1) 严格执行 HSE 管理规定和本岗的操作指南，遵守劳动纪律和职业道德。

(2) 上岗时必须按照规定穿戴好劳动保护用品。

(3) 熟悉本岗的危险电源、重要环境危害、风险削减措施，落实好安全预防措施。

(4) 熟悉掌握固控设备的安全操作技能，按 HSE 现场检查表进行巡回检查，发现问题及时整改。如自己不能解决的应立即向上级领导汇报解决。

(5) 有权制止、纠正他人的违章行为；有权拒绝违章作业的命令并可越级汇报。

(6) 熟悉本岗的应急程序及逃生路线，积极参加井队的各种应急演练和 HSE 活动。

（五）钻井液工 HSE 职责

(1) 严格遵守公司相关规定及本油田《安全生产禁令》。

(2) 认真贯彻实施上级有关 HSE 法规、标准和制度。

(3) 熟悉本岗位的作业指导书和操作规程，上岗按规定着装，妥善保管、正确使用各种劳保用品和消防器材。

(4) 对净化设备、钻井液仪器、钻井液药品及作业活动能进行危害识别和风险评价,掌握防范措施。

(5) 对本岗位做好危害识别并进行控制,搞好清洁工作。

(6) 按要求进行岗位巡回检查,做好协助岗位的安全监护,严禁"三违",做到"三不伤害"。

(7) 接受HSE教育培训和考核,增强自身HSE意识和防护能力,做到持证上岗。

三、钻井液工接班巡检

钻井液工接班后首先进行巡回检查,因此熟悉检查路线,明确检查内容,是每位钻井液工必须掌握的基本知识。钻井液工的主要任务之一就是定期对钻井液的巡回路线和循环路线进行认真仔细的检查,确保钻井液的正常循环。不同类型钻机(机械钻机、电动钻机、复合钻机)的巡检路线略有不同,不论哪种钻机设备,钻井液工都要进行全面巡回路线检查,能正确检查各工作点内容,并做好准备工作;掌握各型钻机钻井液循环路线,会进行钻井液循环路线检查。电动钻机常规井场布局,如图1-4-1所示。

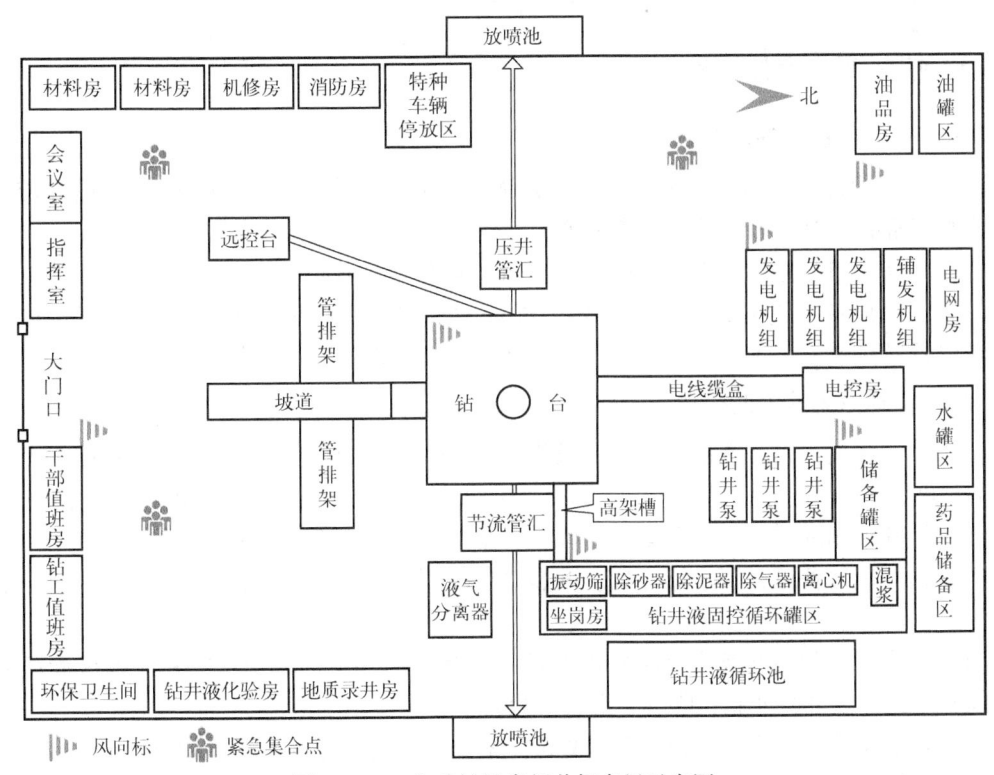

图1-4-1 电动钻机常规井场布局示意图

(一)巡回检查路线

值班房→药品房→药品罐→振动筛→除砂器→除泥器→除气器→坐岗房→离心机→砂泵→循环罐→石粉罐区→储备罐→循环池→电气控制系统→值班房。

(二)巡回检查项点

(1) 值班房:班报表、钻井液性能、井深、地层。

(2) 药品房：品种、数量、保管记录、内外清洁。

(3) 药品罐：搅拌机、开关、电路、地线、药品种类及性能。

(4) 振动筛：筛布、电动机、润滑、固定、清砂、电路、开关、清洁、固定。

(5) 除砂器：性能、紧固、清洁。

(6) 除泥器：性能、紧固、清洁。

(7) 除气器：性能、紧固、清洁、电动机及地线、电路、开关。

(8) 坐岗房：卫生、洗眼站、电路、开关、仪器仪表、照明、坐岗记录。

(9) 离心机：固定、调整、保养、性能、管路、电动机、电路、地线、卫生、皮带。

(10) 砂泵：固定、运转、保养、清洁、护罩、电动机开关柜、电路及地线。

(11) 循环罐：钻井液量、连接、密封、搅拌机、电路、清砂、梯子、栏杆、安全带、踏板及通道、钻井液性能、液面报警器、罐连接管线及安全带。

(12) 石粉罐区：石粉罐压力表、安全阀和气管线、漏斗、加重泵、石粉储备。

(13) 储备罐：性能、阀门、储备量。

(14) 循环池：堤坝质量、规格、液面、长杆泵、电路及护罩。

(15) 电气控制系统：开关箱、电路、开关。

四、钻井液工岗位巡检

（一）一般钻机配备设备

(1) 循环设备：主要包括高架槽、钻井液槽、钻井液循环罐（循环池）、钻井液储备罐、清水储备罐、混合漏斗及钻井液枪等。

(2) 净化设备：主要包括振动筛、除砂器、除泥器及离心机等。

(3) 辅助设备：包括钻井液搅拌器、配药池、材料房、钻井液化验房（配备成套用钻井液仪器及辅助设备）及石粉罐。若是特殊井，则应根据具体情况具体配备。

（二）循环系统的安装要求

(1) 钻井液槽：钻井液槽的规格一般为长×宽×高＝（30~40）m×0.7m×0.4m，其中高架槽的长度为10m左右，坡度为3%，即井口比1号罐上方的振动筛高30cm左右。

(2) 钻井液循环罐：一般配备5个罐，每个罐的容积为20~50m³。

(3) 钻井液储备罐、清水储备罐：配备2~4个储备罐，每个罐的容积为35~40m，用于储备水和钻井液。

(4) 混合漏斗和钻井液枪：混合漏斗以备加重和加处理剂使用；钻井液枪可配备2~4个，以备对钻井液进行冲刺、除气、混合等处理。

(5) 振动筛旁上水管线：以备配制处理剂和维护钻井液使用。

(6) 搅拌器：供配浆、配制处理剂和搅拌钻井液使用。

(7) 净化设备：必须安装的净化设备有振动筛、除砂器、除泥器、离心机等。应根据钻井液对固相含量的要求，按顺序使用。

（三）钻井液循环路线

钻井液起始循环路线如下：井口→高架槽→振动筛→1号罐→除气器→2号罐→除砂器、除泥器→3号罐→离心机→4号罐→5号罐。然后吸入钻井泵，钻井泵将钻井液高压泵入地面高压管汇，经高压水龙头进入钻具，到达钻头，再由钻头水眼喷向井底，后经井眼环形空间又返至井口。各循环罐之间以钻井液槽连接，上覆铁板盖。每个罐上配备两台搅拌器。

若钻井使用的是加重钻井液，则需配制一定量的加重钻井液储备。可配制成和所用钻井液密度相同的加重钻井液，也可配制成密度更大的钻井液。配制时多在5号罐内进行，将钻井液密度提高至和1号罐出口密度相同，或配制成高密度钻井液（视钻井对密度的要求而定），然后泵入储备罐备用。如果需要提高钻井液密度，则首先应计算出需混入加重钻井液的数量，然后打开储备罐的阀门使加重钻井液均匀流入钻井液循环槽即可。

在混合漏斗旁存放两个立式圆柱形铁罐，内装有成品的加重材料，供压井时使用。

(四) 钻井液循环路线检查内容

1. 值班房（坐岗房）

值班房主要存放工具，测钻井液性能。上岗后应检查常规性能测量仪器是否齐全，如密度计、马氏漏斗黏度计、API 滤失测量仪、含砂量测定仪等。也要检查工具箱内是否有铁锤、扳手、钳子、螺丝刀、管钳、绝缘手套、口罩及防护眼镜等。

2. 钻井液槽

主要检查钻井液槽是否泄漏、槽底固相沉积厚度是否需要清理及槽内液面的高度是否合适等

3. 配药池

主要检查池内是否清洁，有药品时检查药品的种类、浓度及数量等，电动机工作是否正常。目的是能及时配液，并将药液及时泵入1号罐内。

4. 搅拌器

停机时，用手检查电动机是否过热、机油是否足量。若电动机过热，则先停机休息一段时间；若机油不够，则应加足机油。

5. 除砂器、离心分离机

检查是否泄漏钻井液；检查是否用清水清洗，是否灵活好用；检查压力表是否灵活、准确、好用。若有钻井液泄漏，则需采取措施。

6. 存储罐

检查存储罐的容积刻度是否清晰，罐内钻井液量是否合理，钻井液是否沉淀，阀门是否灵活、好用。

7. 混浆漏斗

检查漏斗内壁是否黏附太多的处理剂等物质，太多时应加以清理；检查漏斗喉部是否被堵塞，堵塞时应打通；检查阀门是否灵活、好用。

8. 药品材料房

药品材料房应距配药池较近，检查药品材料房是否清洁干燥、处理剂种类是否按要求配备齐全，并检查处理剂的存放位置和标示、处理剂的数量等内容。

9. 石粉罐

检查石粉罐是否好用，石粉数量是否合理、石粉是否受潮等。

总之，上岗后应严格检查钻井液循环路线及各项点，对各项点出现的问题及时解决，故障及时排除，以确保钻井安全顺利进行。

五、钻井液工一口井的岗位工作

(一) 钻井液的设计

钻井液设计是钻井液现场施工的重要依据。合理的钻井液设计方案是钻井成功和降低钻井费用的关键。

1. 设计的依据

开钻前，由钻井液设计部门根据地质部门提供的地层孔隙压力、破裂压力、井温及复杂井段资料等内容，按照钻井和地质工程提出的要求，做好一口井的钻井液设计工作。具体包括：

(1) 分层、分井段井下复杂情况提示。
(2) 分段钻井液类型、配方及性能范围。
(3) 钻井液处理剂及维护方法。
(4) 钻开油气层的技术措施。
(5) 固控设备及使用要求。
(6) 钻井液材料计划及成本。
(7) 钻井液及材料储备要求。
(8) 复杂情况的处理措施等。

2. 设计的内容

1) 密度

合理的钻井液密度，应根据所钻地层的压力、破裂压力和矿物特点等加以确定。原则和方法如下：

(1) 确定密度附加值的方法。依据地质部门提供的地层剖面压力图版，以裸眼井最高压力梯度为基准，泥岩和油层密度附加值为 $0.05 \sim 0.1 \text{g/cm}^3$；气层为 $0.07 \sim 0.15 \text{g/cm}^3$。根据地质部门提供的裸眼井段最高地层压力，泥岩和油层为 $1.5 \sim 3.5 \text{MPa}$；气层为 $3.0 \sim 5.0 \text{MPa}$。总的原则是，在保持井眼稳定的前提下，尽量采用较低的密度附加值，以利于提高钻速和减轻对油气层的伤害。

(2) 对调整井和其他高压水层、岩盐层、盐膏层的特殊复杂井，可适当提高密度附加值，以确保安全钻进。

(3) 对于常遇到井喷、井塌、卡钻、井斜等复杂情况的深探井，裸眼井段钻进时钻井液密度的确定，除考虑地层压力和地层破裂压力外，还应考虑地层坍塌压力，即深井加重钻井液安全密度（压力）窗口的钻井和钻井液技术。

2) 流变性

钻井液的黏度和切力对安全钻井有很大影响，必须维持适当的数值，尽可能控制较低的黏度和切力。钻井液的流变性通常为：

(1) 漏斗黏度在 $30 \sim 60 \text{s}$ 范围；屈服值（动切力）在 $5 \sim 15 \text{Pa}$ 范围；塑性黏度在 $10 \sim 25 \text{mPa} \cdot \text{s}$ 范围。

(2) 应具有较好的剪切稀释特性，使喷出喷嘴时黏度低，上返至环形空间时黏度高。n 值控制在 $0.4 \sim 0.7$ 范围；动塑比控制在 $0.36 \sim 0.48 \text{Pa/mPa} \cdot \text{s}$ 范围。

(3) 应具有适当的静切力和触变性，既有携带岩屑能力又使开泵容易。一般 10s 的切力为 $1 \sim 4 \text{Pa}$，10min 的切力为 $5 \sim 10 \text{Pa}$。对流变参数总的要求是：两好两低，即流型好、剪切稀释性好；喷嘴黏度低、塑性黏度低。

3）造壁性和滤失量

钻井液的造壁性能不好会影响地质和工程质量；滤失量大可导致油层渗透率降低。

钻井液造壁性和滤失量的确定原则如下：

(1) 对油气层，API 滤失量小于 6mL，HTHP 滤失量在 10~15mL 范围内。

(2) 对易坍塌地层，API 滤失量小于 5mL。一般地层可根据具体情况确定，HTHP 滤失量一般在 15mL 以内。

(3) 要求滤饼薄而坚韧、光滑。API 失水滤饼厚度为 0.5~1mm，HTHP 失水滤饼厚度小于 2mm。

4）固相含量

膨润土含量一般控制在 40~80g/L，且钻井液密度越高，井越深，温度越高，膨润土含量应越低。非加重钻井液固相含量应不超过 10%（体积分数），一般控制在 5%左右。钻屑含量与膨润土含量的比值应控制在 (2∶1)~(3∶1) 之间。

5）其他参数

(1) 含砂量：越低越好。一般要求小于 0.5%；水平井小于 0.3%。

(2) 钻井液的酸碱度和 pH 值：根据不同钻井液类型及地层需要来控制钻井液的酸碱度。一般钻井液的 pH 值控制在 8.5~9.5 之间。

(3) 可溶性盐的含量：含盐量高会影响电测解释，会加剧钻具的腐蚀；钾盐具有抑制黏土膨胀与分散的作用，有利于油层保护，防塌；饱和盐水钻井液可抑制岩盐层溶解，有利于井壁稳定；钙处理钻井液可提高钻井液的抑制能力，在钻盐膏层、石膏层时可获得规则的井径。

(4) 滤饼的摩擦系数：一般井的滤饼摩擦系数应控制在 0.1~0.15 范围；水平井、大位移井的滤饼摩擦系数应小于 0.1。

(二) 钻前准备

(1) 勘察水源。若水质不符合配浆要求，应在配浆前对水进行化学处理。

(2) 检查循环系统。用清水检查所用设备有无破漏现象，钻井液槽坡度是否合适等。

(3) 表层准备。若用钻井液钻表层，应储备足够的钻井液，且提前 24~48h 配制。

(4) 二开准备。检查和校正钻井液性能测定仪器；准备好快速钻进阶段使用的处理剂和原材料。

(三) 起下钻

起钻前应适当提高钻井液的黏度，加大泵排量确保岩屑的全部携出，并做好地面固控工作。

起下钻过程中钻井液工的主要工作内容如下：

(1) 起下钻时认真观察钻井液灌入和返出情况，并做好记录。起钻时要及时向井内注入钻井液，防止因液柱压力过低而引起井喷、井塌等事故。

(2) 记录起下钻中遇到的阻卡现象，分析原因，针对具体原因制定措施，对地质或工程方面引起的问题应向主管人通报。

(3) 及时清除钻井液槽里的沙子，保证钻井液流通畅通。

(4) 新钻头接近井底时，先启泵循环半周到一周，再根据钻井液性能变化情况，加处理剂调整性能。

(四) 钻表层

表层特点：一般为黏土层和砂层，疏松、胶结性差、可钻性好且深度不大。对钻井液要求不严（一般用清水自然造浆）。

注意事项如下：

（1）地层易吸水松垮，造成井壁坍塌和井径扩大，应使钻井液尽快形成滤饼，巩固井壁。

（2）钻速高，要求所用的钻井液携带钻屑能力强，保持井眼清洁。

（3）如果邻井资料有"防塌""防漏"提示时，尽量不要用清水开始。

(五) 正常钻进

（1）二开钻井，也就是钻表层后的钻井作业。二开钻井的特点如下：

① 钻速快，裸眼钻井井段长。

② 地层比较松软，多为黏土、流沙和松软的泥岩及砂岩层，易水化膨胀和分散造浆，渗透性强，易塌、易漏、易卡。

③ 要求钻井液滤失量小，能尽快形成质量好的滤饼来稳定井壁。

④ 要求钻井液的携岩和悬浮能力强，能满足净化井眼和提高钻速的要求。

⑤ 要求钻井液具有较好的剪切稀释特性。

（2）二开钻井液工的主要工作内容如下：

① 钻井液要保持"四低"，即低黏度、低切力、低固相、低密度，并要适当控制滤失量。

② 注意防漏，如有渗透性漏失，可用小排量强行钻穿，漏失严重时应提高钻井液的黏度、切力，降低排量，切忌大量冲刷。

③ 由于钻速快，钻井液消耗量大，要经常不断地补充清水，要注意防止把钻井液池抽干而被迫停钻。

④ 起钻前50m左右用处理剂处理一次钻井液，促进黏土水化，形成结构致密的滤饼，同时稍微提高黏度和切力，以便清除岩屑，避免下钻遇阻。

⑤ 起钻前要适当洗井，保证井下畅通。

（3）三开以后中深井和深井阶段钻井液工的主要工作内容如下：

① 此阶段底层开始变硬，钻速变慢，对钻井液的维护要有规律；调整好钻井液性能，使之稳定且符合规定要求；认真清理循环系统，清理快速钻进时沉积的岩屑和泥沙；处理前要认真做好小型试验，力求每次处理都能成功。

② 要准备足够的加重钻井液或加重剂。

③ 要注意防止井喷、井塌、井漏和卡钻等事故发生，防止钻井液受化学污染。

④ 注意选用抗高温处理剂和抗高温的钻井液类型，注意测定高温下的钻井液性能。

⑤ 由于此阶段历程长，地层复杂，所用的钻井液体系可能进行多次变换，所以要及时做好钻井液类型的转化工作。

（4）完钻完井阶段钻井液工的工作包括完钻、电测和井壁取心、通井、下套管、固井、安装井口等。完井阶段不再钻进应改用完井液。具体工作如下：

① 根据工作要求，确定合适的完井液性能。黏度比钻进时适当提高（一般提高5~10s）；应在最后一只钻头钻至设计井深前20~30m时配好完井液，或将钻井液处理、调整

好，保证处理后的钻井液性能符合完井要求。

② 根据具体情况定出具体处理措施，在最后一只钻头钻进过程中进行处理，同时适当循环完井液洗井。

③ 如发生电测遇阻，应认真分析原因，采取相应措施，不能盲目处理完井液，不能使其性能大幅度变化。

④ 下套管前通井和下完套管后应用清水调整完井液，使其具有良好的稳定性。完井液的黏度和切力不能降低过大，避免破坏井壁造成坍塌，防止井漏和卡套管事故发生。

（六）打开油气层

打开油气层时，关键是要防止油气层受到伤害。具体要求如下：

（1）严格控制好钻井液密度，尽量减小压差。在钻遇高压油气层需加重完井液时，应选用酸溶性的加重剂。

（2）打开油气层之前，严格控制钻井液的固相含量，为减少固相颗粒侵入产层，可在完井液中加入酸溶性的桥堵剂或单项压力封闭剂。

（3）油层伤害的重要原因之一是滤液进入产层过多，所以要选择合适的降滤失剂，使滤失量控制在设计要求的范围内。

（4）完井液流变参数的微小变化也会引起压力波动和环空压力降增高，所以应尽量维持较低的流变参数。

（七）固井作业

（1）下套管前要充分处理钻井液，保证钻井液性能稳定和下套管的顺利进行。

（2）保证钻井液有较好的流动性，有利于井眼清洁，有利于套管和井壁的胶结与密封。

（3）在注水泥和钻水泥塞过程中，钻井液必然与水泥接触。因此，在配制钻井液时要注意提高其抗水泥污染的能力。

（4）固井时要求滤饼薄而坚韧，防止滤失量过大，影响封固质量。

（5）配制适当的隔离液。固井时，钻井液与水泥浆的交界面处钙离子浓度较大，pH值较高，会造成钻井液黏度、切力增高，导致水泥凝固不好，起不到有效封堵地层的作用。所以在注水泥浆前应先注一段清水或含有表面活性剂的液体，从而把钻井液与水泥浆隔开，这种液体称为隔离液。隔离液应有适当的密度、黏度、切力和较小的滤失量，有利于顶替钻井液，避免造成钻井液污染。

项目五　应会技能训练

——钻井液的性能测定

一、钻井液密度测定

（一）技能目标

掌握钻井液密度的测量和计算；了解钻井液密度在钻井中的作用。

(二) 准备工作

(1) 穿戴好劳保用品。

(2) 准备好密度计、支架、待测钻井液。

(3) 校正仪器。

(三) 操作步骤

(1) 放好仪器，保持近水平。

(2) 取下杯盖，装满待测钻井液试样（如钻井液中侵入气泡，则需轻轻敲钻井液杯，直至气泡溢出杯外），盖好杯盖，并缓慢拧动压紧，使多余的钻井液从杯盖的小孔中慢慢溢出。

(3) 用手指压住杯盖孔，清洗杯盖及横梁上的钻井液，并用棉纱擦干净。将密度计刀口放于支架的主刀垫上，移动游码，使秤杆呈水平状态——水平泡在两线之间。

(4) 在游码的左边缘读出所示刻度，就是所测钻井液的密度值。

(四) 技术要求

(1) 仪器应保持清洁干净，特别是钻井液杯内，每次用完后应冲洗干净，以免生锈或黏有固体物质，影响数据的准确性。

(2) 密度计要经常校正，尤其是在钻进高压油、气、水等复杂地层时更应校正。

(3) 用完后要与支架分开摆放，减少刀口磨损，以提高测量精确度。

(五) 相关知识

影响钻井液密度的因素分析：

(1) 钻井液密度随钻井液中固相含量的增加而增大，随固相含量的减少而减小。

(2) 钻井液中液相体积减小或液相密度加大，都可使钻井液密度上升。

(3) 油、气侵入钻井液后，其密度显著下降。

二、钻井液漏斗黏度测定

(一) 技能目标

能使用马氏漏斗黏度计准确测量钻井液漏斗黏度。

(二) 准备工作

(1) 穿戴好劳保用品。

(2) 准备好马氏漏斗黏度计、过滤筛网、秒表。

(3) 准备好钻井液、946mL 量杯、1500mL 量杯。

(三) 操作步骤

(1) 将已校正的漏斗黏度计垂直悬挂在支架上。

(2) 将 946mL 的量杯放于漏斗下边。用左手食指堵住漏斗管口，将用 1500mL 量杯所盛的钻井液搅拌后注入漏斗。

(3) 右手启动秒表，同时松开左手，待恰好流满量杯时，用左手堵住漏斗管口，同时关闭秒表。

(4) 读取秒表数值，以秒为单位记录下的数据即为所测钻井液漏斗黏度。将漏斗中剩余钻井液收回到液杯。

(四) 技术要求

(1) 测量前必须保持漏斗与量杯清洁。

(2) 测量用的钻井液要充分搅拌，且必须通过筛网过滤。

(3) 注入漏斗的钻井液量必须是1500mL，否则可能会影响测量结果的准确性。

(五) 相关知识

马氏漏斗黏度是API规定的一种表征钻井液黏度的参数。测量马氏漏斗黏度的仪器称为马氏漏斗黏度计。原理是将一定量（946mL）的钻井液在重力作用下从一个固定型漏斗中自由流出所需的时间来表示钻井液的黏度。

三、钻井液 API 滤失量测定

(一) 技能目标

掌握滤失量的测定，了解滤失量在钻井施工中的作用机理。

(二) 准备工作

(1) 穿戴好劳保用品。

(2) 准备好中压滤失仪1套，空气瓶，空气调节阀，30cm、15cm活动扳手各1只，10mL、20mL量筒各1只，滤纸，钢尺，秒表，搅拌机，棉纱巾，清水等。

(3) 准备好待测钻井液。

(三) 操作步骤

(1) 取出滤失仪液杯，用手堵住液杯小孔，将搅拌后的钻井液注入液杯内全刻度线处，装入O形密封圈、滤纸，盖好杯盖，旋好。

(2) 将液杯输气头装入阀体输出端，卡紧，将20mL量筒放在液杯下面，对准出液孔。

(3) 打开气源手柄，调节气源减压阀至1MPa，旋动滤失调压手柄，将压力调至0.69MPa打开通气阀，同时启动秒表计时。将滤失仪流出的液滴收集到量筒中。

(4) 当测量时间在7.5min时，如果失水量小于8mL，可继续测量至30min，如果水量大于8mL，则用7.5min的失水量乘以2作为钻井液30min的失水量。

(5) 当测量时间到时，取下量筒并读取数值，关闭气源，放出余气。待钻井液杯中的空气放尽后，取下钻井液杯并倒转后拧开杯盖，取出滤纸，洗掉滤饼上的浮层，用不锈尺测量其厚度，并观察滤饼的特征，记录结果。

(四) 技术要求

(1) 钻井液杯内钻井液注入量为240mL左右。

(2) 测定用气多用二氧化碳、氮气或空气，禁用氧气和氢气。

(3) 测定时要严格按操作顺序，测完后应先关闭气源排掉余气，然后再拆卸仪器。

(4) 读取量筒数值时，必须保持眼睛与刻度线平齐。

(5) 测定时间为7.5min时，读取的滤失体积和量取的滤饼厚度都要乘以2作为测量结果。若测定时间为30min，读取的滤失体积和量取的滤饼厚度就是所测钻井液的滤失量和滤饼厚度。

（五）相关知识

钻井液API滤失量（静滤失量）是表征钻井液性能的一项重要指标，通常是指室内条件下在一定的压差（690kPa±35kPa，相当于7kgf/cm^2±0.35kgf/cm^2）下作用30min，通过截面积为45.8cm^2±0.6cm^2（直径9cm）过滤面积的滤纸所渗透出来的滤失量。同时，在滤纸上沉积的固相颗粒的厚度称为滤饼厚度（以mm表示）。

四、钻井液含砂量测定

（一）技能目标

掌握钻井液含砂量的测定方法。

（二）准备工作

（1）穿戴好劳保用品。

（2）准备好含砂仪量筒、小漏斗、过滤筛网。

（3）准备好待测钻井液、1000mL液杯、清水。

（三）操作步骤

（1）取搅拌均匀的钻井液样品，注入含砂仪量筒至钻井液刻度线，然后加水至稀释刻度线处，用拇指堵住管口并用力摇匀。

（2）取出过滤筒，将稀释好的钻井液倒入过滤筒进行过滤，同时用清水冲洗量筒中的所有物质一起过滤。敲击筛筒边缘，以促使注入的钻井液通过筛网，如因残留砂粒而不洁净，则应用清水反复冲洗，直至冲洗干净。

（3）将小漏斗套在过滤筒上端，慢慢倒置，将漏斗下端插入量筒内，再从筛网背面用清水将砂粒全部冲到量筒内，垂直放置静止。

（4）待砂粒完全下沉后，读取量筒内砂粒所在刻度值即为该钻井液的含砂量。

（四）技术要求

（1）测定之前应用清水把仪器部件清洗干净。

（2）取样时要充分搅拌均匀。

（3）用筛网过滤冲洗砂粒时，不能搅拌，以免损坏筛网及影响结果。所使用的筛网应为200目筛。

（4）量筒静止时必须保持垂直。

五、钻井液pH值测定

（一）技能目标

掌握比色法测定pH值。

（二）准备工作

（1）穿戴好劳保用品。

(2) 准备好 pH 试纸（范围 0~14）、待测钻井液滤液。

(三) 操作步骤

(1) 取一小条 pH 试纸，用玻璃棒蘸取少许滤液，使其充分浸透变色。

(2) 将变色的试纸和比色卡对比，读取相应的数值。

(四) 技术要求

(1) 现场测定多采用比色法，必须使用钻井液滤液。所以，在测定滤失量时，用其滤液就能测出 pH 值。

(2) 必须待试纸颜色稳定后取出对比。

(五) 相关知识

在现场测量钻井液的 pH 值时，常用 pH 试纸，操作简单，但准确性稍差。在室内常用 pH 计（酸度计）测定，结果较为准确。

六、钻井液静切力测定

(一) 技能目标

掌握静切力的测量和计算，了解六速旋转黏度计工作原理。

(二) 准备工作

(1) 穿戴好劳保用品。

(2) 准备好六速旋转黏度计主体、内筒、外筒、测试液杯。

(3) 准备好连接线插头。

(4) 准备好小螺丝刀、秒表。

(5) 准备好 1000mL 量杯、待测钻井液、水源、电源等。

(三) 操作步骤

(1) 将仪器平稳地放在工作台上，使仪器尽可能保持水平。

(2) 先将内筒装好，再装外筒，将连接线插头分别插在仪器及电源插座上，把变速拉杆放于最低位置。

(3) 将搅拌好的钻井液注入测试液杯中刻度线处，注入量为 350mL。

(4) 将测试液杯放在托盘上，对正三个点角位置升起托盘，使外筒上的刻度线与钻井液液面相平，旋紧托盘手柄。

(5) 把电源开关拨到开的位置，再将电动机启动开关拨到高速挡（600r/min），搅拌 1min 后停止，静止 10s 将变速拉杆提到中间位置，启动开关拨到低速挡，读取刻度盘最大数值中 3 的读数（计算初切时用）。

(6) 将变速拉杆放于最低位置，启动开关拨到高速挡（600r/min），搅拌 1min 后停止，静止 10min，再用同样的方法测量，读取刻度盘最大数值为 3 的读数（计算终切时用）。

(7) 数据处理：

初切：$G_1 = 0.5\phi_3$（Pa）（ϕ_3 为静止 10s 读数）；

终切：$G_2 - 0.5\phi_3$（Pa）（ϕ_3 为静止 10min 读数）。

(四) 技术要求

(1) 测定前要检查仪器内、外筒是否清洁,有无损伤。用手轻转悬轴,松手后应自动回零,外筒转动灵活不摆动,偏摆量超过 0.5mm,应将外筒取下重装。

(2) 用 3r/min 测定初切与终切时,所取数值应是刻度盘最大扭矩值。

(3) 若刻度盘指针不对零位,应取下护罩,松开螺钉,调整手轮对正零位,再拧紧螺钉。

(4) 变速拉杆提不起或在最高位上停不住,主要是因卡子太紧或太松,应取下卡子重新调整。若外转筒转动而刻度盘无指示值,是因测量弹簧没固定紧,应重新校对零位,旋紧螺钉。

七、钻井液滤饼黏滞系数测定(滑块)

(一) 技能目标

掌握使用钻井液滤饼黏滞系数测定仪测定钻井液黏滞系数的方法。

(二) 准备工作

(1) 穿戴好劳保用品。

(2) 准备好钻井液滤饼黏滞系数测定仪(型号 NF-3)1 台。

(3) 准备好中压滤失滤饼、水源、电源等。

(三) 操作步骤

(1) 开仪器电源,数字全亮,按下调零按钮,用调平杆调整螺钉,使滑板水平。

(2) 将滤饼放在平面上,将滑块轻轻放在滤饼上,静止 1min,按下开机开关,电动机带动传动机构,使滑板翻转。

(3) 当滑块开始滑动,立即关闭停止开关,读取角度值,查出显示角度值的正切值,即为滤饼黏滞系数。

(四) 技术要求

卡准在开始滑动的瞬间,关闭停止开关。

八、高搅机的使用操作

(一) 技能目标

掌握高速搅拌机的使用方法。

(二) 准备工作

(1) 穿戴好劳保用品。

(2) 准备好高速搅拌机 1 台、液杯、待测钻井液、量筒、清水、棉纱巾等。

(3) 检查电源、水源。

(三) 操作步骤

(1) 使用前将高速搅拌机置于水平工作台面上,检查各部位螺栓是否松动,并及时拧紧。

(2) 搅拌头处套上液杯,接 220V 电源,由低到高调节转速试运转。如发现有异响,应立即停机检查,排除故障再开机。

(3) 取适量钻井液倒入液杯,8000r/min 以上高速搅拌 10min 测量钻井液性能,如需加入处理剂,应在 6000r/min 以下加入,防止外溅。

(4) 取液杯时高速搅拌机转轴应停止转动,以防止发生人身伤害。

(5) 使用完毕后关闭电源,清洗液杯及转轴。

(四) 技术要求

(1) 使用时注意用电安全。

(2) 液杯内的容量不宜过多,1/2~2/3 为宜。

(3) 加入处理剂时必须低速搅拌,加入结束后进行高速搅拌,必须待高速搅拌机停稳后再取下液杯。

学习情境二　钻井液的配制

参照美国石油学会（API）和国际钻井承包商协会（IADC）的分类方法，钻井液可分为以下10种体系：不分散钻井液体系，分散钻井液体系，钙处理钻井液体系，聚合物钻井液体系，低固相钻井液体系，盐水钻井液体系，油基钻井液体系，合成基钻井液体系，完井修井液体系，空气、雾、泡沫和天然气体系。本情境主要介绍粗分散钻井液、细分散钻井液、聚合物钻井液和油基钻井液的配制方法。

知识目标

（1）掌握钻井液配制材料的分类；
（2）掌握钻井液配制材料的选择；
（3）掌握各类钻井液的配制方法；
（4）了解钻井液配制与安全钻进的关系。

技能目标

（1）会检查维护钻井液配制设备；
（2）能够计算配制材料用量；
（3）能够正确使用搅拌和混浆设备；
（4）能够根据需要配制不同性能的钻井液。

思政要点

电影《铁人王进喜》中，王进喜跳入泥浆池用身体搅拌混浆的片段，使我们了解了我国石油钻井的艰辛发展历程，这一激动人心的画面也给我们当代石油人以启迪，回想那个年代，让人在感动的同时也有无尽的无奈。看现在，我们还有什么困难不能克服？我们还有什么理由不能把工作做好？

项目一　钻井液配制材料的选择

在配制钻井液过程中首先需要选择钻井液基本组分，如黏土、水、油、加重材料等。这些物质与钻井液的性能密不可分，因此准确选择钻井液原材料是每一位钻井液工的必备技能。在配制钻井液过程中，原材料（特别是黏土）的用量比较大，对其选择不当会对钻井液性能造成很不好的影响，同时也会造成不必要浪费。因此，钻井液用黏土的选择对钻井成本有很大的影响，作为钻井液工要很好地掌握常见黏土的种类以及各种黏土的性能和作用机理，以便能够正确选择钻井液用黏土，这对配制出符合钻井工作要求的钻井液尤为重要。

一、钻井液原材料的选择

(一) 黏土矿物

黏土是钻井液的主要成分,其矿物组成和性质对钻井液的性能影响很大;钻井过程中遇到的地层黏土的特性与井眼稳定、油气层保护密切相关。黏土主要是由黏土矿物(含水的铝硅酸盐)组成的。某些黏土还含有不定量的非黏土矿物,如石英、长石等。许多黏土还含有非晶质的胶体矿物,如蛋白石、氢氧化铁、氢氧化铝等。大多数黏土颗粒的粒径小于 $2\mu m$,它们在水中有分散性、带电性、离子交换性、水化性,这些性能直接影响钻井液的配制、性能及其维护和调整。

1. 黏土矿物的分类

黏土矿物的分类方法很多,按单元晶层构造特征分类可分为高岭石族、埃洛族、蒙皂石族、水云母族、绿泥石族和海泡石族等。

2. 黏土矿物的化学组成

黏土中常见的黏土矿物有三种:高岭石、蒙皂石(也称为微晶高岭石、胶岭石等)和伊利石(也称水云母)。不同类型黏土矿物的化学成分是不同的。如高岭石中氧化铝含量较高,氧化硅含量较低;蒙皂石中氧化铝含量较低,氧化硅含量较高;伊利石中氧化钾含量较高。上述各类黏土矿物化学成分的特点,是用化学分析方法鉴别黏土矿物类型的依据。

(二) 黏土颗粒遇水的作用

黏土在水中极易分散成细小的颗粒,形成黏土—水的悬浮体,使黏土颗粒具有较强的带电性、水化分散性、离子交换性和表面吸附性。

1. 黏土的带电性

黏土—水分散体系的电泳和电渗实验可以证明黏土颗粒带负电荷,黏土的电荷影响黏土的特性,钻井液中处理剂的作用、钻井液胶体的分散、絮凝等性质,受黏土电荷的影响。

2. 黏土的水化分散性

黏土的水化作用是指黏土颗粒吸附水分子形成水化膜,使晶格层面间的距离增大发生膨胀的作用。黏土的水化作用是影响钻井液性能和井壁稳定的重要因素。

黏土矿物的水分按其存在的状态可以分为结晶水、吸附水和自由水三种类型。结晶水是黏土矿物晶体构造的一部分,只有温度高于300℃以上时,结晶受到破坏,这部分水才能释放出来。吸附水是具有极性的水分子被吸附到带电的黏土颗粒表面上,在黏土颗粒周围形成一层水化膜,这部分水随黏土颗粒一起运动,所以也称为束缚水。自由水存在于黏土颗粒的孔穴或孔道中,不受黏土的束缚,可以自由地运动。黏土水化分散性受表面水化力、渗透水化力和毛细管作用制约。影响黏土水化分散性的因素如下:

(1) 黏土晶体不同部位对水化的影响。黏土晶体表面的水化膜主要是阳离子水化造成的,厚度不均匀,黏土晶体所带的负电荷大部分集中在层面上,层面吸附的阳离子较多,水化膜厚;黏土晶体端面上带电量较少,水化膜薄。

(2) 黏土矿物种类对水化的影响。黏土矿物不同,带电量不同,水化作用的强弱也不同。蒙皂石的带电量多,阳离子交换容量高,水化性最好,分散度也最高;高岭石带电量少,阳离子交换容量低,水化差,分散度也低,颗粒粗,是非膨胀性矿物;伊利石由于晶层间的特殊封闭作用，以及黏土单元晶层对层间阳离子产生的静电引力作用，水化差，分散度也低，也是非膨胀性矿物。

（3）可交换阳离子的影响。因黏土吸附的交换性阳离子不同，其水化程度有很大差别。钻井液中可溶性盐及处理剂的影响。钻井液中可溶性盐类增加，会使黏土颗粒的电动电位降低，吸附水分子的能力降低；钻井液中可溶性盐类增加，还会使进入黏土颗粒吸附层的阳离子数增加，阳离子本身水化膜变薄，黏土的水化作用减弱。

3. 黏土的表面吸附性

吸附作用是指在一定条件下，一种物质的分子、原子或离子能自动地附着在某固体表面的现象，也是一种重要的表面现象。比如，用活性炭吸附硝基苯，就可以清洁被污染的水源；用硅胶吸附气体中的水蒸气使之干燥。通常把具有吸附作用的物质称为吸附剂，被吸附的物质称为吸附质。吸附作用可以发生在各种不同的相界面上。

按吸附作用力性质不同，可将吸附分为物理吸附、化学吸附和离子交换吸附。

（1）物理吸附。产生物理吸附的作用力是分子间的引力。由于分子间的引力普遍存在于吸附剂和吸附质之间，所以物理吸附一般没有选择性；分子间的作用力有一定的范围，物理吸附可以形成多分子层吸附；分子间的作用力比较弱，被吸附的物质容易脱附（解吸附）；物理吸附速度快，易于达到吸附平衡状态。

（2）化学吸附。产生化学吸附的作用力是化学键力。在化学吸附的过程中，可以发生电子的转移、原子的重排、化学键的破坏与形成等。因此，化学吸附具有明显的选择性，只能是单分子层吸附，化学吸附作用力强而不易解吸附，化学吸附和解吸附的速度都比较慢，温度升高可加快化学吸附的速度。

物理吸附和化学吸附在一定条件下可同时发生，也可以相互转化。对于某些体系，低温时主要进行物理吸附，高温时主要进行化学吸附；在适当的温度范围内，温度升高，将由物理吸附逐渐过渡到化学吸附。

（3）离子交换吸附。对于带电晶体颗粒，遵循电中性原则，将等当量地吸附带相反电荷的离子。一般来说，被吸附的离子可以和溶液中同电荷的离子发生交换作用，这种作用称为离子交换吸附。

（三）配制钻井液用黏土

黏土是配制钻井液的主要原料，是获得、调节和维护钻井液性能的基础，有专门的商品黏土供钻井使用。钻井液常用黏土有膨润土、抗盐黏土（包括凹凸棒石黏土、海泡石黏土等）及有机膨润土。

1. 膨润土

膨润土是水基钻井液的重要配浆材料，其蒙皂石含量不少于85%。一般要求1t膨润土至少能够配制出黏度为15mPa·s的钻井液16m^3。每吨黏土配制黏度为15mPa·s钻井液的体积分数称为黏土的造浆率。我国将配制钻井液所用的膨润土分为三个等级：

（1）一级为符合API（美国石油学会）标准的钠膨润土；

（2）二级为改性土，经过改性，符合OCMA（欧洲石油材料商协会）标准要求；

（3）三级为较次的配浆土，仅用于性能要求不高的钻井液。

由于无机盐对膨润土的水化分散具有一定的抑制作用，膨润土在盐水中的造浆率比在淡水中的造浆率要低。将膨润土先在淡水中预水化，然后再加入盐水中，可以提高其在盐水中的造浆率。膨润土在钻井液中的主要作用是增加黏度和切力、提高井眼净化能力;形成低渗透率的致密滤饼,降低滤失量;对于胶结不良的地层,可改善井眼的稳定性;防止井漏等。

膨润土适用于淡水和矿化度小于 2×10^4 mg/L 的咸水,也可作为钻井液的降滤失剂、增黏剂和堵漏剂。

2. 抗盐黏土

海泡石、凹凸棒石和坡缕缟石是较典型的抗盐、耐高温的黏土矿物,主要用于配制盐水钻井液和饱和盐水钻井液。

用抗盐黏土配制的钻井液所形成的滤饼质量通常不好,滤失量较大。因此,必须配合使用降滤失剂。海泡石有很强的造浆能力,用它配制的钻井液具有较高的热稳定性。此外,海泡石还具有一定的酸溶性(在酸中可溶解60%左右),因此,在保护油气层的钻井液中,还可用作酸溶性暂堵剂。

抗盐黏土在盐水钻井液中的作用与膨润土在淡水钻井液中的作用相同。

3. 有机膨润土

有机膨润土(也称亲油膨润土)是用季铵盐类阳离子表面活性剂与膨润土进行离子交换反应制得的,带负电的膨润土与十二烷基三甲基溴化铵阳离子形成静电吸附,带有较长烃链的活性剂分子被牢固地吸附在黏土表面,使黏土表面带有一层亲油层,由原来的亲水变为亲油(即润湿反转),可以在油中分散,其作用与水基钻井液中的膨润土类似。

4. 膨润土的评价鉴定

为了保证膨润土的质量,使用前应先进行评价鉴定。室内评价标准是将膨润土和蒸馏水配制成浓度为6%的钻井液,用1200r/min的速度强烈搅拌15min,不加任何处理剂,测定性能应达到:

(1) 塑性黏度应大于 15mPa·s;
(2) 有效黏度应大于 18mPa·s;
(3) 动切力应大于 1.9Pa;
(4) 静切力为 0~15Pa;
(5) 滤失量小于 15mL(0.7MPa,30min);
(6) 含砂量小于 0.5%;
(7) pH 值为 7 左右;
(8) 细度可通过 200 目筛;
(9) 密度小于 2.70g/cm³。

若现场无上述实验设备,可将膨润土与清水配成密度为 1.05g/cm³ 的钻井液,再加 0.5% 左右的 Na_2CO_3,测量漏斗黏度应大于20s,滤失量小于10mL。

二、钻井液处理剂的选择

(一) 无机处理剂

在配制钻井液过程中,钻井液处理剂是用来处理和维护钻井液性能的,处理剂选择得恰当与否对钻井液性能及井壁稳定会产生很大的影响。在了解钻井液处理剂作用机理的基础上,根据钻井液性能要求准确选择钻井液处理剂,为后续钻井液的配制提供依据。

在配制钻井液过程中，要保证性能稳定、井壁稳定与高效率，处理剂的选择及合理使用尤为重要，为此要求掌握处理剂的作用机理及合理使用；能够为钻井液配制和性能维护正确选择处理剂，从而避免处理剂选择使用不当造成的浪费和钻井事故的发生。

钻井液处理剂是用来调节和维护钻井液性能的，目前使用种类很多，按化学剂性质可分为无机处理剂和有机处理剂；按作用分为碱度调整剂、杀菌剂、除钙剂、缓蚀剂、消泡剂、乳化剂、降滤失剂、絮凝剂、发泡剂、堵漏材料、润滑剂、解卡剂、页岩抑制剂、表面活性剂、温度稳定剂、降黏剂、配件材料和加重材料等18类。

1. 纯碱

纯碱即碳酸钠，又称苏打粉，分子式为 Na_2CO_3。无水碳酸钠为白色粉末，密度为 $2.5g/cm^3$，易溶于水，在接近36℃时溶解度最大，水溶液呈碱性，pH值为11.5。在空气中易吸潮结成硬块（晶体），存放时要注意防潮。纯碱在钻井液中的主要用途有以下几种：

1）促进黏土的水化分散

纯碱可以使钙黏土变成水化分散性好的钠黏土，例如，在清水开钻时加入纯碱促进地层黏土水化，加快造浆。由于上述反应能有效地改善黏土的水化分散性能，因此加入适量纯碱可使新浆的滤失量下降，黏度、切力增大。但过量的纯碱会导致黏土颗粒发生聚结，使钻井液性能受到破坏。其合适加量需通过造浆实验来确定。

2）沉除钙离子

纯碱可以用来沉除钙离子以处理钙侵，即处理石膏侵、处理水泥侵。

3）恢复有机处理剂功效

含羧钠基官能团的有机处理剂在遇到钙侵而降低其溶解性时，一般可采用加入适量纯碱的办法恢复其效能。

2. 烧碱

烧碱即氢氧化钠，分子式为 NaOH。其外观为乳白色晶体，密度为 $2.0 \sim 2.28g/cm^3$，易溶于水，溶解时放出大量的热。溶解度随温度升高而增大，水溶液呈强碱性，pH值为14，对皮肤和织物有强烈的腐蚀性。烧碱容易吸收空气中的水分和二氧化碳，并与二氧化碳作用生成碳酸钠，存放时应注意防潮加盖。

烧碱在钻井液中的主要作用有：

（1）调节和控制钻井液的pH值。

（2）促进黏土的水化分散使钙黏土变成钠黏土。

（3）与单宁、褐煤等酸性处理剂一起配合使用，使之分别转化为单宁酸钠、腐殖酸钠等有效成分。

（4）控制钙处理钻井液中 Ca^{2+} 的浓度。

（5）单独使用 NaOH 溶液可以提高钻井液黏度、切力。但烧碱作用猛烈，加入浓度不易掌握，使用时要注意。现场一般将烧碱配成浓度为20%或10%的溶液使用。

3. 石灰

生石灰即氧化钙，分子式为 CaO。吸水后变成熟石灰，即氢氧化钙 Ca(OH)$_2$。CaO 在水中的溶解度较低，常温下为0.16%，其水溶液呈碱性，对皮肤和织物有腐蚀作用。随温度升高，其溶解度降低。

生石灰在钻井液中的主要用途有：

（1）在钙处理钻井液中，生石灰用于提供 Ca^{2+}，以控制黏土的水化分散能力，使之保持在适度絮凝状态。

（2）配成石灰乳堵漏剂封堵漏层。

（3）在油包水乳化钻井液中，生石灰用于使烷基苯磺酸钠等乳化剂转化为烷基苯磺酸钙，并调节 pH 值。

需注意，在高温条件下生石灰钻井液可能发生固化反应，使性能不能满足要求，因此在高温深井中应慎用。

4. 石膏

石膏的化学名称为硫酸钙，又名生石膏，分子式为 $CaSO_4 \cdot 2H_2O$，加热到150℃脱水变成烧石膏 $\left(CaSO_4 \cdot \frac{1}{2}H_2O\right)$，又称熟石膏。硬石膏为无水硫酸钙（$CaSO_4$）。石膏常温下溶解度较低（约为0.2%），但稍大于生石灰。40℃以前，溶解度随温度升高而增大；40℃以后，溶解度随温度升高而降低。吸湿后结成硬块，存放时应注意防潮。

在钙处理钻井液中，石膏与生石灰的作用大致相同，都用于提供适量的 Ca^{2+}。其差别在于石膏提供的钙离子浓度比生石灰高一些，此外用石膏处理可避免钻井液的 pH 值过高。

5. 氯化钙

氯化钙（$CaCl_2$）通常含有六个结晶水。其外观为无色斜方晶体、密度为 $1.68g/cm^3$，易潮解，且易溶于水（常温下约为75%）。其溶解度随温度升高而增大。氯化钙在钻井液中主要用于配制防塌性能较好的高钙钻井液；可用做水泥的速凝剂。

在使用氯化钙时注意以下反应：

（1）易和纯碱作用生成 $CaCO_3$ 沉淀；

（2）易和烧碱反应生成 $Ca(OH)_2$ 沉淀。

用 $CaCl_2$ 处理钻井液时常常引起 pH 值降低。在氯化钙钻井液中不要加纯碱，pH 值也不能太高。

6. 氯化钠

氯化钠（NaCl）俗名食盐，纯品不易潮解，但含 $MgCl_2$、$CaCl_2$ 等杂质的工业食盐容易吸潮。常温下在水中的溶解度较大，20℃时为 36.0g/100g 水，且随温度升高，溶解度略有增大。

食盐在钻井液中的主要用途有：

（1）主要用来配制盐水钻井液和饱和盐水钻井液，以防止岩盐井段溶解，抑制井壁泥页岩水化膨胀。

（2）为保护油气层，用于配制无固相清洁盐水钻井液，或作为水溶性暂堵剂使用。

（3）用来作有机处理剂的防腐剂，如用于淀粉钻井液。

7. 氯化钾

氯化钾（KCl）外观为白色立方晶体，常温下密度为 $1.98g/cm^3$，熔点为776℃，易溶于水，且溶解度随温度升高而增加。

KCl 是一种常用的无机盐类页岩抑制剂，具有较强的抑制页岩渗透水化的能力。若与聚合物配合使用，可配制成具有强抑制性的钾盐聚合物防塌钻井液，如 KCl—聚合物钻井液，钾、钙基聚合物钻井液等，在不稳定的地层中使用均有很好的防塌效果。

8. 硅酸钠

硅酸钠俗名水玻璃或泡花碱。水玻璃通常分为固体水玻璃、水合水玻璃和液体水玻璃三种。固体水玻璃与少量水或蒸汽发生水合作用而生成水合水玻璃。水合水玻璃易溶解于水变为液体水玻璃。液体水玻璃一般为黏稠的半透明液体，随所含杂质不同可以呈无色、棕黄色或青绿色等，其密度越大黏度也越大。现场一般采用模数为2.00左右、密度为1.5~1.6g/cm³、pH值为11.5~12的水玻璃。水玻璃对玻璃有腐蚀性，故切忌用玻璃器皿存放。水玻璃能溶于水和碱性溶液，能与盐水混溶，可用饱和盐水调节水玻璃的黏度。

水玻璃在钻井液中主要作用有：

(1) 使黏土颗粒（或粉砂等）聚沉。水玻璃水解反应生成胶态沉淀，该胶态沉淀可使部分黏土颗粒（或粉砂等）聚沉，从而使钻井液保持较低的固相含量和密度。

(2) 水玻璃对泥页岩的水化膨胀有一定的抑制作用，故有较好的防塌性能。

(3) 胶凝堵漏。当水玻璃溶液的pH值降至9以下时，整个溶液会变成半固体状的凝胶。这种长链能形成网状结构而包住溶液中的全部自由水，使体系失去流动性。随着pH值的不同，其胶凝速度（即调整pH值直至胶凝所需时间）有很大差别，可以从几秒到几十小时。利用这一特点，可以将水玻璃与石灰、黏土和烧碱等配成石灰乳堵漏剂，注入已确定的漏失井段进行胶凝堵漏。因此，水玻璃是一种堵漏剂。

(4) 化学固壁作用。水玻璃溶液遇高价阳离子会产生沉淀，所以，用水玻璃配制的钻井液一般抗钙能力较差，也不宜在钙处理钻井液中使用，但它可在盐水或饱和盐水中使用。研究表明，利用水玻璃的这个特点，可以封闭裂缝性地层的一些裂缝，提高井壁的破裂压力，从而起到化学固壁的作用。

(5) 配制水玻璃钻井液。硅酸盐钻井液是防塌钻井液的类型之一，在国内外应用中均取得很好的效果。配制硅酸盐钻井液的成本较低，且对环境无污染。

(二) 有机处理剂

钻井液有机处理剂是使用最广泛的化学添加剂，通常可分为天然产品、天然改性产品和有机合成化合物；按其化学组分又可分为腐殖酸类、纤维素类、木质素类、单宁酸类、沥青类、淀粉类和聚合物类等；按其在钻井液中起的作用可分为降滤失剂、降黏剂、增黏剂、页岩抑制剂等。

1. 降滤失剂

钻井液的滤液侵入地层会引起泥页岩水化膨胀，导致井壁不稳定和各种井下复杂情况，钻遇产层时还会造成油气层伤害。加入降滤失剂的目的，就是要通过在井壁上形成低渗透率、坚韧、薄而致密的滤饼，尽可能降低钻井液的滤失量。降滤失剂主要分为腐殖酸类、纤维素类、丙烯酸类、树脂类和淀粉类等。降滤失剂又称降失水剂。

1) 腐殖酸类

腐殖酸不是单一的化合物，而是一种复杂的、分子量不均一的羟基苯羧酸的混合物，腐殖酸的分子量可从几百到几十万。腐殖酸难溶于水，但易溶于碱溶液，溶于NaOH溶液生成的腐殖酸钠是降滤失剂的有效成分。腐殖酸钠的含量与所使用的烧碱浓度有关。如烧碱不足，腐殖酸不能全部溶解；如烧碱过量，又使腐殖酸聚结沉淀，反而使腐殖酸钠含量降低。因此，当使用褐煤碱液作降滤失剂时，必须将烧碱的浓度控制在合适的范围内。

常用的腐殖酸类降滤失剂有：

(1) 褐煤碱液（NaC）。褐煤碱液又称为煤碱液，由经过加工的褐煤粉加适量烧碱和水配制而成，其中主要成分为腐殖酸钠。现场常用的配方为：褐煤∶烧碱∶水＝15∶(1~3)∶(50~200)。

煤碱液是利用天然原料配制的一种低成本的降滤失剂，除了起降滤失作用外，还可兼作降黏剂。

(2) 硝基腐殖酸钠。用浓度为 3N 的稀 HNO_3 与褐煤在 40~60℃下进行氧化和硝化反应，可制得硝基腐殖酸，再用烧碱中和可制得硝基腐殖酸钠。该反应使腐殖酸的平均分子量降低，羟基增多，并将硝基引入分子中。

硝基腐殖酸钠具有良好的降滤失和降黏作用。其突出特点如下：热稳定性高，抗温可达 200℃以上；抗盐能力比煤碱液的明显增强，在含盐 20%~30% 的情况下仍能有效地控制滤失量和黏度。其抗钙能力也较强，可用于配制不同 pH 值的石灰钻井液。

(3) 铬腐殖酸。铬腐殖酸是褐煤与 $Na_2Cr_2O_7$ 反应后的生成物，在 80℃以上的温度下，分别发生氧化和螯合两步反应。氧化使腐殖酸的亲水性增强，铬腐殖酸在水中有较大的溶解度，其抗盐、抗钙能力也比腐殖酸钠强，降滤失兼有降黏作用。

(4) 磺化褐煤（SMC）。与煤碱液相比，磺化褐煤的降滤失效果进一步增强。磺化褐煤是我国用于深井的"三磺"钻井液处理剂之一。其主要特点是具有很强的热稳定性，在 200~230℃的高温下能有效地控制淡水钻井液的滤失量和黏度。其缺点是抗盐效果较差，在 200℃单独使用时，抗盐不超过 3%。但与磺化酚醛树脂配合处理时，抗盐能力可大大提高。

2) 纤维素类

纤维素是由许多环式葡萄糖单元构成的长链状高分子化合物，以纤维浆为原料可以制得一系列钻井液降滤失剂，其中使用最多的是钠羧甲基纤维素，代号 Na-CMC。

Na-CMC 的聚合度是决定其分子量和水溶液黏度的主要因素。在相同的浓度、温度等条件下，不同聚合度的 Na-CMC 水溶液的黏度有很大差别。聚合度越高，其水溶液的黏度越大。工业上常根据其水溶液黏度大小，将其分为三个等级。

(1) 高黏 CMC。在 25℃时，1% 水溶液的黏度为 400~500mPa·s。一般用作低固相钻井液的悬浮剂、封堵剂及增稠剂。其取代度约为 0.60~0.65，聚合度大于 700。

(2) 中黏 CMC。在 25℃时，2% 水溶液的黏度为 50~270mPa·s。用于一般钻井液，既起降滤失作用，又可提高钻井液的黏度。其取代度约为 0.80~0.85，聚合度为 600 左右。

(3) 低黏 CMC。在 25℃时，2% 水溶液的黏度小于 50mPa·s。主要用作加重钻井液的降滤失剂，以免引起黏度过大。其取代度约为 0.80~0.90，聚合度为 500 左右。

3) 丙烯酸类

丙烯酸类聚合物是低固相聚合物钻井液的主要处理剂类型之一，制备这类聚合物的主要原料有丙烯腈、丙烯酰胺、丙烯酸和丙烯磺酸等。根据所引入官能团、分子量、水解度和所生成盐类的不同，可合成一系列钻井液处理剂。较常用的降滤失剂有水解聚丙烯腈及其盐类、PAC 系列产品和丙烯酸盐 SK 系列产品等。

(1) 水解聚丙烯腈（Na-HPAN）、聚丙烯腈是制造腈纶（人造羊毛）的合成纤维材料，目前用于钻井液的主要是腈纶废丝经碱水解后的产物，外观为白色粉末，密度为 1.14~1.15g/cm^3，代号 HPAN。

(2) PAC 系列产品。该产品是具有不同取代基的乙烯基单体及其盐类的共聚物，通过在高分子链节上引入不同含量的羧基、羧钠基、羧胺基、酰胺基、腈基、磺酸基和羟基等共聚而成。由于各种官能团的协同作用，该类聚合物在各种复杂地层和不同的矿化度、温度条件下均能发挥作用。

(3) 丙烯酸盐 SK 系列产品。该产品是丙烯酰胺、丙烯酸、丙烯磺酸钠、羟甲基丙烯酸的共聚物，主要用作聚合物钻井液的降滤失剂。但不同型号的产品在性能上有所区别。SK-1 型可用于无固相完井液和低固相钻井液，主要起降滤失和增黏作用；SK-2 型具有较强的抗盐、抗钙能力，是一种不增黏的降滤失剂。SK-3 型作为降黏剂，主要用在聚合物钻井液受无机盐污染后处理，并可改善钻井液的热稳定性，降低高温高压滤失量。

(4) JT-888。JT-888 是由丙烯酸、丙烯酰胺、丙烯磺酸钠和阳离子单体共聚而成的一种新型的两性复合离子聚合物类钻井液处理剂，其分子链上含有多种稳定的吸附基和水化基团，分子主链以"—C—C—"链相连，抗盐、抗温能力强，抑制、防塌效果明显。JT-888 主要用于低固相不分散水基钻井液的不增黏降滤失剂，还有较好的包被、抑制和剪切稀释特性，且具有抗温抗盐和抗高价金属离子的能力，可适用于淡水、海水、饱和盐水钻井液体系。是低固相聚合物钻井液、盐水和饱和盐水钻井液的理想降失水剂。

4) 树脂类

树脂类产品是以酚醛树脂为主体，经磺化或引入其他官能团而制得。其中磺甲基酚醛树脂是最常用的产品。

(1) 磺化酚醛树脂（SMP）。SMP 分子的主链由亚甲基桥和苯环组成，由于引入了大量磺酸基，热稳定性强，抗温 180~220℃。引入磺酸基的数量不同，抗无机电解质的能力会有所差别，主要用于饱和盐水钻井液的降滤失剂。此外，磺化酚醛树脂还能改善滤饼的润滑性，对井壁也有一定的稳定作用。其加量通常在 3%~5% 之间。

(2) 磺化木质素—磺化酚醛树脂缩合物（SLSP）。SLSP 是磺化木质素与磺化酚醛树脂的缩合物，与磺化酚醛树脂有相似的优良性能，热稳定性好，抗盐、抗钙能力强。由于引入了一部分磺化木质素，在降低钻井液滤失量的同时，还有优良的稀释特性。该产品的缺点是在钻井液中比较容易起泡，必要时需配合加入消泡剂。

(3) 尿素改性磺化酚醛树脂（SPU）。将苯酚、甲醛、尿素、亚硫酸盐按一定比例合成 SUP，引入了碳酰胺基（—HNCONH—），其产品有 SPU-1 型和 SPU-2 型，前者是抗高温处理剂，后者是抗盐处理剂。

(4) 磺化褐煤树脂。磺化褐煤树脂是褐煤中的某些官能团与酚醛树脂通过缩合反应所制得的产品。在缩合反应过程中，为了提高钻井液的抗盐、抗钙和抗温能力，还使用了一些聚合物单体或无机盐进行接枝和交联。该产品外观为黑色粉末，易溶于水，与其他处理剂有很好的相容性。在盐水钻井液中抗温可达 230℃，抗盐可达 1.1×10^5 mg/L。在含钙量为 2000mg/L 的情况下，仍能保持钻井液性能稳定。

5) 淀粉类

淀粉的结构与纤维素相似，也属于碳水化合物，可以进行磺化、醚化、羧甲基化、接枝和交联反应，从而制得一系列改性产品。

(1) 羧甲基淀粉（CMS）。在碱性条件下，淀粉与氯乙酸发生醚化反应即制得羧甲基淀粉。CMS 降滤失效果好，作用速度快，在提黏方面对塑性黏度影响小，而对动切力影响大，因而有利于携带钻屑。尤其是钻盐膏层时，可使钻井液性能稳定，滤失量低，并具有防塌作用。CMS 适用于盐水钻井液，尤其在饱和盐水钻井液中效果好。价格便宜，可降低钻井液成本。

（2）羟丙基淀粉（HPS）。在碱性条件下，淀粉与环氧乙烷或环氧丙烷发生醚化反应，制得羟乙基淀粉或羟丙基淀粉。由于引入了羟基，其水溶性、增黏能力和抗微生物作用的能力都得到了显著的改善。HPS 为非离子型高分子，对高价阳离子不敏感，抗盐、抗钙污染能力很强。此外，HPS 在固井、修井作业中可用来配制前置隔离液和修井液等。

（3）抗温淀粉（DFD-140）。DFD-140 是一种白色或淡黄色的颗粒，分子链节上同时含有阳离子基团和非离子基团，不含阴离子基团。和其他淀粉类处理剂相比，DFD-140 抗温性能较好，在 4% 盐水钻井液中可以稳定到 140℃，在饱和盐水钻井液中可以稳定到 130℃，且与各种水基钻井液体系和处理剂配伍性好。

2. 降黏剂

降黏剂又称为稀释剂。在钻井液中加入降黏剂，可以降低体系的黏度和切力，使其具有适宜的流变性。

1）单宁类

单宁广泛存在于植物的根、茎、叶、皮、果壳和果实中，是一大类多元酚的衍生物，属于弱有机酸，从不同植物中提取的单宁具有不同的化学组成，因此单宁的种类很多。我国四川、湖南、广西一带盛产五倍子单宁，云南、陕西、河南一带盛产栲胶。栲胶是用以单宁为主要成分的植物物料提取制成的浓缩产品，外观为棕黄到棕褐色的固体或浆状体，一般含单宁 20%~60%。

2）X-40 系列降黏剂

X-40 系列降黏剂产品包括 X-A40 和 X-B40 两种。X-A40 是分子量较低的聚丙烯酸钠，该处理剂平均分子量 5000，在钻井液中加量 0.3% 时，可抗 0.2%$CaSO_4$ 和 1%NaCl，抗温可达 150℃。

3）两性离子聚合物降黏剂 XY-27

XY-27 是分子量约为 2000 的两性离子聚合物降黏剂。在其分子链中同时含有阳离子基团、阴离子基团和非离子基团，属于乙烯基单体多元共聚物。其主要特点是降黏的同时又可抑制页岩，与分散型降黏剂相比，只需很少的加量（通常为 0.1%~0.3%）就能取得很好的降黏效果，同时还有一定抑制黏土水化膨胀的能力。

4）磺化苯乙烯—马来酸酐共聚物（SSMA）

SSMA 是由苯乙烯、马来酸酐、磺化试剂、溶剂（甲苯）、引发剂和链转移剂（硫醇）通过共聚、磺化和水解后制得的。钻井液用 SSMA 分子量为 1000~5000，抗温可达 200℃ 以上，是一种性能优良的抗高温稀释剂，可在高温深井中使用，但成本较高。

3. 增黏剂

增黏剂除了起增黏作用外，还往往兼作页岩抑制剂（包被剂）、降滤失剂及流型改进剂。因此，使用增黏剂常常有利于改善钻井液的流变性，也有利于井壁稳定。

1）XC 生物聚合物

XC 生物聚合物又称黄原胶，是由黄原菌类作用于碳水化合物而生成的高分子链状多糖聚合物，分子量可高达 5×10^6，易溶于水。加入很少的量（0.2%~0.3%）即可产生较高的黏度，并兼有降滤失作用。

XC 具有优良的剪切稀释性能，能够有效地改进流型。用它处理的钻井液，高剪切速率下的极限黏度很低,有利于提高机械钻速;在环形空间的低剪切速率下又具有较高的黏度,并有利于形成平板形层流,使钻井液携带岩屑的能力明显增强。

XC 生物聚合物抗温可达 120℃,在 140℃温度下也不会完全失效;抗冻性好,可在 0℃以下使用。其抗盐、抗钙能力也十分突出,是一种适用于淡水、盐水和饱和盐水钻井液的高效增黏剂。

2) 羟乙基纤维素（HEC）

HEC 是一种水溶性的纤维素衍生物,是由纤维素和环氧乙烷经羟乙基化制成的产品。外观为白色或浅黄色固体粉末。它无臭、无味、无毒,溶于水后形成黏稠的胶状液,主要在聚合物钻井液中起增黏作用。

4. 页岩抑制剂

页岩抑制剂又称防塌剂,主要用来配制抑制型钻井液,在钻进泥页岩地层时,抑制其水化膨胀,保持井壁稳定。

1) 沥青类

沥青是原油精炼后的残留物。在钻遇页岩之前,向往钻井液中加入天然沥青粉,当钻遇页岩地层时,若沥青的软化点与地层温度相匹配,在井筒内正压差作用下,沥青会发生塑性流动,挤入页岩孔隙、裂缝和层面,封堵地层层理与裂隙,提高对裂缝的黏结力,在井壁外形成具有护壁作用的内、外滤饼。其中外滤饼与地层之间有一层致密的保护膜,使外滤饼难以被冲刷掉,从而可阻止水进入地层,起到稳定井壁的作用。

将沥青进行一定的加工处理后,可制成钻井液用的沥青类页岩抑制剂,常见的有氧化沥青、磺化沥青（SAS）、高改性沥青粉（KAHM）。

2) 钾盐腐殖酸类

腐殖酸的钾盐、高价盐及有机硅化物等均可用做页岩抑制剂,其产品有腐殖酸钾、硝基腐殖酸钾、磺化腐殖酸钾、有机硅腐殖酸钾、腐殖酸钾铝、腐殖酸铝和腐殖酸硅铝等。其中腐殖酸钾盐的应用更为广泛。

3) 阳离子泥页岩抑制剂

阳离子泥页岩抑制剂（也称黏土稳定剂）,目前现场应用的是环氧丙基三甲基氯化铵（俗称小阳离子）,国内商品名为 NW-1,有液体和干粉两种剂型,分子量为 152。

其机理主要是靠静电作用吸附在岩屑表面,与岩屑层间可交换阳离子发生离子交换作用,也可使其进入岩屑晶层间。表面吸附的小阳离子的疏水基可形成疏水层,阻止水分子进入岩屑颗粒内部,层间吸附的小阳离子靠静电作用拉紧层片,这些作用可有效地抑制岩屑水化膨胀和分散;用小阳离子的优越性在于吸附了小阳离子的钻屑表而具有一定的疏水性,不易黏附在钻头、钻铤和钻杆表面,具有明显的防泥包作用;小阳离子具有一定的杀菌作用,可有效地防止某些处理剂如淀粉类的生物降解;小阳离子不会明显影响钻井液的矿化度,具有不影响测井解释和减弱钻具在井下的电化学腐蚀等优点。

4) 两性离子抑制剂

两性离子聚合物是指分子链中同时含有阴离子基团和阳离子基团、同时还含有一定数量的非离子基团的聚合物。这类聚合物是 20 世纪 80 年代以来我国开发成功的一类新型钻井液处理剂。该处理剂具有较强的抑制钻屑分散的能力。现场应用的 XY 系列和 FA 系列两性复合离子聚合物处理剂都具有抑制作用。

项目二　细分散钻井液的配制

淡水钻井液在钻开表层时使用广泛。它具有配制方法简便、淡水水源分布广、处理剂用量较少，成本较低等优点，适于配制密度较大的钻井液。某些体系还具有抗温性较强等特点，适用于特定井段。因此，能准确配制一定密度、一定体积的淡水钻井液是钻井液工的必备技能之一。

在钻井过程中，为了保证钻进的顺利进行，钻井液工程师和钻井液大班将针对不同地层特点选择不同的钻井液体系，一开通常选用淡水钻井液。配制淡水钻井液首先要根据现场设计的钻井液密度与钻井液体积计算所需的黏土、淡水及纯碱的用量，然后再使用配浆设备进行配制。配制好的钻井液要加入储备罐静置24h后方可使用。

一、淡水钻井液的配制

(一) 细分散钻井液的定义

由淡水、配浆膨润土和各种对黏土、钻屑起分散作用的处理剂（简称为分散剂）配制而成的水基钻井液称为细分散钻井液或淡水钻井液。

(二) 细分散钻井液的组成

细分散钻井液主要包括：膨润土，提黏及滤失量控制；铁铬木质素磺酸盐，可以降低动切力、静切力及控制滤失；褐煤或煤碱液，可以控制滤失及降低动、静切力；烧碱，起到调节pH值作用；多聚磷酸盐，可以降低动切力及静切力；CMC和聚阴离子纤维素，可以控制滤失，提高黏度；重晶石粉或铁矿粉，可以增加密度。

(三) 细分散钻井液的特点

细分散钻井液的主要特点是黏土在水中高度分散。

1. 细分散钻井液的优点

(1) 配制方法简单，成本较低。

(2) 可形成较致密的滤饼，而且其韧性好，具有较好的护壁性，API滤失量和HTHP滤失量均相应较低。

(3) 可容纳较多的固相，因此较适于配制高密度钻井液，密度可高达2.00g/cm^{3}以上。

(4) 抗温能力较强，比如三磺钻井液是我国常用于钻深井的分散钻井液体系，抗温可达160~200℃。

2. 细分散钻井液的缺点

(1) 性能不稳定，容易受到钻井过程中进入钻井液的黏土和可溶性盐类的污染。

(2) 钻遇盐膏层时，少量石膏、岩盐就会使钻井液性能发生较大的变化。

(3) 因滤液的矿化度低，容易引起井壁附近的泥页岩水化、膨胀、垮塌，并使井壁的岩盐溶解，即钻井液抑制性能差，不利于防塌。

(4) 由于体系中固相含量高，特别是粒径小于1μm的亚微米颗粒所占的比例相当高，因此使用时对机械钻速有明显的影响，尤其不宜在强造浆地层中使用。

(5) 滤液侵入易引起黏土膨胀，因而不能有效地保护油气层，钻遇油气层时必须加以改造才能达到要求。

（四）细分散钻井液的受侵及处理

钻井过程中，常有来自地层的各种污染物进入钻井液中，使其性能发生不符合施工要求的变化，这种现象常称为钻井液受侵。有的污染物严重影响钻井液的流变和滤失性能，有的加剧对钻具的损坏和腐蚀。当污染严重时，只有及时地对配方进行有效的调整，或者采用化学方法清除它们，才能保证钻进的正常进行。其中最常见的是钙侵、盐侵和盐水侵等造成的污染。

（五）钻井液相关计算公式

（1）井眼容积的计算：

$$V=\frac{\pi}{4}D_0^2H \tag{2-2-1}$$

式中　D_0——井径，m；

　　　H——井深，m。

（2）管柱内容积的计算：

$$V_{容}=\frac{\pi d^2 L}{40000} \tag{2-2-2}$$

（3）管柱体积的计算：

$$V_{体}=\frac{\pi(D^2-d^2)L}{40000} \tag{2-2-3}$$

式中　$V_{容}$——管柱内容积，m³；

　　　$V_{体}$——管柱体积，m³；

　　　D——管柱外径，cm；

　　　d——管柱内径，cm；

　　　L——管柱长度，m。

（4）钻柱外环形容积的计算：

$$V_{环}=\frac{\pi(D_1^2-D^2)L}{40000} \tag{2-2-4}$$

式中　$V_{环}$——环形容积，m³；

　　　D_1——井眼直径，cm；

　　　D——管柱外径，cm；

　　　L——井深，m。

（5）配浆材料加入量的计算：

$$m_{土}=\frac{V_{钻}\rho_{土}(\rho_{钻}-\rho_{水})}{\rho_{土}-\rho_{水}} \tag{2-2-5}$$

式中　$V_{钻}$——配制液体积，cm³；

　　　$\rho_{土}$——配浆材料密度，g/cm³；

　　　$\rho_{水}$——配制水密度，g/cm³。

二、加重钻井液的配制

在钻井过程中，当钻遇高压盐水层或高压油、气、水层时，只用膨润土、水等配浆原材料配制的淡水钻井液密度通常偏低，无法满足钻井要求，为防止井下复杂事故的发生，通常要使用加重钻井液或适当增加钻井液的密度。因此，能按现场钻井液设计要求准确配制相应密度的加重钻井液或对已有钻井液进行加重是钻井液工的必备技能之一。

钻井液密度是钻井过程中确保安全、快速钻井和保护油气层的一个十分重要的参数。通过调整钻井液密度，可调节钻井液在井筒内的静液柱压力，以平衡井底压力及地层孔隙压力。有时也用于平衡地层构造应力，以避免井塌的发生。如果密度过低则容易发生井涌甚至井喷，还会造成井塌、井径缩小和携屑能力下降。此时，需要使用加重钻井液或适当增加钻井液的密度，而这两种方式都需要通过加入适量的钻井液加重材料（也称加重剂）来实现。

（一）加重钻井液

1. 加重钻井液的定义

凡是使用加重材料加重的钻井液体系都可称为加重钻井液。

2. 加重钻井液的组成

加重钻井液主要由膨润土、铁铬木质素磺酸盐、褐煤（或褐煤碱液）、烧碱、磺化褐煤和树脂类处理剂、重晶石粉或铁矿粉组成。

（二）加重材料

能提高钻井液密度，从而提高其液柱压力的物质，称为加重材料或加重剂。

1. 对钻井液加重材料的要求

（1）密度大：使钻井液中固相含量不高就可达到所需密度，对钻井液性能影响不大；

（2）是惰性物：一般不起化学反应，难溶于水，加入后不影响钻井液 pH 值及其稳定性，可溶性盐含量少；

（3）硬度低：悬浮于钻井液中不致引起钻具的严重磨损；

（4）颗粒细：一般要求 99.9% 可通过 200 目筛。

2. 常用的加重剂类型

1) 重晶石粉

重晶石粉，化学名称为硫酸钡，分子式为 $BaSO_4$，分子量为 233.4。其纯品为白色粉末，含杂质时为浅黄色或棕黄色。常温下密度为 $4.0\sim4.6\text{g/cm}^3$，莫氏硬度为 2.5~3.5 级。有轻微毒性，不溶于水、有机溶剂、酸和碱溶液。它是目前最常用的加重剂之一，主要用于水基或油基钻井液的加重，可使钻井液密度达到 2.0g/cm^3 以上。可作封堵剂和高压层固井用水泥的加重剂。

2) 石灰石粉

石灰石粉，化学名称为碳酸钙，分子式为 $CaCO_3$，分子量为 100.1。其纯品为白色粉末，含杂质时为灰色、灰白色、灰黑色、浅黄色或浅红色等，杂质中一般有白云母、黏土等。常温下密度为 $2.2\sim2.9\text{g/cm}^3$，莫氏硬度为 3~4 级。不溶于水，当溶于含 CO_2 的水时可生成 Ca(HCO$_3$)$_2$，溶于酸放出 CO$_2$ 气体。有利于油层酸化，但密度较低，不宜配制密度超过 1.68g/cm^3 的钻井液，主要用于完井液及修井液的加重。不同粒度配合使用，可用作油层漏失的暂堵剂，也可用作固相降滤失剂等。

3）方铅矿粉

方铅矿粉，化学名称为硫化铅，分子式为 PbS，分子量为 239.3。它呈铅灰色，有金属光泽，天然产品呈致密的粒状或块状，有时呈完整的立方体。常温下密度为 7.57.6g/cm^3，莫氏硬度为 2~3 级，性脆易碎。它不溶于水，也不溶于碱，但溶于酸，油井酸化时可将堵塞油层孔道的方铅矿颗粒溶解掉。

4）磁铁矿粉

磁铁矿粉，化学分子式为 Fe$_3$O$_4$，分子量为 232.0。常温下密度为 4.9~5.9g/cm^3，莫氏硬度为 5.5~6.5 级，为暗褐色粉末，有强磁性。它不溶于水、乙醚、乙醇，部分溶于酸。适合做各种钻井液加重剂，但硬度较高，易磨损钻具、阀门、泵配件及钻头水眼。

5）碳酸钡粉末

碳酸钡粉末，分子式为 BaCO$_3$，分子量为 197.5。常温下密度为 4.2~4.35g/cm^3，莫氏硬度为 3.0~3.7 级。它是白色粉末，不溶于水，微溶于含 CO$_2$ 的水形成 Ba(HCO$_3$)$_2$，溶于酸（但在硫酸中难溶），对于需要酸化的油层，可用碳酸粉末代替重晶石粉做加重剂，虽然成本高。但有利于在油层酸化时打通油层孔道。

项目三　粗分散钻井液的配制

粗分散钻井液包括钙处理钻井液和盐水（海水）钻井液。钙处理钻井液是在使用细分散钻井液的基础上发展起来的具有较好抗盐、钙污染能力和对泥页岩水化具有较强抑制作用的一类钻井液。该类钻井液体系主要由含 Ca^{2+} 的无机絮凝剂、降黏剂和降滤失剂组成。钙处理钻井液可在很大程度上克服细分散钻井液的缺点，具有防塌、抗污染和在含有较多 Ca^{2+} 时使性能保持稳定的特点。

在钻井过程中，随着进尺的加深，地层的特点也在发生着变化。为了保证钻进的顺利进行，钻井液工程师和钻井液大班将针对不同的地层特点选择不同的钻井液体系，当钻遇活性黏土层、泥页岩层、含钙地层或水泥塞时，可以采用钙处理钻井液。

一、钙处理钻井液的配制

（一）钙处理钻井液的配制方式

1. 直接配制

直接配制，即根据现场设计的钙处理钻井液配方先计算所需的黏土用量、淡水用量及钻井液处理剂用量，然后再使用配浆设备进行配制。

2. 转化配制

转化配制，即钙处理钻井液由表层使用的膨润土浆转化而来，转化时应按下述步骤进行：

（1）稀释膨润土浆，使其膨润土含量降至 30~40kg/m^3。

(2) 同时加入降黏剂和降滤失剂，使钻井液获得良好的流变性能和滤失性能。

(3) 加入含 Ca^{2+} 的处理剂，使 Ca^{2+} 含量达到需要值。

(二) 钙处理钻井液的特点

与细分散钻井液相比，钙处理钻井液的特点体现在以下几个方面：

(1) 性能较稳定，具有较强的抗钙、盐污染和黏土污染的能力。

(2) 固相含量相对较少，在高密度条件下能维持较低的黏度和切力，钻速较高。

(3) 能在一定程度上抑制泥页岩水化膨胀，滤失量较小，滤饼薄且韧，有利于井壁稳定。

(4) 钙处理钻井液中黏土细颗粒含量较少，对油气层的伤害程度相对较小。

(三) 钙处理钻井液的类型

1. 石灰钻井液

以石灰作为钙源的钻井液称为石灰钻井液，影响其性能的关键因素是 Ca^{2+} 浓度，而 Ca^{2+} 浓度主要受到石灰溶解度的影响。石灰是一种难溶的强电解质，它在水中的溶解度主要受温度和溶液 pH 值的影响。石灰在水中溶解时放热，因此随温度升高，石灰的溶解度减小，溶液中 Ca^{2+} 浓度也相应减小。在一定温度下，随着 pH 值增大，石灰钻井液中 Ca^{2+} 浓度降低。

一般情况下，石灰钻井液的 pH 值应控制在 11~12，使 Ca^{2+} 含量保持在 120~300mg/L 范围内。其储备碱度保持在 3000~6000mg/L 较为合适。若 pH 值过低，Ca^{2+} 含量增大，黏度与切力将超过允许范围；若 pH 值过高，Ca^{2+} 含量很少，将失去钙处理的意义。

2. 石膏钻井液

以石膏作为钙源的钻井液称为石膏钻井液。石膏钻井液的 pH 值应维持在 9.5~10.5 范围内，滤液中 Ca^{2+} 含量约为 600~1200mg/L。与石灰钻井液相比较，石膏钻井液具有更高的 Ca^{2+} 含量，因而石膏钻井液更有利于抑制黏土的水化膨胀和分散，防塌效果明显优于石灰钻井液。同时，由于石膏钻井液抗盐污染和抗石膏污染的能力也更强，因此石膏钻井液多用于钻厚的石膏层和容易坍塌的泥页岩地层。此外，石膏钻井液的抗温能力比石灰钻井液的抗温能力更高，其发生固化的临界温度在 175℃ 左右。资料显示，它可以在某些 5000m 以深的井段使用。

3. 氯化钙钻井液

以氯化钙作为钙源的钻井液称为氯化钙钻井液。氯化钙钻井液多用于易卡钻、易坍塌的泥页岩地层，其 pH 值应维持在 9~10 之间，滤液中 Ca^{2+} 浓度一般在 1000~3500mg/L 范围内。氯化钙钻井液体系中 Ca^{2+} 含量很高，因此比石灰钻井液和石膏钻井液具有更强的稳定井壁和抑制泥页岩坍塌及造浆的能力。并且氯化钙钻井液中固相颗粒絮凝程度较大、分散度较低，因而流动性好，固控过程中钻屑比较容易清除，有利于维持较低的密度，为提高机械钻速及保护油气层提供良好的条件。

但另一方面，氯化钙钻井液体系 Ca^{2+} 含量高，会严重影响黏土悬浮体的稳定性，黏度和切力容易上升，滤失量也容易增大，从而增加了维护处理的难度。我国成功地将褐煤碱液应用于氯化钙钻井液中，形成了具有特色的褐煤-$CaCl_2$ 钻井液体系。

褐煤-$CaCl_2$ 钻井液体系在组成上有一个突出的特点，即褐煤粉的加量很大。褐煤中含有的腐殖酸与体系中的 Ca^{2+} 发生反应，生成非水溶性的腐殖酸钙胶状沉淀。这种胶状沉淀一方面使滤饼变得薄而致密，滤失量降低，提高钻井液的动塑比，其作用与膨润土相似；另一方面，它起着 Ca^{2+} 储备库的作用，使滤液中浓度不至于过大。

二、盐水钻井液的配制

盐水钻井液经常用于钻盐水层、岩盐层和盐丘，也用于钻大段剥落和崩散性的页岩层以保持井筒的稳定。若在钻遇大段岩盐层、盐膏层或盐膏与泥页岩互层时使用细分散钻井液，则会有大量的 NaCl 和其他无机盐溶解于钻井液中，使钻井液的黏度、切力升高，滤失量剧增。同时，盐的溶解还会造成井径扩大，给继续钻进带来困难，并且会严重影响固井质量。有时钻遇高压盐水层时，盐水的侵入对钻井液性能也有很大影响。为了应对上述复杂地层，人们采取了在钻井液中同时加入工业食盐和分散剂的方法，使水基钻井液具有更强的抗盐能力和抑制性。通过大量室内研究和现场试验，盐水钻井液和饱和盐水钻井液已得到不断发展和完善，成为独具特色的钻井液类型。

在钻井过程中，随着进尺的加深，地层的特点也在发生着变化。为了保证钻进的顺利进行，钻井液工程师和钻井液大班将针对不同的地层特点选择不同的钻井液体系，当钻遇大段岩盐层、盐膏层或盐膏与泥页岩互层时，可以采用盐水钻井液。

盐水钻井液是通过人为地添加无机阳离子来抑制黏土颗粒的水化膨胀和分散，并在分散剂的协同作用下，形成抑制性粗分散钻井液的。在使用中要特别注意含盐量的大小，应根据含盐的多少来决定所选用的分散剂的类型和用量。盐水钻井液的 pH 值一般随含盐量的增加而下降。其原因一方面是由于滤液中的 Na^+ 与黏土矿物晶层间的 H^+ 发生了离子交换；另一方面则是由于工业食盐中含有的 $MgCl_2$ 杂质与滤液中的 OH^- 反应，生成 $Mg(OH)_2$ 沉淀，从而消耗了 OH^- 所导致的结果。因此，在使用盐水钻井液时应注意及时补充烧碱，以便维持一定的 pH 值。一般情况下，盐水钻井液的 pH 值应保持在 9.5~11.0 之间。盐水钻井液和饱和盐水钻井液是按配方不断加入大量食盐而成；而当钻遇未预见的盐水层时，盐水钻井液和饱和盐水钻井液则可通过让地层盐水（以保持井壁稳定为前提）、岩盐溶解（以保持规则的井径为前提）进入原使用的钻井液再经相应的处理而得。

海水钻井液是由原使用的钻井液经不断加海水和进行相应处理转化而来的。

（一）盐水钻井液的定义和分类

凡 NaCl 含量超过 1%（质量分数，Cl^- 含量约为 6000mg/L）的钻井液统称为盐水钻井液。一般将其分为欠饱和盐水钻井液、饱和盐水钻井液和海水钻井液三种类型。

1. 欠饱和盐水钻井液

欠饱和盐水钻井液是指含盐量自 1%（Cl^- 含量约为 6000mg/L）直至饱和（Cl^- 含量约为 189000mg/L）之间的钻井液。欠饱和盐水钻井液主要应用于以下情况：

（1）配浆水本身含盐量较高。

（2）钻遇盐水层时，淡水钻井液体系不可能继续维持。

（3）钻遇埋藏深度小、厚度小且不太复杂的岩盐层或盐膏层，而且能够很快钻穿就下技术套管或油层套管封隔的井。

（4）抑制强水敏泥页岩地层水化以及石炭系、寒武系盐层等。

多数情况下盐水钻井液只用于某一特定的井段。例如，当预先已知在某一深度有一较薄的岩盐层时，可在进入之前有准备地将盐和处理剂一并加入钻井液中，使之转化为盐水体系。当钻过盐层，下入套管之后，又可通过稀释与化学处理，逐步恢复至淡水体系。盐水钻井液中含盐量的多少一般根据地层情况来决定。

2. 饱和盐水钻井液

饱和盐水钻井液是指含盐量达到饱和，即常温下浓度为 3.15×10^5 mg/L（Cl^- 含量为 1.89×10^5 mg/L）左右的钻井液。

饱和盐水钻井液主要用于钻厚度较大的大段盐层及岩性复杂的复合盐膏层，也可用于钻开储层。由于其矿化度极高，因此抗污染能力强，对地层中黏土的水化膨胀和分散有很强的抑制作用。钻遇岩盐层时，可将盐的溶解减至最低程度，避免"大肚子"井段的形成，从而保障井径规则。

3. 海水钻井液

海水钻井液是指用海水配制而成的含盐钻井液。海水中除含有较高浓度的 NaCl 外，还含有一定浓度的钙盐和镁盐，其总矿化度一般为 3.3%~3.7%，pH 值在 7.5~8.4 之间，密度为 1.03g/cm³。海水钻井液主要应用于海洋钻井，其矿化度在使用过程中一般不作调整。

(二) 盐水钻井液的特点

1. 优点

(1) 由于矿化度高，因此这种体系具有较强的抑制性，能有效地抑制泥页岩水化，保证井壁稳定。

(2) 不仅抗盐侵的能力很强，而且能够有效地抗钙侵和抗高温，适于钻含岩盐地层或含盐膏地层，以及在深井和超深井中使用。

(3) 由于其滤液性质与地层原生水比较接近，故对油气层的伤害较轻。

(4) 由于钻出的岩屑不易在盐水中水化分散，在地面容易被清除，因而有利于保持较低的固相含量。

(5) 盐水钻井液还能有效地抑制地层造浆，流动性好，性能较稳定。

2. 缺点

盐水钻井液的维护工艺比较复杂，对钻柱和设备的腐蚀性较大，钻井液配制成本也相对较高。

(三) 盐水钻井液的应用

在配制盐水钻井液时，最好选用抗盐黏土（海泡石、凹凸棒石等）作为配浆土，这类黏土在盐水中可以很好地分散，从而获得较高的黏度和切力，因而配制方法比较简单。若用膨润土配浆，则必须先在淡水中经过预水化，再加入各种处理剂，最后加盐至所需浓度。

1. 欠饱和盐水钻井液的应用

欠饱和盐水钻井液的配制方法为：首先往清水中加入 NaOH 与 Na_2CO_3，沉除 Ca^{2+} 与 Mg^{2+} 后，调整 pH 至 9~10，再加入膨润土。按所需密度控制钻井液中膨润土的含量。以上处理剂和配浆土的加量应依据钻井用水的总矿化度及各种离子含量和土的来源而定。然后在预水化膨润土浆中加入所需的各种处理剂，待溶解后，加入 NaCl 至所需量。

欠饱和盐水钻井液在使用中的维护要点为：

(1) 保持钻井液所需的含盐量，充分溶解膏盐岩、盐岩蠕变缩径的部分，要防止大肚子井眼的形成。

(2) 处理好降黏和护胶的关系，一般含盐量越低，降黏问题越突出；含盐量越高，护胶问题越重要。

(3) 保证钻井液体系的强抑制性和封堵性，严格控制钻井液的滤失量，并应能够形成优质的薄而韧的滤饼，以有利于防漏和井壁稳定。

(4) 维持适当的 pH 值，以保证各钻井液处理剂作用的充分发挥。

(5) 确保钻井液体系具有优良的润滑性。

2. 饱和盐水钻井液的应用

饱和盐水钻井液的配制方法是在地面配好饱和盐水钻井液，钻达岩盐层前将其替入井内，然后钻穿整个岩盐层。但也可采用另一种方法，即在上部地层使用淡水或一般盐水钻井液，然后提前在循环过程中进行加盐处理，使含盐量和钻井液性能逐渐达到要求，在进入岩盐层前转化为饱和盐水钻井液。

使用饱和盐水钻井液时，需注意以下几点：

(1) 对饱和盐水钻井液的维护应以护胶为主、降黏为辅。

(2) 最好使用海泡石、凹凸棒石等抗盐黏土配制饱和盐水钻井液。如选用膨润土，则必须严格控制膨润土含量，以防止在配制过程中出现黏度、切力过高的情况，并且膨润土必须经预水化之后再加入钻井液中。

(3) 如果岩盐层较厚，埋藏较深，在地层压力作用下岩盐层容易发生蠕变，造成缩径。应根据岩盐层的蠕变曲线确定合理的钻井液密度。

(4) 为了维持饱和盐水钻井液中的盐始终处于饱和状态，除使用盐重结晶抑制剂外，还需要定期地补充一定量的细盐，使其在地面条件下保持 $3\sim5\text{kg/m}^3$ 过量盐。

3. 海水钻井液的应用

海水钻井液的配方有两种类型。一种是先用适量烧碱和石灰将海水中的 Ca^{2+}、Mg^{2+} 清除，然后再用于配浆。其中烧碱主要用于清除 Mg^{2+}，而石灰主要用于清除 Ca^{2+}。这种体系的 pH 值应保持在 11 以上，其特点是分散性相对较强，流变和滤失性能较稳定且容易控制，但抑制性较差。另一种是在体系中保留 Ca^{2+}、Mg^{2+}，显然这种海水钻井液的 pH 值较低，由于含有多种阳离子，护胶的难度较大，所选用的护胶剂既要抗盐，又要抗钙、镁，但这种体系的抑制性和抗污染能力较强。

国外过去多使用凹凸棒石、石棉、淀粉配制和维护海水钻井液，而目前倾向于使用黄原胶和聚阴离子纤维素等聚合物。由于聚合物的包被作用，可使井壁更为稳定。

项目四　聚合物钻井液的配制

一、聚合物钻井液的特点及聚合物处理剂的主要作用机理

凡是使用线型水溶性聚合物作为处理剂的钻井液体系都可称为聚合物钻井液，但通常是将聚合物作为主处理剂或主要用聚合物调控性能的钻井液体系称为聚合物钻井液。根据聚合物钻井液的主要处理剂的性质不同，可将聚合物钻井液分为阴离子型聚合物钻井液、阳离子型聚合物钻井液和两性离子型聚合物钻井液。

(一) 聚合物钻井液的特点

(1) 固相含量低，且亚微米颗粒所占比例低。这是聚合物钻井液的基本特征，是聚合物处理剂选择性絮凝和抑制岩屑分散的结果，对提高钻井速度十分有利。

(2) 具有良好的流变性,主要表现为较强的剪切稀释性和适宜的流变类型。在实际钻井过程中,各流变参数需控制在适宜的范围内,过高和过低对钻井工程都不利。另外,聚合物钻井液具有较强的触变性,触变性对环形空间内钻屑和加重材料在钻井液中停止循环后的悬浮问题非常重要,适当的触变性对钻井有利。由于聚合物钻井液具有较高的动塑比和良好的剪切稀释性,同时还具有较强的触变性,以及在环形空间内形成平板型层流等优良性能,因此它悬浮和携带钻屑的效果好,可以有效地减少钻屑的重复破碎,使机械钻速明显提高。

(3) 钻井速度高。聚合物钻井液固相含量低,亚微米粒子含量小,剪切稀释性好,卡森极限黏度低,悬浮携带钻屑能力强,洗井效果好,这些优良性能都有利于提高机械钻速。

(4) 稳定井壁的能力较强,井径较规则。

(5) 对油气层的伤害小,有利于发现和保护油气层。由于聚合物钻井液的密度低,可实现近平衡压力钻井。同时由于固相含量少,可以减轻固相的侵入,因而减小了伤害程度。

(6) 可防止井漏的发生。

(7) 钻井成本低。由于聚合物钻井液的处理时间少,钻井速度高,缩短了完井周期,因此可大幅度降低钻井成本。

(二) 聚合物处理剂的主要作用机理

1. 桥联与包被作用

聚合物在钻井液中颗粒上的吸附是发挥作用的前提。当一个高分子同时吸附在几个黏土颗粒上,而一个黏土颗粒又可同时吸附几个高分子时,就会形成空间网架结构,聚合物的这种作用称为桥联作用,当高分子链黏附在一个黏土颗粒上,并将其覆盖包被时,称为包被作用,桥联和包被是聚合物在钻井液中的两种不同的吸附状态,实际体系中,这两种吸附状态不可能严格分开,一般会同时存在,只是以其中一种状态为主而已,吸附状态不同,产生作用也不同,如桥联作用易导致絮凝和增黏等,而包被作用对抑制钻屑分散有利。

2. 絮凝作用

当聚合物在钻井液中主要发生桥联吸附时,会将一些细颗粒聚结在一起形成粒子团,这种作用称为絮凝作用,相应的聚合物称为絮凝剂,形成的絮凝块能够靠重力沉降或固控设备进行清除,有利于维持钻井液的低固相,所以絮凝作用是钻井液实现低固相和不分散的关键。

根据絮凝效果和对钻井液性能的影响,絮凝剂可分为两类:

(1) 全絮凝剂,能同时絮凝钻屑、劣质土和蒙皂土,如非离子型聚合物 PAM;

(2) 选择性絮凝剂,只絮凝钻屑和劣质土,不絮凝蒙皂土,如离子型聚合物 PHPA、VAMA,当絮凝剂能提高钻井液黏度时,称为增效型选择性絮凝剂,而对黏度影响不大时称为非增效型选择性絮凝剂。选择性絮凝的机理是:钻屑和劣质土负电性较弱,蒙皂土负电性较强。选择性絮凝剂带负电,由于静电作用易在负电性弱的钻屑和劣质土上产生吸附,通过桥联、包被作用将颗粒絮凝成团块易于清除,而在负电性较强的蒙皂土颗粒上吸附量较少,同时由于蒙皂土颗粒间的静电排斥作用较大而不能形成密实团块,桥联作用所形成的空间网架结构还能提高蒙皂土的稳定性。

3. 增黏作用

增黏剂多用于低固相和无固相水基钻井液体系中,以提高悬浮力和携带力。增黏作用的机理如下：一是未被吸附的聚合物分子能增加水相的黏度；二是聚合物的桥联作用会形成网络结构而增强钻井液的结构黏度。常用的增黏剂有分子量较高的 PHPA 和高黏度型羧甲基纤维素（CMC）等。

4. 降滤失作用

钻井液滤失量的大小主要决定于滤饼的质量（渗透率）和滤液的黏度。降滤失作用主要通过降低滤饼的渗透率来实现。聚合物降滤失剂的作用机理主要有以下几个方面：

（1）保持钻井液中的粒子具有合理的粒度分布，使滤饼致密。聚合物降滤失剂通过桥联作用与黏土颗粒形成稳定的空间网架结构，对体系中所存在的一定数量的细黏土颗粒起保护作用，在井壁上可形成致密的滤饼，从而降低滤失量。有时为了使体系中固体颗粒具有合理的粒度分布范围，可加入超细的惰性物质如 $CaCO_3$ 来改善滤饼质量。另外，网络结构可包裹大量自由水，使其不能自由流动，有利于降低滤失量。

（2）提高黏土颗粒的水化程度。降滤失剂分子中都带有水化能力很强的离子基团，可增厚黏土颗粒表面的水化膜，在滤饼中这些极化水的黏度很高，能有效地阻止水的渗透。

（3）聚合物降滤失剂的分子大小在胶体颗粒的范围内，本身可对滤饼起堵孔作用，使滤饼致密。

（4）降滤失剂可提高滤液黏度，从而降低了滤失量。

5. 抑制与防塌作用

聚合物在钻屑表面的包被吸附是阻止钻屑分散的主要原因。包被能力越强，对钻屑分散的抑制作用越强。聚合物有良好的防塌作用，其原因有以下两个方面：

（1）长链聚合物在泥页岩井壁表面会发生多点吸附，封堵了地层微裂缝，可阻止泥页岩水化剥落；

（2）聚合物浓度较高时，在泥页岩井壁上形成较致密的吸附膜，可阻止或减缓水进入泥页岩，对泥页岩的水化膨胀有一定的抑制作用。

6. 降黏作用

聚合物钻井液的结构主要由黏土颗粒与黏土颗粒、黏土颗粒与聚合物和聚合物与聚合物之间的相互作用形成的，降黏剂就是拆散这些结构中的部分结构而起到降黏作用的。降黏作用的机理主要有以下几个方面：

（1）降黏剂可吸附在黏土颗粒带正电荷的边缘上，使其带负电荷，同时形成厚的水化层，从而拆散黏土颗粒间以"端—面""端—端"连接形成的结构，释放包裹着的自由水，降低体系黏度。同时，降黏剂的吸附可提高黏土颗粒的电位，增强颗粒间的静电排斥作用，从而削弱其相互作用。

（2）研究发现，当分子量较低的聚合物降黏剂（如 SSMA、VAMA 等）与钻井液的主体聚合物（PHP）形成氢键络合物时，因与黏土争夺吸附基团，可有效地拆散黏土与聚合物间的结构，同时能使聚合物形态产生收缩，减弱聚合物分子间的相互作用，从而具有明显的降黏作用。

二、阴离子型聚合物钻井液的配制

阴离子聚合物钻井液是将阴离子聚合物作为主处理剂的钻井液体系，配制常见的阴离子型聚合物钻井液是钻井液工必备的技能。

(一) 常用阴离子型处理剂

阴离子型聚合物钻井液是以阴离子聚合物作为主要处理剂的钻井液体系。常用的阴离子型处理剂如下。

1. 聚丙烯酰胺 PAM

(1) 产品描述：聚丙烯酰胺（PAM）是一种线型高分子聚合物，化学式为 $(C_3H_5NO)_n$。在常温下为坚硬的玻璃态固体，产品有胶液、胶乳及白色粉粒、半透明珠粒和薄片等。热稳定性良好，能以任意比例溶于水，水溶液为均匀透明的液体。聚丙烯酰胺作为润滑剂、悬浮剂、黏土稳定剂、驱油剂、降失水剂和增稠剂，是一种极为重要的钻井液添加剂。

(2) 用途：包被、抑制分散、改变钻井液的流变参数。

(3) 优点：在较低加量下效果明显，抗盐、抗钙、抗温。

(4) 物理性质：易分散溶解的粉末状固体。

(5) 推荐用量：淡水钻井液为 0.2%~0.4%；饱和盐水钻井液为 1%~1.5%。

(6) 类型：包被抑制剂。

2. 部分水解聚丙烯酰胺 PHP

(1) 产品描述：部分水解聚丙烯酰胺的钠盐是一种水溶性的高分子聚合物，常被作为钻井液的抑制、流型调节、包被剂，由于它分子量高又含有较多的基团，所以具有较强的页岩稳定性，可抑制黏土分散，稳定井眼。

(2) 用途：稳定水敏性地层；改善钻井液的流变性；在低浓度时絮凝钻屑；在低固相钻井液中提高切力。

(3) 优点：在较低加量下效果明显；在盐水钻井液中稳定；可改善钻井液润滑性。

(4) 物理性质：易分散溶解的粉末状固体。

(5) 推荐用量：0.05%~0.5%。

(6) 类型：包被絮凝剂。

3. 水解聚丙烯腈铵盐

(1) 产品描述：水解聚丙烯腈铵盐，又称 NH_4-HPAN，是由腈纶废料在高温高压下水解而制得，用于控制低固相不分散聚合物水基钻井液的滤失和流型，由于可提供 NH_4^+，故抑制黏土分散能力强。水解聚丙烯腈铵盐是一种优良的降滤失剂。

(2) 用途：用于降低盐水和淡水钻井液的滤失量和滤饼厚度；降低钻井液的黏度；包被钻屑、抑制分散。

(3) 优点：在盐水钻井液中效果明显（4%的盐）；抗温150℃。

(4) 物理性质：易溶于水的黄色粉末。

(5) 推荐用量：1%~2%。

(6) 类型：降滤失剂。

4. 水解聚丙烯腈钠盐

(1) 产品描述：水解聚丙烯腈钠盐，又称 Na-HPAN，是由腈纶废料在氢氧化钠水溶液中水解而制得。分子链为 C—C 键，带有热稳定性很强的腈基，可抗温200℃以上。该处理剂的抗盐能力也很强，但抗钙能力弱，当钙离子浓度过大时，会产生絮状沉淀，主要用于控制水基钻井液的滤失。

(2) 用途：用于降低淡水钻井液的滤失量；降低钻井液的黏度；包被钻屑、抑制分散。

（3）优点：抗温200℃。
（4）物理性质：易溶于水的粉末状固体。
（5）推荐用量：0.1%~2%。
（6）类型：降滤失剂。

5. 水解聚丙烯腈钙盐

（1）产品描述：水解聚丙烯腈钙盐，是由腈纶废料在氧化钙水溶液中高温高压水解而制得。分子主链为C—C键，带有热稳定性很强的腈基，可抗温200℃以上。该处理剂的抗盐、抗钙能力很强，用于控制水基钻井液的滤失。

（2）用途：用于降低盐水和淡水钻井液的滤失量和滤饼厚度；在水敏性地层促进井眼稳定；用作胶体稳定剂。

（3）优点：在较低加量下效果明显；抗盐、抗钙能力也很强；抗温200℃。
（4）物理性质：易溶于水的粉末状固体。
（5）推荐用量：0.1%~2%。
（6）类型：降滤失剂。

6. 聚丙烯酸钙

（1）产品描述：聚丙烯酸钙是不溶于水的固体粉末，使用时必须加入氢氧化钙或者碳酸钠，使分子中的羧酸钙部分转化为羧酸钠。现场常用的产品是以分子量为150万到350万的聚丙烯酰胺为原料，在碱性环境中水解，当水解度达到60%以上后加入氯化钙溶液交联聚沉制的。

（2）用途：主要应用在如川东地区体罗系地层的钻井液，这种钻井液对敏感脆弱地层具有很好的防塌、防漏作用，同时该钻井液的悬浮、携带钻屑的能力也较强。

（3）优点：抗温200℃。
（4）物理性质：白色粉末状固体。
（5）推荐用量：0.1%~2%。
（6）类型：降滤失剂。

7. 磺化聚丙烯酰胺

（1）产品描述：磺化聚丙烯酰胺，又称SPAM，是由聚丙烯酰胺在一定条件下与甲醛、亚硫酸氢钠反应制得的。该处理剂具有降失水、防止页岩坍塌的能力，是一种良好的钻井液稳定剂。

（2）用途：广泛用于钻井、堵水调剖和三次采油领域。
（3）优点：抗温180℃。
（4）物理性质：白色粉末状固体。
（5）推荐用量：0.1%~2%。
（6）类型：降滤失剂。

8. 醋酸乙烯酯—顺丁烯二酸酐

（1）产品描述：醋酸乙烯酯—顺丁烯二酸酐又称VAMA。
（2）用途：选择性絮凝剂，对膨润土不絮凝，有的还可以增效。对劣土迅速絮凝，故常称为双功能聚合物。分子量在7万以下，是良好的降黏剂，同时具备降滤失功能。
（3）优点：多功能性。

(4) 物理性质：粉末状固体。
(5) 类型：絮凝剂。

9. 磺化苯乙烯—顺丁烯二酸酐共聚物
(1) 产品描述：磺化苯乙烯—顺丁烯二酸酐共聚物，又称 SSMA。
(2) 用途：抗高温降黏剂。
(3) 优点：抗温性能好，可抗 260℃ 高温，抗盐钙性好。
(4) 物理性质：粉末状固体。
(5) 类型：降黏剂。

10. 丙烯衍生多元共聚物 PAC141
(1) 产品描述：丙烯衍生物多元共聚物，又称 PAC141，是具有不同取代基的乙烯基单体及其盐类的共聚物，PAC141 是丙烯酸、丙烯酰胺、丙烯酸钠和丙烯酸钙共聚而成。
(2) 用途：用于降低盐水和淡水钻井液的滤失量和滤饼厚度；包被钻屑、抑制分散；增加钻井液的黏度。
(3) 优点：在较低加量下效果明显；在盐水钻井液中效果明显；抗温 180℃。
(4) 物理性质：粉末；易溶于水。
(5) 推荐用量：淡水钻井液 0.2%~0.4%；饱和盐水钻井液 1%~1.5%。
(6) 分型：降滤失剂。

(二) 阴离子型聚合物钻井液的配制

1. 阴离子型不分散低固相钻井液的配制

本钻井液是以 PHP 作为絮凝剂，抑制地层造浆；配合其他聚合物作为流型调节剂，控制钻井液黏度、切力及流变性能，以 CMC 作为降失水剂的抑制性钻井液体系，具有适应范围广、维护处理简单、成本低等特点。

1) 配制方法
(1) 按 60∶3∶1000（土∶Na_2CO_3∶H_2O）的比例配制基浆，充分水化。取聚合物无固相井浆 60%~70%，混入膨润浆 30%~40% 后再进行调整。
(2) 聚合物类处理剂按 1%~2% 的浓度配成水溶液，水化充分后待用（也可配成混合胶液）。
(3) 再按照配方比例均匀加入聚合物降失水剂和沥青类处理剂。
(4) 中深井段加入润滑剂。
(5) 高陡构造或易塌区块可以补充聚合醇等抑制剂，提高防塌抑制能力。

2) 调整原则
(1) 处理剂浓度随地层易塌程度、井深、浸泡时间、带砂情况、遇阻卡状况、地层破碎胶结情况等因素的严重度增加而加大。
(2) 处理剂的选用宜根据井下的具体情况而酌情增减或更改，以适应具体要求，建议配伍以最简为原则。
(3) 非高陡构造易塌井段，可以适当放大井浆失水控制，但在进入灰岩为主、底部含石英砂岩透镜体的沉积地层（如东岳庙构造段），必须控制适度添加。随地层坍塌可能性增加，抑制剂、降失水剂在井浆中的含量也要相应增加。
(4) 随地层破碎程度增加、胶结性变差或裂缝发育，应在保持矿化度的前提下（防起泡），提高沥青类处理剂作封堵之用。易塌区块可以辅以 0.5%~1% 聚合醇或无渗透抑制剂，有利于提高井浆的防塌抑制性。

3）适用范围

（1）非高地层倾角井的表层易水化分散的泥页岩井段，既有利于防塌，又能适当提高机械钻速。

（2）中深井段出现恶性纵向裂缝漏失，而上部裸眼井段又易因清水浸泡出现垮塌情况下，作为井底清水强钻时覆盖易塌层的钻井液。

（3）适用于 ϕ444.5mm 井眼段大于 200m 或 ϕ311.2mm 井眼段 1000~2500m，以及地层倾角小于 30°和无固相钻井液已不能适应的井段。（注：井眼段是指井眼长度；井段是特指某一井眼特定长度区间）

4）现场维护要点

（1）体系转化前，必须全面清淘所有的循环罐，钻进期间间断淘罐并结合固控设备控制含砂量小于 0.3%，固相指标达到密度对应标准要求。

（2）禁止补充膨润土，补充膨润浆应同时补充聚合物胶液。

（3）通过聚合物胶液浓度控制黏土加入量。

（4）尽量不加入分散剂，钻井液 pH 值为 7~8.5，保持弱碱性。

（5）在聚合物浓度和沥青类足量的情况下，井浆抑制性较强时可适当放宽 API 失水小于 15mL，但要有较好的滤饼质量。

（6）钻进过程中，勤于维护处理。根据进尺量、新浆补充量等及时补充聚合物水化胶液和其他处理剂。正常情况下，沥青类、降失水剂类、润滑剂类处理剂的首次入井量必须按配方低限足量加入并进行消耗维护。遇到井下复杂事故或随着密度提高其加量逐步提高。

2. 阴离子型聚合物盐水钻井液的配制

1）配制方法

（1）根据井浆循环总量和井浆密度确定膨润土加量后，配成 4%膨润土并预水化 24h。

（2）膨润土浆中加入降滤失剂，充分护胶，井温小于 120℃时可加 CMC-LV。

（3）用 NaOH 调整钻井液 pH 值为 10.5~11，加入沥青类处理剂和润滑剂，并加入 1/3 量的 TX。不能使用 SMT 或 SMK 作为稀释剂，因该类处理剂在高矿化度下会沉淀。

（4）加盐至饱和，在盐加入 1/2 时补充 1/3 的 TX，保证钻井液的流变性。

（5）加重钻井液至需要密度，继续补充 TX 以及护胶剂碱液调整性能。

2）调整原则

（1）膨润土浆必须充分预水化 24h 加入。

（2）随时监测 Cl^- 浓度，确保滤液中 Cl^- 浓度 $>18\times10^4$mg/L，密度 >1.25g/cm^3，否则应补充盐量。

3）适用范围

（1）应根据 Cl^- 监测的结果，及时补充氯化钠，使其浓度达到饱和。

（2）补充钻井液和处理剂时，需同时补充等比例的氯化钠。

（3）不能用膨润土提升钻井液的黏度，井深时可以用 CMC-HV 提黏度，井浅时用羧甲基淀粉。

（4）应选用抗盐能力强的护胶剂调整钻井液性能。

（5）应适当补充 pH 稳定剂。

三、阳离子型聚合物钻井液的配制

阳离子聚合物钻井液是将阳离子聚合物作为主处理剂的钻井液体系。通过学习了解目前常用的阳离子型钻井液处理剂分类、用途及性能特点，学会配制阳离子型聚合物钻井液。

（一）阳离子聚合物钻井液

阳离子聚合物钻井液是20世纪80年代以来发展起来的一种聚合物钻井液体系。这种体系是以高分子量阳离子聚合物（简称大阳离子）作包被絮凝剂，以小分子量有机阳离子（简称小阳离子）作泥页岩抑制剂，并配合降滤失剂、增黏剂、降黏剂、封堵剂和润滑剂等处理剂配制而成。

21世纪初，从安全环保的要求出发，人们又研发了改性天然高分子钻井液体系。该体系主要处理剂是以天然植物胶聚氧乙烯季铵盐改性物作为包被抑制剂，以天然植物胶季铵盐改性物作为降滤失剂，并配合封堵防塌剂、润滑剂配制而成。该体系配方简单，维护处理方便，仅四种处理剂就可实现定向井、大斜度井和水平井的施工工艺要求。整个改性天然高分子钻井液体系环保无毒，$EC_{50} \geqslant 30000$，达到国家海洋排放一级标准，并可生物降解。

由于阳离子聚合物分子带有大量正电荷，在黏土或岩石上的吸附除去氢键外，更主要的是靠静电作用，比阴离子聚合物的吸附力更强。同时，阳离子聚合物能中和黏土或岩石表面的负电荷，因此它的絮凝能力和抑制岩石分散能力也比阴离子聚合物的强，可更好地实现低固相快速钻进及保持井壁稳定。另外改性天然高分子钻井液体系的生物降解，避免了高分子聚合物对油气层喉道的堵塞，有利于保护油气层。

现场实践证明，阳离子类聚合物钻井液在安全快速优质钻井和保护油气层等方面都显示出优越性。常用的处理剂如下。

1. 大阳离子

（1）产品描述：阳离子聚丙烯酰胺（CPAM），又称大阳离子。
（2）用途：絮凝钻屑清除无用固相，保持聚合物钻井液的低固相特性。
（3）优点：在较低加量下效果明显；抗盐、抗钙、抗温。
（4）推荐用量：淡水钻井液为0.2%~0.4%；饱和盐水钻井液为1%~1.5%。
（5）类型：絮凝剂。

2. 页岩抑制剂NW-1

（1）产品描述：环氧丙基三甲基氯化铵，又称小阳离子。
（2）用途：抑制黏土分散。
（3）优点：在较低加量下效果明显；抗盐、抗钙、抗温。
（4）推荐用量：淡水钻井液为0.2%~0.4%；饱和盐水钻井液为1%~1.5%。
（5）类型：页岩抑制剂。

3. 天然高分子包被抑制剂IND30

（1）产品描述：天然植物胶聚氧乙烯季铵盐改性物，是由天然植物胶在酸或碱催化下，与链连接剂发生分子链连接加长反应，使植物胶分子链加长数倍。加长后的植物胶分子在碱催化下发生取代反应，使具有较强抑制性的活性基团接到植物胶分子链上，从而制备出天然植物胶聚氧乙烯季铵盐，属阳离子聚合物，主要作用包被絮凝，抑制岩屑分散。

（2）用途：包被絮凝，抑制岩屑分散。

（3）优点：用量少，效果明显；抗盐抗钙；环保无毒，经国家海洋局环境检测中心检测 $EC_{50} \geqslant 30000$，达到国家海洋排放一级标准。可生物降解。

（4）推荐用量：0.15%~0.2%。

（5）分类：包被絮凝剂。

4. 天然高分子降滤失剂 NAT20

（1）产品描述：天然植物胶季铵盐改性物，是由天然植物胶在溶剂中胶化、改性、接枝，然后再进行特殊处理以后制得的产物。

（2）用途：降滤失剂。

（3）特点：用量少，效果明显；环保无毒，经国家海洋局环境检测中心检测 $EC_{50} \geqslant 30000$，达到国家海洋排放一级标准。可生物降解。

（4）推荐用量：0.5%~1%。

（二）阳离子型聚合物海水钻井液的配制

1. 配制方法

首先将膨润土预水化。在每立方米配浆淡水中，加入烧碱 1.5kg、纯碱 1.5kg、优质膨润土 50~70kg，经搅拌使膨润土充分水化分散。

在钻井液池中注入配浆用海水，并按每立方米海水中加入烧碱 1.5kg、纯碱 1.5kg。将所需石灰、FCLS、CMC（高黏）、小阳离子及大阳离子按先后顺序依次加入，并搅拌均匀，即可做开钻井液。如用于钻坍塌地层或深井时，则应在上述钻井液中再补加所需的 SPNH 及 FT-1。如用于钻定向井时还需补加润滑剂及适量柴油。必要时可加重晶石提高钻井液密度。

如果需将井浆（聚合物海水钻井液）直接转化成阳离子聚合物海水钻井液时，可先将所需添加的阳离子聚合物海水钻井液，一次配成所需量储于罐内。再在井浆正常循环时缓慢均匀加入新配的阳离子聚合物海水钻井液，以防止混合时发生局部絮凝而影响流变性能。

2. 维护与处理

在使用阳离子聚合物钻井液时，应注意以下维护与处理的要点：

（1）保持钻井液中大、小阳离子处理剂的足够浓度。为了有效地抑制页岩水化分散，防止地层垮塌，钻井液中应保持大、小阳离子处理剂的质量分数不能低于 0.2%，并随钻井过程中的消耗作用做相应补充。当钻井液中固相含量偏高时，加入小阳离子会引起黏度增加，应先少量加入 FCLS，以改善钻井液的流变性能。当同时需添加大、小阳离子处理剂时，应在第一循环周加入一种阳离子处理剂进行处理，下一循环周加入另一种阳离子处理剂进行处理，以避免发生絮凝结块现象，粉状处理剂最好预先配成溶液再用。

（2）正常钻井时的维护。为了保证钻井液的均匀稳定，应预先配好一池处理剂溶液和预水化膨润土浆。当钻井液因地层造浆而影响黏度时，可添加处理剂溶液，以补充钻井液中处理剂的消耗，同时又起到降低固相含量的作用。当地层并不造浆，钻井液中膨润土含量不足时，应同时补充预水化膨润土浆，以保证钻井液中有足够浓度的胶体粒子，以改善滤饼质量和提高洗井能力。

（3）改善钻井液的润滑性。大斜度定向井钻进时，钻井液应具有良好的润滑性。为此应维持阳离子聚合物海水钻井液中含有 6%~10% 的柴油和 0.3%~0.5% 的润滑剂，以保证施工作业顺利进行。

(4) 应充分重视固控设备的配备和使用。现场应配备良好的固控设备，振动筛应尽可能使用细目筛布，除砂器和除泥器应正常工作，加重钻井液应配备清洁器。良好的固相控制是用好阳离子聚合物钻井液的必要条件，也是减少钻井液材料消耗、降低钻井成本的最好办法。

(三) 改性天然高分子海水钻井液的配制

1. 配制方法

(1) 首先将膨润土预水化。在每立方米配浆淡水中，加入烧碱 1.5kg、纯碱 1.5kg、优质膨润土 50~70kg，经搅拌使膨润土充分水化分散。

(2) 在钻井液池中注入配浆用海水，并按每立方米海水中加入烧碱 1.5kg、纯碱 1.5kg 预处理，将膨润土浆与经预处理的海水等体积充分混合均匀。

(3) 将所需天然高分子包被抑制剂 IND30、天然高分子降滤失剂 NAT20、无荧光白沥青 NFA-25 及固体聚合醇 PGCS-1 依次加入，并搅拌均匀，即可做开钻时钻井液。

(4) 如用于钻坍塌地层时，则应在上述钻井液中加大 NFA-25 和 PGCS-1 的用量，以提高钻井液的防塌封堵能力，具体加量视具体情况而定。

(5) 在钻定向井段或水平井段时应加大聚合醇的用量，以提高钻井液的润滑性。

(6) 必要时可加超细碳酸钙或重晶石提高钻井液密度。

2. 维护与处理

在使用阳离子聚合物钻井液时，应注意以下维护与处理的要点：

(1) 开钻前对一开钻井液进行预处理，钻进中不断补充天然高分子包被抑制剂 IND30 胶液，含量保持在 0.1%~0.3%，使用好固控设备除泥器和离心机，清除钻井液中低密度固相和絮凝物，保持钻井液性能稳定。

(2) 由于裸眼井段较长，且地层压力系数低，因此本井的钻井液密度不宜过高，应重点做好防塌工作。

(3) 确保井眼清洁，体系中固体聚合醇 PGCS-1 含量均保持在 5%左右，无荧光白沥青 NFA-25 含量均保持在 3%左右，以满足润滑防卡的要求。

(4) 为确保体系的抑制性，必须适当加大天然高分子包被抑制剂 IND30 的用量，在井浆中的含量不低于 0.4%，要经常补充，确保有效含量，控制好造浆，泥岩防膨胀，砂岩防垮塌，确保井壁的稳定性，API 滤失量必须控制在 5mL 以内。

(5) 充分利用固控设备，及时清除劣质固相，保持井浆的清洁，提高钻井液的携岩能力，防止钻头的泥包。根据井下实际情况，随时调整钻井液性能，满足井下的要求，保证井眼的稳定。

(6) 进入目的层前，调整好钻井液性能，加入井壁抗压稳定剂。

(7) 每次起钻前要确定井下油、气、水层的钻开情况，搞短程起下钻，测量循环周，确定油、气、水的上窜速度在安全范围内，方可起钻。起钻灌好钻井液，防止井喷或井下其他复杂情况发生。

(8) 完井作业时，保持钻井液流变性的同时，适当降低黏度和切力，除去"滞留层"。在下套管前通井时，彻底将井眼循环、清洗干净后，保证套管顺利下至井底及后续作业的正常施工。

(9) 水平位移较大，钻进过程中应注意强化钻井液的携岩性能及润滑防塌能力，确保井壁稳定和井眼清洁。

（10）储备80m³密度为1.30g/cm³钻井液备井控用。

四、两性离子型聚合物钻井液的配制

两性离子聚合物钻井液是将两性离子聚合物作为主处理剂的钻井液体系。通过学习了解目前常用的两性离子型聚合物钻井液处理剂的分类、功用及性能特点，学会配制两性离子型聚合物钻井液。

（一）两性离子型聚合物钻井液

两性离子聚合物是指分子链中同时含有阴离子基团和阳离子基团的聚合物，与此同时它还含有一定数量的非离子基团，以两性离子聚合物为主处理剂配制的钻井液称为两性离子聚合物钻井液。由于引入阳离子基团，聚合物分子在钻屑上的吸附能力增强，同时可中和部分钻屑的负电荷，因而具有较强的抑制钻屑分散的能力，从而在现场上，特别是对地层造浆比较严重的井段，可更好地实现聚合物钻井液不分散低固相的效果。

目前现场应用的两性复合离子聚合物处理剂主要有两种：一是降黏剂；二是絮凝剂，也称强包被剂。两性复合离子聚合物靠强包被作用提高抑制性，而不影响钻井液的其他性能，甚至会有所改善。常用的两性离子型处理剂如下。

1. 两性离子型聚合物强包被剂FA367

（1）产品描述：两性离子聚合物强包被剂FA367，是由丙烯酰胺、二甲基二烯丙基氯化铵共聚而成，是一种含有阳离子基团的共聚物，用作水基钻井液的页岩包被抑制剂、控制低固相水基钻井液的流型。

（2）用途：包被、抑制分散、改变钻井液的流变参数。

（3）优点：在较低加量下效果明显；抗盐、抗钙、抗温。

（4）物理性质：易分散的粉末状固体。

（5）推荐用量：淡水钻井液为0.2%~0.4%；饱和盐水钻井液为1%~1.5%。

（6）分类：页岩包被抑制剂。

2. 两性离子聚合物降黏剂XY27

（1）产品描述：两性离子聚合物降黏剂XY27，是由丙烯酸、丙烯酰胺、二甲基二烯基氯化铵共聚而成，是一种含有阳离子基团的共聚物。它是一种水基钻井液的降黏剂，用于控制水基钻井液的流型。

（2）用途：包被、抑制分散；改变钻井液的流变参数。

（3）优点：在较低加量下效果明显；抗盐、抗钙、抗温。

（4）物理性质：易分散溶解的粉末状固体。

（5）推荐用量：海水钻井液为0.2%~0.4%；饱和盐水钻井液为1%~1.5%。

（6）分类：降黏剂。

（二）两性离子型聚合物防塌钻井液的配制

1. 配制方法

（1）基浆按60∶3∶1000（土∶Na_2CO_3∶H_2O）配制，聚合物类处理剂配成1%~2%的水溶液（混合胶液也可），水化均匀待用。

（2）按照配方比例将各种处理剂加入水化基浆中，调节膨润土适当后，循环均匀，调

节好各种性能,加重。

(3) 也可保留部分无固相井浆,按配方补足基浆、处理剂,调节好性能加重。或在不分散低固相井浆中直接加入各种两性离子型处理剂,调节好性能,增大防塌润滑剂加量,控制失水加重即可。

2. 调整原则

(1) 两性离子聚合物、KCl、沥青类、生石灰是提高体系防塌能力的关键,保证体系中两性离子型聚合物(FA367、XY-27、KCl、K-PAM、NRF)含量是保证体系防塌性能的首要原则。

(2) 聚合物溶液、基浆均要水化充分。

(3) 配方中润滑剂和树脂主要依据起下钻阻卡和预计污染程度确定处理剂的含量。

(4) 坚持大小分子聚合物复配,调整流变性和失水量。聚合物降失水剂的首次入井量较大,可以干粉和以胶液形式加入。

3. 适用范围

(1) 适用于地层倾角小于 45°裂缝构造区块的易塌层钻进。

(2) 该体系具有一定的抗污染、抗温能力,性能调节方便,也可作为其他地层快速钻进的钻井液体系。

4. 维护要求

(1) 维护补充以两性离子型聚合物胶液为主。间断补充膨润土浆、小分子聚合物。

(2) 通过加入降滤失剂和防塌润滑剂,保持优良的钻井液质量,API<8mL。

(3) 清除劣质固相含量,提高净化设备使用效果。

(4) 进膏盐层前,补充适量的护胶剂 SMP,可保持一定的抗污染能力。

项目五　油基钻井液的配制

一、全油基钻井液的配制

(一) 全油基钻井液的组成

1. 分散介质——柴油

全油基钻井液是以沥青为主要的分散相,因此柴油的性质对沥青在该类钻井液中的作用有很大的影响,为使该类钻井液具有钻井工程所需要的结构特性,应当选用石蜡含量在 40%左右且芳香烃含量小于 20%的柴油较为合适。

2. 分散相——氧化沥青

油基钻井液中的沥青主要通过所含的沥青质的多少起作用,沥青质在沥青中含量的高低可由其软化点来衡量。沥青的软化点越高,则其所含的沥青质越多。因而,采用低软化点的沥青就无法配出所需要的静切力和较低滤失量的钻井液。

3. 有机土

有机土的主要作用是提高钻井液的黏度和切力以及降低滤失量,在钻井液中的加量一般在 3%~5%的范围内。

4. 稳定剂及乳化剂

全油基钻井液主要采用有机酸的皂类作为稳定剂，如硬脂酸、环烷酸、油酸、十二烷基苯磺酸及氧化石蜡等。这些有机酸的钙皂热稳定性好，也可采用有机酸酰胺盐，它们可以吸附在沥青颗粒、有机土、石灰石、重晶石等分散相的表面形成亲油胶团，并且在其周围能够形成油膜起到稳定体系的作用，依靠胶团间分子的引力，连接形成网架结构，具有一定的强度，从而使体系获得较高的黏度和切力并且能够降低滤失量。

5. 热稳定剂——生石灰

热稳定剂在体系中可与有机酸形成钙皂，增加体系的热稳定性。生石灰在体系中吸水形成很细的氢氧化钙，呈细分散状态，从而提高体系的结构强度，增加体系热稳定性。同时，生石灰还可吸收体系中多余的外来水分，控制体系的含水率。生石灰也可用来调整体系的pH 值，以满足体系的要求及提高热稳定性。

6. 加重剂

常用的钻井液加重剂有石灰粉、重晶石粉及铁矿粉，可根据体系所需密度加以选用。用于配制油基钻井液的加重剂应选亲油性强的，若加入亲水性强的加重剂如重晶石粉，应以润湿剂（如阳离子活性剂）处理，使其表面转化为亲油者方可使用，否则不利于重晶石的悬浮。

(二) 全油基钻井液的现场配制及维护

1. 现场配制工艺

为了配制的安全和防止雨水侵入而影响钻井液性能，在配制前，应对钻井液罐和固控系统设置防雨栅，并安装加热管线，钻具配备防喷器，采用防爆电气并备有防火设施。在配制时，按所需各种药剂的数量以柴油→有机土→氧化沥青→乳化剂→石灰粉→加重剂的顺序。在预热到30~50℃的4号钻井液罐中，用混合漏斗加料，钻井液枪反复冲刺而进行配制。其中在加完柴油、沥青、有机土后用泵在较高泵压下进行循环冲刺1h，待亲油胶体全部分散在油中后，再加入其他材料，然后再测体系的流变性能，当其动切力达到4.0MPa左右时，就可按照密度的要求进行加重。每次配制20m^3，性能合格后再加入1、2号罐储放待用。

2. 顶替作业

为防止全油基钻井液串槽造成污染，破坏性能。在顶替全油基钻井液前，必须先打入4m^{3}柴油做隔离液，随后迅速泵入配好的钻井液，直到井内的水和混水柴油全部从防喷器管线排出为止，才算完成部分作业。

（1）处理好待顶替的水基钻井液的性能。这是所有必需条件中最关键的。待顶替的钻井液在井下应该是均匀液体且没有局部强凝胶体。因为凝胶钻井液可能引起窜槽而导致在井中留下未被顶替出的水基钻井液。一旦油基钻井液充满循环系统，再清除留下的水基钻井液几乎是不可能的，因为这部分水基钻井液需要大量的化学处理剂才能使它融入油基钻井液中。

（2）上提、下放并旋转活动钻具，这样将有助于松开凝胶钻井液和可能留在井里的滤饼，也有助于校直钻杆和井眼之间的偏心距，以消除液流中的"死点"。

（3）隔离液的使用有助于分开两种不相容的体系，隔离液正常的长度应当不小于150m，最佳长度为300m。可使用各种类型的隔离液，然而用清水再接一段胶凝的油基钻井液最为适用。

(4) 在顶替期间泵速要慢，平板型的层流有利于顶替，同时也有附加的时间。虽然紊流是最好的顶替模式，但由于全油基钻井液的压力效应很难获得紊流。

3. 维护处理

首先应及时掌握井内钻井液的性能变化情况，故每班必须至少测定钻井液性能一次。要确保漏斗黏度低于60s，初切力在4.0Pa以上，含水率小于2%。该类钻井液在正常情况下性能都比较稳定，变化幅度微小，无须进行大型处理。若出现性能上的波动或变化，大多是由于钻屑混入数量较大（即固控不佳造成的）或钻遇水层侵入钻井液所致。

(三) 全油基钻井液的适用范围

全油基钻井液具有强抑制、抗高温、抗污染等特性，有利于保护油层。适用于钻复杂地层，如水敏性强的地层、深井高温高压地层、巨厚盐膏层和盐岩地层等，其优越性是水基钻井液不能比拟的。目前，油基钻井液已成为钻高难度、高温深井、大斜度定向井、水平井和各种复杂井的重要手段。

二、油包水乳化钻井液的配制

油包水乳化钻井液是以水为分散相，油为连续相，并添加一定量的乳化剂、润滑剂、亲油胶体及加重剂所形成的稳定的乳状液体系。通过学习要了解油包水乳化钻井液的组成、分类及性能特性，同时学会配制油包水乳化钻井液。

(一) 油包水乳化钻井液的组成

1. 基油

油包水乳化钻井液中的用作连续相的油称为基油，目前常使用的基油为柴油和各种低毒的矿物油，柴油用作基油时应具备以下的条件：

(1) 为确保安全，所用柴油的闪点和燃点应分别在82℃和93℃以上。

(2) 因为柴油中的芳香烃对钻井设备的橡胶部件有腐蚀作用，因此芳香烃含量不应过高要求柴油的苯胺点在60℃以上。苯胺点是等体积的油和苯胺相互溶解时的最低温度。苯胺点越高，表明油中烷烃含量越高，芳香烃含量越低。

(3) 为有利于对流变性控制和调整，钻井液黏度不宜过高。

2. 水相

淡水、盐水、海水均可用作油包水乳化钻井液的水相。通常使用含一定量 $CaCl_2$ 或 $NaCl$ 的盐水，主要目的在于控制水相活度，以防止泥页岩地层的水化膨胀，保证井壁稳定。

油包水乳化钻井液的水相的含量通常用油水比来表示。一般情况下，水相含量为15%~40%，最高可达60%，并且不低于10%。

3. 乳化剂

为了形成稳定的油包水乳化钻井液，必须正确选择使用乳化剂。乳化剂的作用机理是：

(1) 在油—水界面上形成一定强度的吸附膜；

(2) 降低油水界面的张力；

(3) 增加外相的黏度。

以上三方面均可阻止分散相液滴自动聚集变大，从而使乳状液稳定。其中又以吸附膜强度最为重要，被认为是乳状液能否能够保持稳定的决定性因素。

4. 润湿剂

大多天然矿物是亲水性的。当重晶石粉和钻屑等亲水的固相颗粒进入油包水型钻井液时，它们趋向于与水结合发生聚结，引起黏度升高和沉降，从而破坏乳状液的稳定性，与水基钻井液相比，油包水钻井液的切力较低，如果重晶石和钻屑维持其亲水性，则其在钻井液中的悬浮就十分困难。为避免上述情况发生，有必要在油相中添加润湿剂，润湿剂是具有两亲结构的表面活性剂，分子中亲水端与固体表面具有很强的亲和力，当这些分子聚集在油和固体的界面上并将其亲油端指向油相时，原亲水的固体表面就会变成亲油，这一过程被称为润湿反转。

润湿剂的加入使得刚进入钻井液中的重晶石和钻屑颗粒表面迅速转变为油润湿，从而保证其能良好地悬浮在油相中。

5. 亲油胶体

习惯上将有机土、氧化沥青及亲油的褐煤粉、二氧化锰等分散在油包水乳化钻井液油相中的固体处理剂称为亲油胶体，其主要作用是作增黏剂和降滤失剂。其中最普通的是有机土，其次是氧化沥青。有了这两种处理剂，可使油基钻井液的性能随时进行必要调整。有机土是由亲水膨润土与季铵盐类的阳离子表面活性剂发生作用后制成的亲油黏土。所选择的季铵盐必须具有很强的润湿反转作用，目前常用的是十二烷基三甲基溴化铵和十二烷基二甲基苄基溴化铵。

有机土很容易分散在油中起到提黏和悬浮重晶石的作用，在100mL油包水乳化钻井液中只需要加入3g有机土便可悬浮200g左右的重晶石粉。有机土在一定程度上还增强了油包水乳状液的稳定性，起固体乳化剂的作用。

氧化沥青是将普通石油沥青经加热吹气氧化处理后与一定比例石灰混合而成的粉剂产品，常用作油包水乳化钻井液的悬浮剂、增黏剂和降滤失剂，也能提高体系的抗高温性。它主要由沥青质和胶质组成，是最早使用的油基钻井液处理剂。早期使用的油基钻井液中，氧化沥青的用量较大，可将油基钻井液的API滤失量降低为零，高温高压滤失量可控制在5mL以下，但它的最大缺点是对提高机械钻速不利，因此在目前常用的油基钻井液中，已对其限制使用。

6. 石灰

石灰是油基钻井液中的必要成分，其主要作用有以下几个方面：

（1）提供的Ca^{2+}有利于二元金属皂的生成，从而保证所添加的乳化剂可发挥效能。

（2）维持油基钻井液的pH值在8.5~10范围，有利于防止钻具腐蚀。

（3）可防止地层中CO_2和H_2S等酸性气体对钻井液污染。

（4）在油基钻井液中，未溶$Ca(OH)_2$的量应保持在0.43~0.72kg/m³范围内；或将钻井液的甲基橙碱度控制在0.5~1.0cm³，当遇到CO_2或H_2S污染时应提高至2.0cm³。

7. 加重材料

重晶石粉是最重要的加重材料。对于油基钻井液，加重前应调整好各项性能，油水比不宜过低，并适当多加一些润湿剂和乳化剂，使重晶石加入后，能将其颗粒从亲水转变为亲油，从而能够较好地分散和悬浮在钻井液中。

对于密度小于1.68g/cm³的油基钻井液可用碳酸钙作为加重材料。虽然密度只有2.7g/cm³，比重晶石低得多，但它的优点是比重晶石更易被油润湿，并且具有酸溶性，可兼作保护油气层的暂堵剂。

(二) 油包水乳化钻井液的应用范围

(1) 任何易出问题的页岩，包括水化性能极强和水化性能差但容易破碎、垮塌的页岩。
(2) 经常发生压差卡钻的地层。
(3) 井底温度过高致使水基钻井液难以对付的地层。
(4) 各种污染物质使得水基钻井液难以对付的地层，特别是盐膏层。
(5) 大斜度定向井和水平井。
(6) 敏感的生产层，因为与其他类型的钻井液相比，油基钻井液对储层的伤害相当小。

(三) 常见油包水乳化钻井液处理剂

1. Span-80

(1) 产品描述：Span-80 在油水两相体系中起到良好的乳化作用。
(2) 用途：油包水逆乳化钻井液、油包水逆乳化解卡剂的乳化剂。在深井加重钻井液中起到乳化、润滑防卡及提高稳定性的作用。
(3) 优点：抗温性好；使用、存放方便。
(4) 物理性质：外观为流动的黏稠状液体；易分散于柴油。
(5) 推荐用量：$2\sim20\text{kg/m}^3$。
(6) 作用：乳化剂。

2. 烷基磺酸钠

(1) 产品描述：白色或淡黄色粉状，溶于水成半透明液体，对碱、酸、硬水较稳定。
(2) 用途：钻井液发泡剂、在油包水钻井液中起乳化、降低表面张力、清洁的作用。
(3) 优点：抗温性好；使用、存放方便。
(4) 物理性质：白色或淡黄色粉状，易分散于水。
(5) 推荐用量：$1\sim20\text{kg/m}^3$。
(6) 作用：乳化剂。

3. 烷基苯磺酸钙

(1) 产品描述：棕红色黏稠状液体，亲油性强，能与低碳醇、芳香类混溶。溶于水呈半透明液体，对碱、酸、硬水较稳定。
(2) 用途：在钻井液油包水中起到乳化、降低表面张力、清洁的作用。
(3) 优点：抗温性好；抗破乳能力强。
(4) 物理性质：易分散于水的白色或淡黄色粉状固体。
(5) 推荐用量：$1\sim20\text{kg/m}^3$。
(6) 作用：乳化剂。

4. 硬脂酸

(1) 产品描述：白色或微黄色块状、粒状或片状。不溶于水，溶于醚、醇等有机溶剂。
(2) 用途：在钻井液油包水中起到乳化作用。
(3) 优点：抗温性好，抗破乳能力强。
(4) 物理性质：易分散于水的白色或黄色固体。
(5) 推荐用量：$5\sim40\text{kg/m}^3$。
(6) 作用：乳化剂。

5. 油酸

(1) 产品描述：白色或微黄色块状、粒状或片状。不溶于水，溶于醚、醇等有机溶剂。

(2) 用途：在钻井液油包水中起到乳化作用。

(3) 优点：抗温性好；抗破乳能力强。

(4) 物理性质：易分散于水的淡黄色或黄棕色液体。

(5) 推荐用量：5~40kg/m³。

(6) 作用：乳化剂。

6. 氧化沥青粉

(1) 产品描述：氧化沥青是一种将普通石油沥青经加热吹气氧化后与一定比例的石灰混合而成的粉剂产品。

(2) 用途：用于油基钻井液的降滤失剂；用于油基钻井液的悬浮剂、增黏剂；改善油基钻井液高温分散的稳定性。

(3) 优点：易分散于柴油；抗温能力强。

(4) 物理性质：易溶于水的粉末状固体。

(5) 推荐用量：1%~3%。

(四) 推荐配方及其性能参数

一种优质的油基钻井液的配方，是对各种组分进行优化组合的基础上形成的。配方优化设计的基本原则是：

(1) 有很强的针对性。

(2) 应满足地质、钻井工程和保护油气层对钻井液各项性能指标的要求。

(3) 原料来源简单，成本较低。

项目六　应会技能训练

——钻井液的配制

一、配制使用钙处理钻井液

(一) 学习目标

掌握钙处理钻井液的配置方法及体系特点。

(二) 准备工作

(1) 穿戴好劳保用品。

(2) 备好配制罐和储备罐。

(3) 备足钻井液处理剂，据钻井液体系选择相应的絮凝剂、降黏剂、降滤失剂、氯化钙等。

(4) 备足黏土、烧碱等。

(5) 检查固控设备、搅拌器、剪切泵、混合漏斗确保运转正常好用，检查配制罐、储备罐保持清洁，水源充足等。

（三）操作步骤

（1）计算配制总量和确定所需相应处理剂量。

（2）在配制罐中加入定量清水，然后加入烧碱溶解。

（3）开启剪切泵、使用混合漏斗加入纯碱、黏土搅拌水化后，再加入氯化钙、降失水剂及流型调节剂，搅拌水化。

（4）测量性能达标后，储备在储备罐中。

（四）技术要求

（1）配制时应首先加入纯碱或烧碱，有利于黏土水化分散。

（2）把配制好的钻井液打入储备罐静置24小时后方可使用。

（五）相关知识

（1）无机絮凝剂。主要作用是提供Ca^{2+}，使部分钠土转化为钙土，使黏土形成一定的絮凝，多用石灰、石膏、氯化钙。

（2）降黏剂。主要由单宁碱液、硅氟降黏剂、磺化褐煤等。其作用是将一定絮凝程度的黏土保护起来，拆散较大、较强的絮凝结构，使黏土处于适度的絮凝状态。

（3）降滤失剂。一般用CMC、WNP-1等处理剂降低和控制滤失量效果较好。

（4）烧碱。主要作用是调节pH值，控制石灰的溶解度，使处理剂处于溶解状态。

二、配制使用聚合物抑制性钻井液

（一）学习目标

掌握聚合物抑制性钻井液的配制方法，熟悉各体系特点及应用。

（二）准备工作

（1）穿戴好劳保用品。

（2）备足钻井液处理剂、高分子聚合物、NaOH、CMC、PHP、膨润土等。

（3）检查水源，检查固控设备、搅拌器运转是否正常。

（4）检查配制罐、储备罐。

（5）准备钻井液全套性能测试仪、pH试纸等。

（三）操作步骤

（1）计算配制钻井液所需处理剂用量和膨润土的用量。

（2）首先在注入定量水的配制罐中加入膨润土并充分搅拌，使膨润土充分水化。

（3）在配制罐中加入高分子聚合物及所用处理剂，充分搅拌均匀。

（4）测定钻井液性能及pH值。

（5）将配好的钻井液打入储备罐。

（6）清洗全部仪器。

（四）技术要求

必须注意PHP在钻井液中的含量，应根据地层的不同而异：东营组以上地层，钻井液中PHP保持0.1%~0.15%的含量；沙河街组地层，钻井液中PHP保持0.3%~0.6%的含量。NaOH加入量以保持要求的pH值为准。

（五）相关知识

模拟配制密度为 1.15g/cm³ 的聚合物抑制性钻井液 1m³，需要质量分数为 5%、水解度为 30% 的部分水解聚丙烯酰胺（PHP）2%，Na-CMC1%，膨润土若干，试计算各组分（膨润土的密度为 2.2g/cm³，水的密度为 1.0g/cm³，1m³ 水看作 1000kg）的加入量。

（1）膨润土加量的计算：

已知 $V_{钻}=1m^3$，$\rho_{土}=2.2g/cm^3$，$\rho_{钻}=1.15g/cm^3$，$\rho_{水}=1.0g/cm^3$，得

$$m_{土}=\frac{V_{钻}\rho_{土}(\rho_{钻}-\rho_{水})}{\rho_{土}-\rho_{水}}=\frac{1\times10^6\times2.2\times(1.15-1.0)}{2.2-1.0}=2.75\times10^5(g)=275(kg)$$

（2）PHP 加入量的计算：1000×2%=20(kg)（约 20L）

（3）Na-CMC 加入量的计算：1000×1%=10(kg)

答：膨润土加入量为 275kg；PHP 加入量为 20kg；Na-CMC 加入量为 10kg；

三、配制复合盐钻井液

（一）学习目标

掌握盐水（复合盐）钻井液的配制和常用抗盐处理剂的作用。

（二）准备工作

（1）穿戴好劳保用品。

（2）检查剪切泵、低压循环管线、混合漏斗、配制罐、储备罐和各处阀门，确保灵活好用。

（3）备足钻井液处理剂，如硅降黏剂、CMC、WNP-1、NaOH、NaCl、KCl、膨润土、重晶石等。

（4）钻井液全套性能测试仪、pH 试纸（1~14）。

（5）天平、高搅机、量筒、待配液、搪瓷量杯、秒表、计算器等。

（三）操作步骤

（1）计算欲配制一定浓度的盐水（复合盐）钻井液所需的处理剂用量。

（2）在配制罐中加入定量清水后，首先加入 5% 膨润土充分搅拌，使膨润土充分水化，以备使用。

（3）小型实验：取 500mL 基浆，用天平精确称取计算好的处理剂量，在低速搅拌下加入，然后充分搅拌护胶，最后加入所需 KCl、NaCl 充分搅拌，测定所配盐水钻井液的全套性能达到设计要求。

（4）按小型实验结果，在罐内加入 2/3 清水，打开剪切泵、低压循环管线、搅拌机，利用混合漏斗加入计算好的膨润土量，并充分循环搅拌预水化，然后加入烧碱、CMC（或天然高分子降滤失剂）、SPNH（抗盐褐煤）等；

最后加入 8%~15% NaCl、5%~7% KCl 充分搅拌，测定全套钻井液性能，性能要达到：FV（黏度）为 36~40s；FL（中压失水量）为 5~8mL；PV（塑性黏度）低于 18mPa·s；YP（六速黏度）为 4~8Pa；Gel（切力）为 1~3Pa（初切）/3~6Pa（终切）；pH 值为 9 左右；ρ 为 1.15~1.20g/cm³；MBT 为 40~70g/L；Cr^- 为 $(8~12)\times10^4$mg/L；K^+ 为 $(3~4)\times10^4$mg/L 以上。

（5）将配制好的盐水钻井液打入储备罐。

(四) 技术要求

(1) 小型实验所用基浆及处理剂必须严格称量。

(2) 加膨润土时,一定要使膨润土充分预水化。

(五) 相关知识

配制量计算同配制聚合物抑制性钻井液膨润土用量。

四、使用老浆转复合盐钻井液处理

(一) 学习目标

掌握使用老浆转复合盐钻井液处理方法。

(二) 准备工作

(1) 穿戴好劳保用品。

(2) 老浆准备:提前接设计钻井液密度准备60%循环量的老浆,老浆到井后应取样进行黏度、膨润土含量、滤失量、密度、pH值等分析测定。

(3) 备足钻井液处理剂,如硅氟降黏剂、CMC、WNP-1、NaOH、NaCl、KCl、膨润土、重晶石等。

(4) 钻井液全套性能测试仪、pH试纸(1~14)、天平、高搅机、量筒、搪瓷量杯、秒表、计算器等。

(5) 检查固控设备、剪切泵、混合漏斗、搅拌器和各处阀门等,确保灵活好用。

(6) 结合老浆及井浆性能,调节老浆、井浆、清水加量,通过室内小型实验确定各流体加量,转换完性能应基本达到以下性能:FV 为 36~40s;密度接近设计密度;FL 为 5~10mL;Gel 为 1~2Pa/2~4Pa;PV 低于 15mPa·s;YP 为 4~6Pa。

(7) 准备好泵或倒好阀门,将老浆充分搅拌,清空敞口罐,循环罐液面尽量控制在最低位,组织好人员,循环罐与钻台保持通信畅通,准备替换老浆入井。

(三) 操作步骤

(1) 按小型实验对应的各流体量,打开进浆口阀门,在上水罐加入老浆、清水,同时1号罐出口排放井浆,确保在上水罐混合入井的钻井液达到预期性能范围。替浆应在一个循环周内完成,要保持连续循环,钻具保持连续活动,中间不要接单根(立柱)。

(2) 要控制地面钻井液循环量,替浆完成后液面不要太高,要预留出混入膨润土浆的空间。要及时进行性能及滤液分析测定,为进一步性能调整提供依据。

(3) 替浆完成后要根据钻井液性能进一步护胶,护胶材料应使用剪切泵和混合漏斗按循环周加入,并补充 NaCl、KCl 加量,推荐性能控制范围:FV 为 36~40s;FL 为 5~8mL;PV 低于 18mPa·s;YP 为 4~8Pa;Gel 为 1~3Pa/3~6Pa;pH 为 9 左右;Cl^- 为 (8~12)×10^4mg/L;K^+ 为 (3~4)×10^4mg/L;密度、膨润土含量结合设计密度确定。护胶材料:设计 3500m(垂深)以浅的井,宜选用 CMC 或天然高分子降滤失剂、褐煤树脂或抗盐褐煤类降滤失剂、磺化酚醛树脂;设计 3500m(垂深)以深的井,宜选择磺酸盐共聚物、抗高温淀粉、褐煤树脂或抗盐褐煤类降滤失剂、磺化酚醛树脂。

(4) 性能稳定后,如果黏切过低,应适度提高钻井液静切力、动切力及零切力,提高携岩能力。转浆后，如有停泵上提下放钻具遇阻卡、开泵憋泵等异常显示，不得盲目接单根（立柱）、短起下或停泵修理，要保持循环，同时进一步提高钻井液流变参数。要逐步改善滤失造壁性能，滤饼质量要薄、致密、坚韧、光滑，摩擦系数要降低。

（四）技术要求

（1）保持盐含量及抑制能力：根据进尺及滤液分析，及时补充 NaCl、KCl 加量，KCl 含量要不低于 6%，Cl^- 含量 $(8\sim12)\times10^4$mg/L 之间，同时保持胺基聚醇加量不低于 0.5%。

（2）土浆加量应结合膨润土含量、滤饼质量、流变参数等确定。

五、使用井浆直接转复合盐钻井液处理

（一）学习目标

掌握使用井浆直接转复合盐钻井液处理方法。

（二）准备工作

（1）穿戴好劳保用品。

（2）井浆分析：除了漏斗黏度、密度基本性能外，有条件的还要进行滤液分析、膨润土含量测定。

（3）备足钻井液处理剂，如硅氟降黏剂、CMC、WNP-1、NaOH、NaCl、KCl、膨润土、重晶石等。

（4）钻井液全套性能测试仪、pH 试纸（1~14）、天平、高搅机、量筒、搪瓷量杯、秒表、计算器等。

（5）检查固控设备、剪切泵、混合漏斗、搅拌器和各处阀门等，确保灵活好用。

（6）小型实验：根据井浆性能，初步确定是否需要清水稀释，如需要确定加量，然后用 1.5%~2%CMC（天然高分子降滤失剂）、1%~1.5%SPNH（抗盐褐煤）护胶，测定滤失量及流变参数，滤失量应低于 5mL，加入 NaOH 溶液调节并保持 pH 值为 9~10。分别加入 8%~15% NaCl、6%KCl，转换完性能应基本达到以下性能：BV 为 36~40s，密度接近设计密度，FL 低于 8mL，Gel 为 1~2Pa/2~4Pa，PV 低于 15mPa·s，YP 为 3~6Pa。所有处理剂加入应使用托盘天平、量筒（量杯）精确量化，使用高搅机高搅至处理剂充分溶解。如小型实验加盐后稠化明显，可对井浆按更大比例清水稀释，也可加大护胶材料加量，滤失量超标可加大 CMC（天然高分子降滤失剂）加量，直至实验结果达到预期。

（7）盐浆转换工作量较大，要合理组织好人员，循环罐与钻台保持通信畅通，要保持连续循环，钻具保持连续活动，中间不要接单根（立柱）。

（三）操作步骤

（1）转换顺序为：按小型实验结果，在 1 号罐出浆口先排放井浆，清水稀释（如膨润土含量不高可省略），完成后地面钻井液循环量要预留空间；按小型实验结果，打开剪切泵，进浆口阀门，利用混合漏斗按循环周加入 CMC（天然高分子降滤失剂）、SPNH（抗盐褐煤）护胶；按小型实验结果，加入 10%~15%NaCl、6%KCl；转换完，循环两周后，测定全套钻井液性能，进行再调整，性能要达到：FV 为 36~40s；FL 为 5~8mL；PV 低于 18mPa·s；YP 为 4~8Pa；Gel 为 1~3Pa/3~6Pa；pH 为 9 左右；Cl^- 为 $(5\sim10)\times10^4$mg/L；K^+ 为 $(3\sim4)\times10^4$mg/L 以上；密度、膨润土含量结合设计密度确定。

（2）加水稀释要在一个循环周内完成，护胶可在两个循环周内完成，每一步都要严格

按小型实验加量进行,每一步都要测定性能,如与小型实验结果差距大要及时分析原因,不要盲目处理。

(3) 性能稳定后,如果黏切过低,适度提高钻井液静切力、动切力,提高携岩能力。转浆后,如有停系上提下放钻具遇阻卡、开泵憋泵等异常显示,不得盲目接单根(立柱)、短起下或停系修理,要保持循环,同时进一步提高钻井液流变参数。要逐步改善滤失造壁性能,滤饼质量要薄、致密、坚韧、光滑,摩擦系数要降低。

(四) 技术要求

(1) 保持盐含量及抑制能力:根据进尺及滤液分析,及时补充 NaCl、KCl 加量,KCl 含量要不低于 6%,Cl^- 含量为 $(8\sim12)\times10^4$ mg/L,同时要保持胺基聚醇加量不低于 0.5%。

(2) 土浆加量应结合膨润土含量、滤饼质量、流变参数等确定。

学习情境三　钻井液固控设备的使用与维护

📖 知识目标

(1) 掌握钻井液固相控制的方法；
(2) 了解钻井液固控设备的分类及功用；
(3) 掌握钻井液固控设备的结构原理及使用方法；
(4) 掌握钻井液固控设备的维护保养方法。

📖 技能目标

(1) 会用固控设备对钻井液进行固相控制操作；
(2) 会正确操作钻井液固控设备；
(3) 会对钻井液固控设备进行维护保养操作。

📖 思政要点

1949年前，我国石油工业非常落后，设备差，生产能力小，石油的总产量只有278万吨。1949年后，我国政府大力发展石油工业，从1949年只有12.2万吨到1952年的43.6万吨（增速357%）；到第一个五年计划结束前（1957年）达到150万吨（是1949年的12倍多）。这里面既有石油设备的发展、石油人的付出，也与钻井液和其固控设备的发展迭代有关。

尽管自改革开放以来，我国原油产量突飞猛进，1978年已经突破1亿吨，1990年接近1.4亿吨。然而从1993年开始，我国还是逐步成为世界最主要石油进口国，我国能源危机一直都在，这需要我们每一个石油人来护佑。

项目一　固控设备

随着石油勘探开发工作的发展，钻井深度不断增加，钻遇地层日益复杂，特别是国内外新型钻井技术的发展（如深井、超深井、水平井、丛式井等钻井技术），对钻井液净化与固相控制提出了更严格的要求。目前，国内外钻井队普遍配备振动筛、除砂器、除泥器（旋流器）、真空除气器、离心分离机等组成的三级或四级钻井液固相控制设备。

一、振动筛

振动筛是一种过滤性的机械分离设备。井内返出的钻井液首先通过振动筛，然后再进入其他的固控设备。振动筛具有最先、最快分离钻井液固相的特点，担负着清除大量钻屑的任务。如果振动筛发生故障，其他固控设备（除砂器、除泥器、离心机等）都会因超载而不能正常、连续地工作。因此,它是钻井液固控的关键设备。

振动筛利用高频振动作用将流经筛布上的钻井液实现固相分离,即颗粒直径大于筛孔的固相颗粒通不过筛孔而从筛布上向前移动,而小于筛孔直径的固相颗粒连同钻井液通过筛布流入钻井液槽。

振动筛的筛布有多种孔眼型号,应根据返出钻井液中岩屑及固相的尺寸、各种尺寸固相的百分含量来选择合适目数(在泰勒标准筛中,网目就是2.54cm,即每英寸长度中的筛孔数目,简称为目)的筛布。一般振动筛使用40~200目的筛布,振动筛主要是清除74μm以上的岩屑和砂粒。

(一) 结构原理

作为第一级固相控制设备的振动筛,是钻井液净化设备中最重要的设备,通常安装在位于罐组中第一个循环罐上面。振动筛主要由底座、出砂口、激振电动机、筛箱、筛网、进浆口、减振器等部件组成。它的作用是除掉从井口返回的钻井液中较粗的固相颗粒。振动筛是一种过滤性的机械分离设备。它通过机械振动将粒径大于网孔的固相和通过颗粒间的黏附作用将部分粒径小于网孔的固相筛离出来。从井口返出的钻井液流经振动着的筛网表面时,固相从筛网尾部排出,含有粒径小于网孔固相颗粒的钻井液透过筛网流入循环系统,从而完成对较粗固相颗粒的分离作用,如图3-1-1所示。

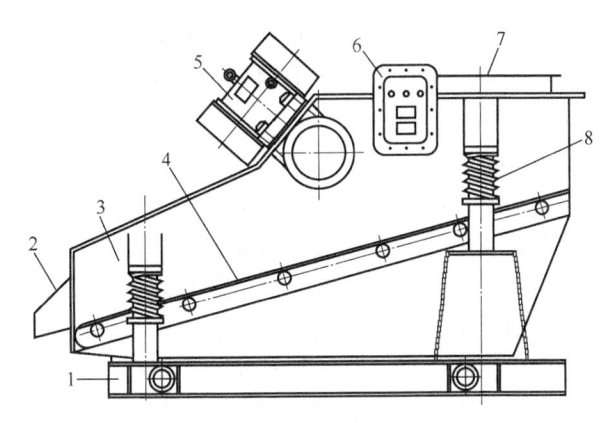

图3-1-1 振动筛结构示意图

1—底座;2—出砂口;3—筛箱;4—筛网;5—激振电动机;6—控制电箱;7—进浆口;8—减振器

(二) 技术性能

1. 筛网

振动筛原使用筛网为40目、60目、80目较多,随着对钻井液固相控制意义认识的不断提高,现在逐步采用100目、120目、150目的筛网,现场使用最密的筛网为240目。由此可知,振动筛主要是清除粒径为0.075mm或更大的钻屑、砂粒。

2. 振动筛的分离能力和处理量

振动筛的分离能力是指能分离出一定数量的最小颗粒的直径。振动筛的处理量是指单位时间内,振动筛按一定质量要求处理钻井液的能力。影响振动筛分离能力和处理量的因素很多,包括振击力的大小、振动频率的高低、振幅的大小、筛网上质点的轨迹、钻井液的类型和性能、筛网目数、网孔形状及筛网面积等。从现场使用的角度来看,首先要根据井内钻井液中钻屑及固相的尺寸和各种尺寸的固相含量来选择合适目数的筛网，不能太粗或太细；其次是调整好钻井液性能，使钻井液具有良好的流动性和较低的黏度和切力。

3. 筛箱

筛箱通常安放在弹簧振子上；为上下敞开的矩形结构，筛箱的底面固定筛网；采用软（硬）勾边筛网，横向绷紧，螺栓拉紧，这样使绷紧安全可靠，不易损坏筛网。

4. 振动装置

振动装置一般由两台激振电动机和偏心激振梁组成，且与筛箱安装在一起。激振电动机驱动偏心激振梁转动，从而使筛箱及筛网振动。

(三) 注意事项

(1) 钻进时必须坚持使用振动筛。

(2) 筛网的目数要合适。

(3) 筛网要绷紧，注意及时检查和更换，采用转筒式装置时要及时转动。

(四) 振动筛的类型及特点

通常根据筛箱的运动轨迹将振动筛分为圆形轨迹振动筛、椭圆轨迹振动筛、直线轨迹振动筛、均衡椭圆轨迹振动筛四大类，也可将振动筛分为纵向绷紧振动筛和横向细紧振动筛、单层振动筛和双层振动筛、水平振动筛、倾斜筒惯性振动筛和惯性共振筛等。国内外石油钻井主要采用惯性振动筛，惯性振动筛又可分为单轴圆形轨迹振动筛和双轴直线轨迹、直线与椭圆复合的均衡椭圆轨迹振动筛。

1. 单轴惯性圆形轨迹振动筛—圆筛

单轴惯性圆形轨迹振动筛于20世纪80年代从美国Swaco等公司引进。单轴惯性圆形轨迹振动筛是一种采用单轴偏心或单轴偏心块为激振器进行激振，使筛箱产生一种轨迹为圆形或近似于圆形的运动。根据结构上分类，单轴惯性圆形轨迹振动筛可分为简单型和自定心型两种。简单型单轴圆形轨迹振动筛的结构特点是传动皮带轮与激振轴同心，皮带轮参振，引起皮带中心距发生周期性变化，使皮带反复伸长与缩短，影响使用寿命。

单轴惯性圆形轨迹振动筛做圆形振动筛箱的法向和切向加速度相等，筛箱可以水平安装，筛网上没有堆积现象，相应地可以增大处理量，由于当法向加速度为重力加速度的3~6倍时，固相颗粒抛掷角达70°~80°，使得钻屑在下落时惯性大，碰触筛面时易碎，从而增大了砂粒的透筛率，不利于钻井液的净化。实践表明，圆形轨迹振动筛的输砂速度小，透砂率高，若配用细目筛网时，则其钻井液处理量较小，且筛网寿命过短。

2. 直线轨迹振动筛

直线轨迹振动筛由具有同质量、同偏心距的两根带偏心块的对称主轴，通过齿轮传动做同步反向旋转，形成直线筛的激振器，使筛箱产生直线振动（图3-1-2）。

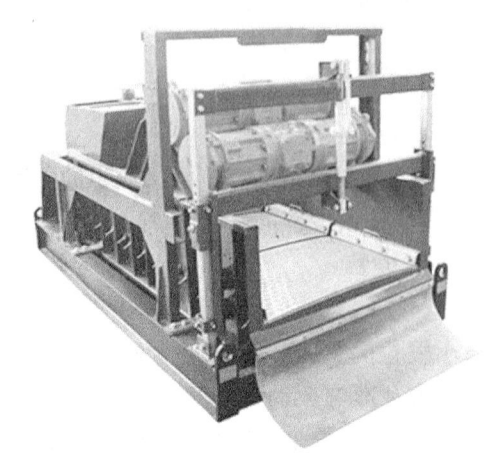

图 3-1-2 直线轨迹振动筛实图

直线振动筛的特点如下：一是钻屑在筛面上

运动规则，排钻屑流畅，使得其处理钻井液的能力比圆形或椭圆振动筛的大得多、好得多；二是可以使用超细筛网，且筛网受力均匀，其寿命明显优于圆形或椭圆振动筛筛网的寿命；三是筛面可以水平安装，所以可以降低振动筛的整体安装高度。但是直线筛也有它的弱点，由于直线筛振动方向不变，作用在卡入筛网孔里的颗粒上的加速度矢量不变（即沿着振动方向），没有圆筛那种"搓揉"动作，使得卡入筛网孔里的颗粒不易脱落，而出现"筛糊"现象，使得筛网的有效过流面积减小，造成处理量下降，而且当筛网目数增大时，筛糊现象会更严重。

筛箱产生均衡直线振动的条件是：
(1) 激振力应通过筛箱的质心。
(2) 弹簧的规格、性能应一致，且应对称于筛箱重心布置。
(3) 驱动振动筛的双电动机应是同型号、同批次、同厂家的电动机，以确保电动机的特性系数尽可能一致，避免产生异常振动。
(4) 若筛箱的刚度不够，将影响其自同步运转，所以筛箱应有足够的刚度。

3. 椭圆轨迹振动筛

椭圆轨迹振动筛（图 3-1-3）有非均衡与均衡振动筛两种，其激振器类似于直线筛的激振器的结构，但两轴的质量不相等，一轴质量较大，一轴质量较小，形成主副型激振方式。虽然两轴然同步反向运转，但筛箱的运动轨迹却是一个椭圆。

1）非均衡椭圆轨迹振动筛

非均衡椭圆轨迹振动筛综合了直线筛和圆形筛的优点，是在筛箱质心的正上方安装激振装置。使其筛箱上有一个旋转着的加速度矢量，横向振幅大于法向振幅，横向振幅与法向振幅的比值大于圆形振动的比值。但筛面上各处的椭圆运动轨迹的长轴和短轴不同，抛掷角的大小各方向也不一致，所以这种筛称为非均衡椭圆轨迹振动筛。其特点在于：筛面上物料极易分散，堵塞筛网的可能性小；它的平均水平输送速度也大于圆形振动的振动筛。但钻井液的处理效果仍然不太理想。因此，普通椭圆振动筛的筛箱必须倾斜一个角度（前低后高），利用重力强行排砂。这种振动筛处理钻井液的量不及直线筛的大，这正是普通椭圆的主要缺点。

图 3-1-3 椭圆轨迹振动筛实图

非均衡椭圆轨迹振动筛的结构特点是：
(1) 主副激振器的激振合力中心与筛箱质心不重合。
(2) 筛箱存在扭振现象。

2）均衡椭圆轨迹振动筛

均衡椭圆轨迹振动筛则是一种综合了直线振动筛和椭圆振动筛优点的新型振动筛。筛箱各处所有椭圆的运动轨迹的长轴和短轴相同，抛掷角的大小和方向完全一致，筛箱处于平动状态，因此而"均衡"。在筛箱的进口处、中点和出口处的输砂速度是一致的。均衡椭圆轨迹振动筛的优点在于：椭圆"长轴"强化了岩用输送的能力，而"短轴"可促使筛箱具有"搓揉"动作，减少了岩屑在筛面上的"黏筛"现象。在一般情况下，均衡椭圆迹振动筛的处理量较直线筛的大 20%~30%。

均衡椭圆轨迹振动筛的结构特点如下：

（1）主副激振器的激振合力中心与筛箱质心完全重合。

（2）隔振弹簧按筛箱质心对称布置。

（五）振动筛的使用与维护

目前常用的振动筛有直线轨迹振动筛和椭圆轨迹振动筛两种，如图 3-1-2、图 3-1-3 所示。

1. 振动筛与钻机的合理匹配

每台振动筛有效处理钻井液的能力是不同的，因此在给钻机循环系统选配固控设备时必须遵循以下原则：振动筛的最大有效处理能力与钻井泵的最大流量及钻井过程中产生的最大钻屑量相匹配，以便更好地满足钻井工艺要求，提高钻机的机械钻速，即

$$Q_s \geq Q_p + Q_c \tag{3-1-1}$$

式中　Q_s——振动筛处理量，L/s。

　　　Q_p——钻井泵最大流量，L/s。

　　　Q_c——钻进中的钻屑量，L/s。

2. 使用前的操作检查

（1）卸掉每个筛箱四个弹簧座上面固定筛箱的螺栓并保管好以备搬家再用，其作用在于防止启动后筛箱与底座会同时产生剧烈振动；检查并使筛箱平衡。

（2）检查地线，按电动机铭牌要求接通电源。

（3）查看筛孔尺寸及筛网绷紧程度是否符合要求。

（4）启动电动机，查看电动机转向，应使筛网上的泥砂向前运动，电动机转向正确。

（5）正式使用前先盘动 2~3 圈，再用二次启动法按防爆开关上的绿色按钮，启动电动机，试运转 10min 左右，观察有无异常声音和故障，发现异常声音立即停筛，确定无误后，再投入使用。

3. 使用与维护

（1）正常情况下应选择尽可能细的筛网以利于清除尽可能多的无用固相，特别是活性固相。但应注意要根据其相应处理能力、筛网寿命（细筛网更易损坏）、是否除去人为添加的材料（如堵漏材料、加重材料等）等综合考虑做出选择。若钻井液对筛网的覆盖面积为 75%~80%，则振动筛的目数与所钻地层匹配。若钻井液覆盖面积为 35% 左右，则筛网过于稀疏，应选目数小的筛网。若钻井液覆盖面积在 95% 以上，则筛网目数太小，应选目数大的筛网。

（2）筛网损坏的原因是螺栓的松动，造成筛网松弛发生摆动，通常会断裂或沿边缘方向损坏。更换筛网时，应将两侧拉紧螺栓反复拧紧 2~3 遍，振动筛工作 3~5min 后，应停机后拧紧。经常检查表面有无破损、开裂，筛网衬板有无断裂。根据筛网表面清洁情况冲洗筛网表面，保证过滤顺畅。当小排量钻井时，可考虑两台振动筛交替使用，以利延长设备使用寿命。

（3）应定期检查各部位固定螺栓有无松动，液压式手动油泵及液压油缸工作是否正常，液压软管有无泄漏。中途停用时，应及时用水冲洗，并用毛刷清洗筛网杂物；完钻后彻底冲洗振动筛。

（4）起下钻时应关闭振动筛电源，采用钻井液短路操作法，使钻井液不能进入振动筛，并清洗筛网。清理积屑和滤饼时，切忌使用尖锐硬物，以免损坏筛网。

（5）经常检查振动筛上所有的螺母、螺栓是否连接可靠。尤其是电动机固定螺栓和筛网固定螺栓是否有松动现象，并保证筛网螺栓上紧时用力均匀，要适当拉紧筛网。

（6）激振电动机运行1000~1500h后，需补充润滑脂（加4号二硫化钼锂基润滑脂），补充时必须断电停机，用高压油枪从油杯中注入润滑脂，每次补充数量为60~100g。应定期检查固定螺栓有无松动、损坏，工作时有无异响或特殊噪声，外表防腐涂层是否有碰撞脱落，外壳有无裂痕，工作时是否过热。

（7）若从井底返出的钻井液中的固相较多、含有泥土或流量较大时，应增大筛箱向上的倾角，可通过筛箱两侧的手轮来调节筛箱倾角。遇到新土层排砂不畅时，使筛箱向下倾斜调节筛箱倾角，步骤如下（调节倾角前不必关闭振动筛）：

① 从调节板上同时卸掉两侧插销。
② 用一侧的手轮调节筛箱角度，另一侧与之协调。
③ 当调至所需要的筛箱角度时，重新插好插销，且确保它们都插入适当，两侧都在同一位置。

（8）定期检查橡胶、弹簧有无老化、开裂，各部位螺栓有无松动，筛网拉紧螺栓有无松动及损坏，PVC衬板及橡胶条有无开裂，各部位焊缝有无开裂，防腐涂层有无脱落。此外，应注意保持控制箱、液压元件及各部位清洁。定期检查地脚螺栓是否拧紧，外露紧固螺栓是否紧固。每班对电动机的电流、电压、表面温度、轴承声音进行监视。

（六）振动筛的常见故障分析及排除方法

振动筛的常见故障分析及排除办法见表3-1-1。

表3-1-1 振动筛常见故障分析及排除办法

常见故障	原因分析	处理办法
电动机过热	电压偏低	设法提高电源电压或降低线损
	电源三相不平衡，电动机轴承缺乏润滑	检查调整线路负荷分配，保养电动机，更换或加注润滑脂
振动不正常或噪声大	底座没垫平	垫平底座
	某一部位连接螺栓松动	检查紧固
	电动机损坏	维修或更换电动机
排屑不畅	单电动机工作	排除电动机故障
	两台电动机同向转动	调整电动机转向
	筛网未张紧	张紧筛网
	筛网上沉积物太多	清除筛网沉积物
筛面跑钻井液	筛网目数过高	更换低目数筛网
	筛床倾角过低	调高筛床倾角
	筛网孔眼堵塞	清洗筛网或更换不同目数筛网
	排量与处理能力不匹配	更换不同目数筛网
筛网寿命短	筛网未充分张紧	张紧筛网
	筛床橡胶衬条缺失或损坏	补装或更换橡胶衬条
	筛网质量差	选用高质量筛网

续表

常见故障	原因分析	处理办法
漏砂	筛网未张紧	张紧筛网
	筛网下无密封胶条	换有密封胶条的筛网

二、旋流分离器

(一) 旋流器的结构与工作原理

旋流分离器是一个尖顶朝下的圆锥形漏斗，简称旋流器。锥角一般为15°~20°上部有圆柱形部分与圆相连。上方圆柱体圆心处有一垂直的短管，称为溢流管，处理过的钻井液由此排出。圆锥体一侧有进口管，它沿切线方向与旋流器相连。漏斗底部的锥尖为底流口，分离出的钻屑由此排出，排出的泥砂液流称为底流，底流口直径可以调节。中间的空腔称为液腔，内壁衬以耐磨橡胶或其他耐磨材料，旋流器的结构如图3-1-4所示。

旋流器装置是用来清除钻井液中较小一点的固相颗粒的设备，可分为除砂器、除泥器两种，他们的结构与工作原理是相同的，组成装置的设备也是相同的。通常都是由旋流器、总进液管（砂泵排出管）、分流管、溢流管、总出液管、砂泵、砂泵进液管防爆电动机及钻井液罐等设备组成。在旋流器底流处加装一种小型超细网目振动筛就构成了钻井液清洁器。

旋流器装置的工作原理：钻井液通过砂泵的工作，在旋流器进液管处形成一定进口压力，并以高速沿旋流器上部圆柱蜗壳的内壁切向进入，在旋流器圆柱蜗壳内形成极速的旋流，绕锥筒中心作高速旋转并向下移动，在离心力作用下，钻井液中的固、液相逐渐被分离，质量较大的固相被甩向周边，并在重力作用下沿旋流器锥壁下移，并因锥筒内径越向下越小，钻井液角速度和离心力随其下移越来越大，钻井液中更多固相被分离出来，并下移至排出口排出。从而在旋流器的锥壁及锥底部形成固相颗粒富集区，而在旋流器中心处，形成固相分离后的钻井液的富集区，并经排液（溢流）口排出，如图3-1-5所示。

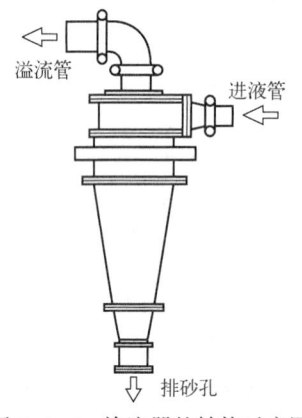

图3-1-4 旋流器的结构示意图

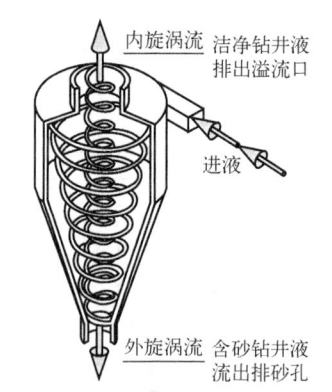

图3-1-5 旋流器的工作原理示意图

(二) 旋流器的分类与性能

旋流器的分离能力与旋流器的尺寸有关，直径越小，分离的颗粒也越小。表3-1-2列出了各种尺寸的旋流器可分离的固相颗粒直径范围。

表 3-1-2　各种尺寸的旋流器可分离的固相颗粒直径范围

旋流器直径/mm	50	75	100	150	200
可分离的固相颗粒直径/μm	4~10	7~30	10~40	15~52	32~64

为了定量表示旋流器分离固相的能力，引入了分离点这个概念。即如果某一尺寸的颗粒在流经旋流器之后有50%从底流被清除，其余50%从溢流口排出后又回到钻井液循环系统，那么该尺寸就称作这种旋流器的50%分离点，简称分离点。各种尺寸的旋流器在正常情况下的分离点见表3-1-3。

表 3-1-3　旋流器的分离点

旋流器直径/mm	300	150	100	75
分离点/μm	65~70	30~34	16~18	11~13

现场使用表明，某一尺寸的旋流器，其分离点并不是一个常数，而是随着钻井液的黏度、固相含量以及输入压力等因素的变化而变化。一般来讲，钻井液的黏度和固相含量越低，输入压力越高，则分离点越低，分离效果越好。

旋流器在离心力的作用下，将较粗的颗粒从钻井液中分离出来。根据清除固相颗粒尺寸不同，旋流器又分为除砂器、除泥器和微型旋流器（清洁器）三种。

1. 除砂器

除砂器用来分离直径在74μm以上的固相颗粒，也可以分离少部分直径为40~74μm的固相颗粒。处于正常工作状态时，它能够清除大约95%大于74μm的钻屑和大约50%大于30μm的钻屑。为提高使用效果，在选择其型号时，对钻井液的许可处理量应为钻井时最大排量的1.25倍。通常将直径为150~300mm的旋流器称为除砂器，如图3-1-6、图3-1-7所示。在输入压力为0.2MPa时，各种型号的除砂器处理钻井液的能力为20~120m³/h。

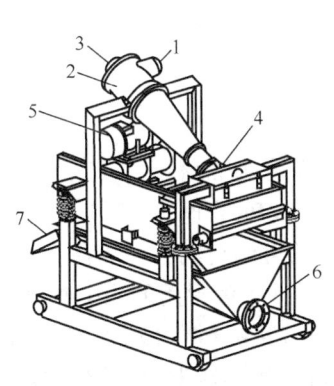

图 3-1-6　除砂器结构示意图
1—进浆口；2—旋流器；3—一级排液口；4—排液口；
5—激振电动机；6—二级排液口；7—出砂口

图 3-1-7　除砂器实物图

2. 除泥器

除泥器用来分离直径为10~74μm的固相颗粒（大部分在20~40μm范围）。通常将直径为 100~150mm 的旋流器称为除泥器，如图 3-1-8 所示。在输入压力为 0.2MPa 时，其处理能力不应低于 10~15μm。正常工作状态下的除泥器可清除约 95%大于 40μm 的钻屑和约 50%大于 15μm 的钻屑。除泥器的许可处理量应为钻井时最大排量的 1.25~1.5 倍。

一些厂家将除砂器与除泥器合成一套设备，如图 3-1-9 所示。其优点是节省搬安时间及安装空间；缺点是工作效率比较分体式略低一些。

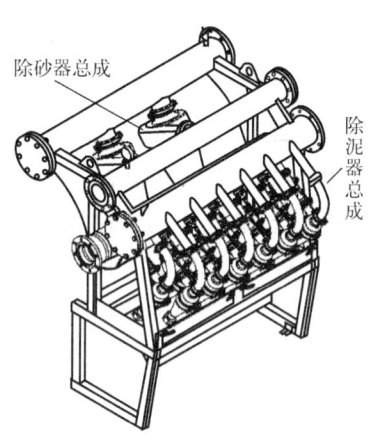

图 3-1-8 除泥器实物图　　图 3-1-9 除砂除泥一体机示意图

3. 清洁器

清洁器用来分离直径为 5~10μm 的固相颗粒，可从钻井液中分离出膨润土。清洁器是一组旋流器和一台细目振动筛的组合，上部为旋流器，下部为细目振动筛。清洁器处理钻井液的过程分为两步：第一步是旋流器将钻井液分离成低密度的溢流和高密度的底流，其中溢流返回钻井液循环系统，底流落在细目振动筛上；第二步是细目振动筛将高密度的底流再分离成两部分，一部分是重晶石和其他直径小于网孔的颗粒透过筛网，另一部分是直径大于网孔的颗粒从筛网上被排出。所选筛网一般在 200~325 目之间，通常多使用 300 目。

4. 水力旋流器的技术参数

（1）处理量：单位时间内所处理的钻井液体积，单位为 m³/h。

（2）给料压力：旋流器进口压力，一般在 0.2~0.4MPa 之间。

（3）可调激振力：细目振动筛振动电动机激振器的可调范围，一般在 0~10kN 范围。

（4）筛网面积：细目振动筛长×宽尺寸或直径，m²，一般常用的为 1.6×0.6m²。

（5）分离粒度（D50）/分离点。常把 152.4~304.8mm（6~12in）的旋流器称为除砂器，其分离点约为 40μm；把 50.8~152.4mm（2~6in）的旋流器称为除泥器，其分离点约为 15μm；而直径为 50mm 的微型旋流器其分离点约为 5~7μm。

（6）底流口。旋流器底部出料口直径，mm。常用的有 φ26mm、φ28mm、φ30mm。

（三）注意事项

（1）应按固相颗粒的尺寸范围确定旋流器的尺寸，然后按处理量确定其数量。处理量可按泵排量计算，一般为泵排量的 1.5 倍左右。

(2) 钻井液进口压力应保持在规定范围内，使处理前后钻井液密度差大于 0.02g/cm³，底流密度大于 1.70g/cm³。

(3) 进入除砂器的钻井液必须是经振动筛处理的钻井液，同理，进入除泥器的钻井液必须是经振动筛、除砂器处理的钻井液。

(4) 加重钻井液（含有重晶石）只能用振动筛和除砂器处理。

(5) 清洁器与除砂器、除泥器不同，它用于分离钻井液中的膨润土，可将其中95%的膨润土分离出来，以便回收重复使用，使用时要将回收的钻井液加水稀释。

(四) 旋流器的使用与维护

1. 除砂器与除泥清洁器的选择原则

(1) 除砂器和除泥器的处理能力必须与钻井泵的最大排量匹配合理。

(2) 砂泵扬程通常为 40m 水柱左右，砂泵的流量应与除砂器和除泥器所标定的处理量相等。

2. 除砂器与除泥清洁器的使用

旋流器的工作点的调试，实质就是指通过对旋流器工作压力或底流口大小的调节来达到除砂除泥的最佳效果。其调节方式和作用主要有如下内容：

(1) 旋流器工作压力的调节。所谓旋流器工作压力的调节就是调节水力旋流器的进口与出口之间的压差，可通过调节砂泵的工作性能参数来实现。

(2) 旋流器底流口大小的调节。由于水力旋流器的工艺设计有"平衡"和"淹没底流孔"设计法两种，故其底流口大小的调节也有所不同。

① "平衡"设计的水力旋流器处于平衡底流孔状态工作时，底流孔既有空气进入，又有携带少量液体的固相排出，能排出全部下沉的固相颗粒，达到最高固相排除效果。当实际底流孔比平衡底流孔小得多时，则固相颗粒在锥筒底部易堆积，导致底流孔形成"干底"；当实际底流孔比平衡底流孔大时，则在旋流器底部有一中空的柱状旋流排出，形成了"湿底"。调成湿底的旋流器比调成干底的旋流器，更能得到优质的钻井液，特点是固相清除效果好，但跑漏的钻井液要多一点。

② "淹没底流孔"设计的水力旋流器在采用改变底流孔大小进行调节时，始终会有一股液柱排出。通常有全开、半开、最小开等调节方式，用以在旋流器的底流口和溢流口均造成一定的压降，起阻流作用。

上述调节方式对于除砂器和除泥器是有效的。对于清洁器而言，应以获得最佳钻井液为调节目标，因其底流的大小用细目振动筛来调节。

旋流器的使用操作如下：

(1) 启动前应检查旋流器、振动筛、管路连接部位有无松动，如有异常响声或故障应及时排除，激振电动机激振力调节两端必须一致。确认正常后方可使用。

(2) 筛箱运动轨迹调整，如果为反向运转，调整电源线的接线一次，即可解决。

(3) 清洁器的正常进浆压力为 0.2MPa，应根据钻井液的黏度、密度、含砂量等具体情况将底流口调节到合适排量。

(4) 随时注意钻井液在筛面上的运移情况，如有堆砂、黏堵等情况应及时清水冲洗，不可使用铁锹等坚硬器物清除，以免造成筛网的非正常损坏。

(5) 更换筛网时，应切断电源，松开筛箱一侧或两侧的钩板张紧螺栓，从筛箱的前端抽出筛网，然后将新筛网从筛箱前端送入，用钩板钩住，上紧钩板张紧螺栓即可。

3. 旋流器的故障分析及维护

（1）给料压力波动。压力波动通常是由于系吸入空气造成给料不足或系进入杂物堵塞流道而造成的，应找出原因排除。

（2）若底流和溢流流量均减小，可能是进料管堵塞，若只底流流量减小或断流，则是底流口堵塞，应关闭进料管阀门清除杂物。若底流密度过高或底流呈"绳"状排出，应减小进浆压力或加大底流口直径。

（3）若发现跑失钻井液现象，则应检查底流口或旋流器内壁是否磨损，若磨损严重，应及时更换。此外，钻井液黏切过高或气泡多也易导致跑失钻井液现象发生。

（4）激振电动机运行1500~2500h后，补充或更换一次振动电动机轴承润滑脂。

（5）长期停用时需用清水彻底清洗，防止旋流器内积存干砂及损坏筛网，并置于干燥无雨的环境中。

（6）旋流器的常见故障分析及排除方法见表3-1-4。

表3-1-4 旋流器的常见故障分析及排除方法

常见故障	原因分析	排除方法
旋流器的底流形状像张开的衣裙排出或成柱状排出，跑钻井液	旋流器进液压力不足	提高供液泵的转速至不小于1250r/min
	进液口堵塞或阀门未全开	清除进液口堵塞物；将进液阀门全开出
	泵磨损严重等	修泵或更换新泵
旋流器的底流为粗固相液流，成绳状排出	钻速快，钻屑浓度过高	用好上一级固控设备
	钻井液固相含量过高	优化钻井液性能
	底流口调得太小	开大底流口，直至底流成喷雾状排出
	旋流器处理量偏小	增加旋流器或更换较大的旋流器
部分旋流器底流跑钻井液	部分旋流器的进液口被堵而其他的旋流器工作正常塞，而使进液压力不足	清除进液口堵塞物，恢复进液压力
	锥筒内壁磨损严重	更换锥筒
部分旋流器无底流排出而其他的正常	部分旋流器的进液口被堵死或底流口被堵死	清除堵塞物
无底流排出，底流口又没有堵塞，压力也正常	钻井液中没有旋流器可除掉的固相	不需处理
旋流器底流口解堵后马上又发生堵塞	底流口调得太小	开大底流口直至底流成喷雾状排出
旋流器底流中钻井液损失量大，成喷雾状排出	钻速低产生的钻屑细，其表面积大，携带着大量的液体从底流口排出	用清洁器的细目筛回收钻井液

4. 砂泵的使用及维护

（1）运行前应加入托架油箱内适量润滑油，通过油标尺控制加油量，油液面应控制在油标尺两刻度线内。

（2）定期检查油封、填料密封情况，如有损坏及时更换。

（3）泵运转时，如轴封处有液体外泄，可通过轴上的圆螺母调整副叶轮与减压盖间隙，该间隙应在 0.5mm 以内。

（4）砂泵的常见故障分析及排除方法见表 3-1-5。

表 3-1-5　砂泵的常见故障分析及排除方法

常见故障	原因分析	排除方法
轴功率过大	钻井液密度过大或泵件摩擦	降低钻井液密度；更换泵壳或叶轮，消除摩擦
扬程低	泵壳、叶轮磨损严重	更换泵壳、叶轮
轴承过热	润滑油过少、过多或有杂质；轴承损坏	增减油量，使油面位于油标尺两刻度线之间或更换新油；更换轴承
泵剧烈振动	叶轮磨损严重失去平衡；轴承损坏或泵内产生汽蚀	更换叶轮或轴承；增加吸入压力
运行时轴封泄漏	副叶轮与减压盖间隙过大	调小间隙
停泵时轴封泄漏	填料过松	适当压紧填料

三、离心机

(一) 离心机的结构原理

离心机主要由进料口、稀释水、液相溢流口、内转筒、外转筒、机架、固相排出口、动力轮、差速器、罩壳组成。其中外转筒以 1500~3500r/min 的速度旋转和带有螺旋推进器的以 80:1 差速同方向的内转筒共同旋转，如图 3-1-10 和图 3-1-11 所示。内外筒间隙约为 0.65mm。钻井液从内转筒一端的引出管进入内转筒，在高转速下产生的离心力把钻井液中较重的和较粗的固相颗粒通过内转筒上的孔甩到外转筒的内壁，被螺旋叶片推到外转筒另一端的排料孔排出，而净化了的钻井液从外转筒另一端的排液口排出，如图 3-1-12 所示。离心机可分离粒径大于 2~5μm 的颗粒。

图 3-1-10　离心机结构实图

(二) 离心机的技术性能

为了提高离心机的分离效率，一般需对输入离心机的钻井液用水适当稀释，以使钻井液的漏斗黏度降至 34~38s 范围内为宜，稀释水的加入速度为 0.38~0.5L/s。离心机的转速对分离粒度也有很大影响。在使用离心机时，应注意选择合适的转速和处理量，以取得预期效果。

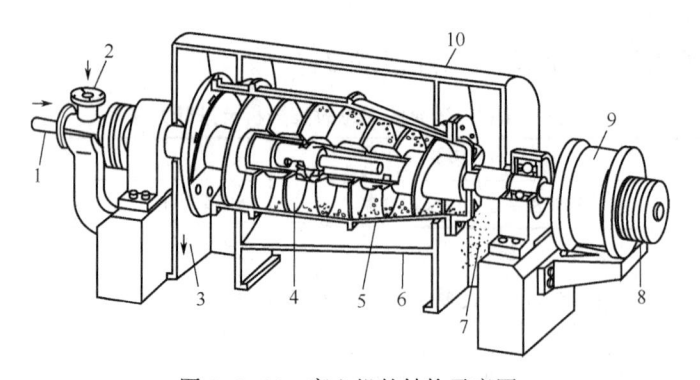

图 3-1-11 离心机的结构示意图

1—进料口；2—稀释水入口；3—液相溢流口；4—内转筒；5—外转筒；
6—机架；7—固相排出口；8—动力轮；9—差速器；10—罩壳

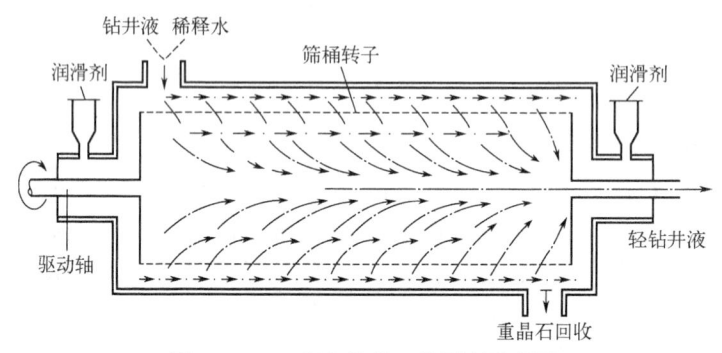

图 3-1-12 离心机的工作原理示意图

(三) 注意事项

离心机的转数可以在 1500~3500r/min 内调整。低转速时可以分离重晶石，高转速时可以分离膨润土。

(1) 冬季使用前，人工搬动带轮，看是否冻结有卡阻现象，若冻结则用蒸气或其他方法加热，转动数圈无卡阻现象转动自如为止。

(2) 在运转过程中不允许打开滚筒护罩和皮带护罩。

(3) 进入的钻井液流量不得超过离心机处理能力，否则容易引起过载，安全销会被切断。

(4) 如果钻井液黏度过高，应适当加大稀释水流量、降低黏度，加快固相沉降速度，提高离心机的处理能力。

(5) 电动机严禁缺相运转。

(四) 离心机的、安装使用及维护保养

1. 安装与调整

(1) 离心机应水平安装，所处理钻井液应为经振动筛、除砂器处理后的钻井液，滚筒回转中心应与钻井液流向一致。也可根据实际情况另行安排。

(2) 将供浆泵接好管线插入罐内，并将供浆泵的电动机线路接在为它设置的防爆开关上。

(3) 出渣槽的倾斜度不能小于 60°，溢流管的倾斜度必须大于 45°，以便底流和溢流能迅速排出离心机。

(4) 在离心机电控箱外应另装电源开关，不能用离心机电控箱作为电源开关，发生故障时，以便切断电源。

2. 使用

(1) 开机前的准备工作。启用新的或停运已久的离心机，首先认真检查各部件。①检查各部位的紧固件应无松动、旋转件周围应无影响运转的物体；②检查各润滑部位的润滑情况（新机出厂前已加足），轴承座油量、差速器和耦合器的油量是否达到规定要求；③检查三角带松紧程度。用手转动主电动机带轮，要求转动滚筒 3 圈，手感无卡阻现象，无任何异常声音，三角带松紧适宜；④停机已久的离心机启动前先开启清水阀，清洗滚筒和输送器，确认无卡阻现象方可开机。

(2) 开机运转。①先打开电动机总开关，然后打开进水阀门，用清水浸泡滚筒一段时间，再启动离心机电动机空转。②待空转 10~15min 后，确认离心机已正常运行时，开启供浆泵，供浆泵控制阀门由小到大开启逐渐增大供浆量，至合适为止。③黏度是影响离心机分离能力的重要因素之一，加水稀释可以加快固相的沉降速度，当钻井液黏度较高时打开稀释水阀进行稀释，稀释水量一般为 15~20L/min。④运转正常后，立即对离心机进行检查，如发现局部温升，响声异常或管路漏浆时，迅速查明原因予以整改。⑤如有剧烈振动或其他不正常现象，应立即切断电源，停止进浆，关闭供浆系或供浆阀门，开启清水阀，清洗滚筒或输送器。

(3) 停机。①关闭供浆泵，打开清水阀；②离心机运转 10~15min，确认滚筒内残渣冲洗干净，有清水流出时，方可关闭供水阀，按主电动机停止按钮，30 秒后副电机自动切断电源，停止运转。

3. 维护保养

(1) 操作人员应严格遵守操作规程，在使用前必须详细了解离心机的结构、性能、操作技术要求等。

(2) 操作者应经常检查电动机的电流，主轴承的温度，停机后检查三角带的松紧程度和差速器的温度，差速器和耦合器的油位。

(3) 主轴承和输送器轴承的润滑。采用 2 号锂基润滑脂，运行 100h 就必须加注一次，主轴承的注油孔在轴承座上，输送器的注油孔在滚筒的大小端法兰轴上。

(4) 差速器的润滑。采用 15 号或 18 号双曲线齿轮油，新差速器的磨合期为 150h，到时必须更换齿轮油，以后每运行 500h 更换一次，更换前首先将油放尽，然后加入 4kg 柴油，拧上油塞，用手旋转差速器数圈后放掉柴油，这样反复冲洗 2~3 次，最后加入齿轮油，加油量每次 3L，加油时必须经过 80~100 目的滤网过滤，加油孔转到水平位置油能溢出则表示油已加足，反之则不够。

(5) 耦合器工作油。采用 20 号或 30 号透平油，运转 3000h 左右，对工作油进行老化检查，或更换油一次。

(6) 转动零部件在拆装时应绝对注意对准记号、装配的平面和接触面应光洁、无毛刺，更不得有异物。以保持其动平衡精度。

(7) 拆装轴承时不得用金属棒用力敲打，以免影响轴承精度或损坏轴承，拆装密封圈时必须特别小心，不得碰伤密封面。

(8) 应经常检查电气部分的连接线柱处的螺钉是否松动,以防接触不良而损坏电器。

(五) 离心机的常见故障分析及排除

离心机的常见故障分析及排除方法见表3-1-6。

表 3-1-6 离心机常见故障分析及排除方法

常见故障	原因分析	排除方法
离心机振动	滚筒内的固相没有清洗干净,使离心机运转不平衡	彻底冲洗滚筒内腔,排净残余固相颗粒
	减振块老化、失效	更换新的减振块
底流口无固相排出	由于进浆量过大,使机内固相颗粒积累过多而超载,从而使行星齿轮差速器输入轴上的安全销被剪断或离合器脱开,螺旋输送器输送固相的转速变为零	清除滚筒内的固相颗粒,调整进浆量,更换上相同规格的安全销,重新安装好离合器
耦合器的易熔塞熔化	进浆量过大,造成滚筒内固相颗粒积累过多,使耦合器过载	调整进浆量,清除滚筒内积累的固相颗粒
	底流斜槽中固相流动太慢,堵塞了滚筒小端上的底流喷嘴引起过载	冲洗底流喷嘴,增加底流斜槽的倾斜度或在斜槽上端加稀释水
	耦合器内油量过多或用油不合格	检查耦合器内的油位,更换不合格的工作油
安全销剪断,离合器脱开,行程开关动作	过载	消除各种过载原因
从底流口排出钻井液	供液泵与离心机不匹配,供液量大于处理量	选择与离心机处理量相匹配的供液泵
	滚筒内液圈厚度过大,使液面逼近乃至淹没了喷嘴	调节溢流挡板,适当减少遮盖面积,从而减少滚筒内液圈厚度
	进液管插入深度过浅	适当增加进液管插入深度

注:离心机是昂贵的固控设备,必须由经过培训的人员操作使用和维护保养。为达到有效的固相控制,上述固相控制设备必须成套安装、成套使用,才能达到理想的固相控制的目的。其安装顺序遵循先清除大颗粒,再清除小颗粒的原则,即按振动筛→除砂器→除泥器→离心机→微型旋流器的顺序布置,如果只使用其中的部分设备,则达不到好的固相控制效果。如只使用振动筛和除砂器,则只能分离74μm以上的粗颗粒。如果不使用振动筛和除砂器,直接使用除泥器、离心机和微型旋流器,这些设备会被粗颗粒堵死,不能正常工作。

项目二 辅助设备

一、真空除气器

(一) 真空除气器的结构

真空除气器是钻井泥浆固控系统中的第二级固控设备,是一种用于处理气浸钻井液的专用设备。真空除气器适用于各类钻井液循环系统的配套设施,对于恢复钻井液的密度、稳定钻井液的黏度性能、降低钻井成本也有很重要的作用。同时,也可当作大功率的搅拌器使用。真空除气器主要是由机架、电动机、传动皮带、真空泵、气水分离箱、真空管道、排气管、真空室、吸入管、叶轮、除泥盘、主轴和排出管组成，如图3-2-1和图3-2-2所示。特点是由于各种原因产生的随气流带动上升的钻井液中的颗粒物质被除泥盘的叶片的离心力甩掉，从而有效地避免了钻井液中的颗粒物质进入到真空管路和真空泵中，大大提高了除气装置的有效工作时间。

图3-2-1 真空除气器实物图

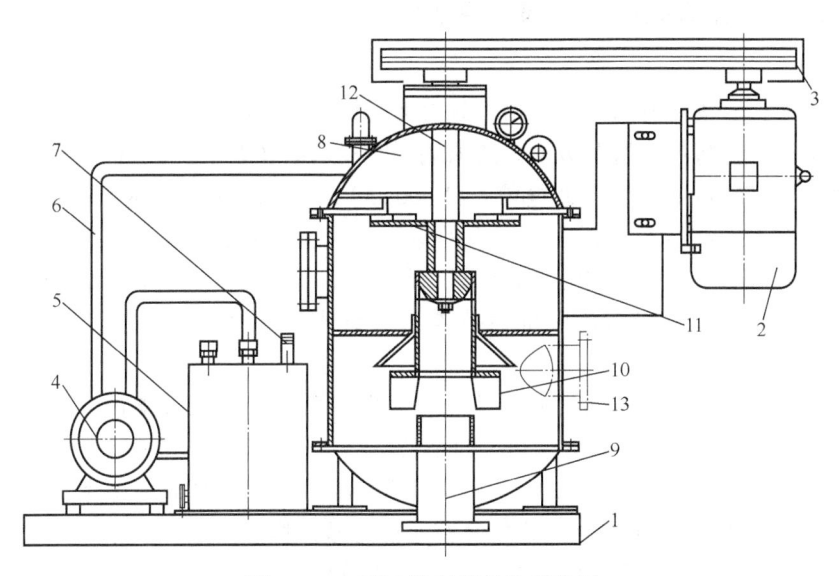

图3-2-2 真空除气器结构示意图
1—机架；2—电动机；3—传动皮带；4—真空泵；5—气水分离箱；6—真空管道；7—排气管；
8—真空室；9—吸入管；10—叶轮；11—除泥盘；12—主轴；13—排出管

（二）真空除气器的工作原理

真空除气器利用真空泵的抽汲作用，在真空罐内造成负压区，钻井液在大气压的作用下，通过吸入管进入转子的空心轴，再由空心轴四周的窗口，呈喷射状甩向罐壁。由于碰撞及分离轮的作用，使钻井液分离成薄层，浸入钻井液中的气泡破碎，气体逸出，通过真空泵的抽汲及气水分离器的分离，气体由分离器的排气管排往安全地带，钻井液则由叶轮排出罐外。由于主电动机先行启动，与电动机相连的叶轮呈高速旋转状态，所以钻井液只能从吸入管进入罐内，不会从排液管被吸入。

— 109 —

(三) 真空除气器的技术参数

真空除气器的技术参数见表3-2-1。

表3-2-1 真空除气器的技术参数

型号	BZCQ240	BZCQ270	BZCQ300	BZCQ360
主体罐直径,mm	700	800	900	1000
处理量,m³/h	≤240	≤270	≤300	≤360
真空度,MPa	-0.030~0.045	-0.030~0.045	-0.030~0.045	-0.030~0.045
传比真空度	1.68	1.68	1.68	1.72
除气效率,%	≥95	≥95	≥95	≥95
主电动机功率,kW	15	22	30	37
真空泵功率,kW	2.2	3	4	7.5
叶轮转速,r/min	860	870	876	880
外形尺寸,mm×mm×mm	1750×860×1500	2000×1000×1670	2250×1330×1650	2400×1500×1850
重量,kg	1100	1350	1650	1800

(四) 真空除气器的安装、使用及维护保养

1. 安装

(1) 安装时,对场地要求不甚严格,只要无明显的倾斜即可。

(2) 启动前,应将排液管及吸入管的末端同时浸入钻井液中,否则,将无法工作。

(3) 排气管进气口处应加装过滤网(40~60目),以防颗粒状物体进入泵内。

(4) 启动前,先将真空泵供水管线上的球阀打开,(也可拆掉真空泵的供水管线,改用软管供水)再拧开气水分离器上的丝堵,给其充水,待水从溢流口溢出时停止,并旋上丝堵。最后,用手或管钳转动联轴器数周,以确认泵内没有卡住或其他损坏现象,再行启动。

(5) 启动前,应先搞清电动机的旋转方向,真空泵及主电动机皮带护罩上均标有方向箭头标记,应与其方向一致,绝对禁止反向运转。

(6) 当真空泵内的工作水是由气水分离器供给时,应确保水的温度至多比周围温度高150~200℃,否则应更换新的冷水,以便真空泵能正常工作。

(7) 使用完毕后必须将泵及气水分离器内的水放掉。

(8) 用户自备排液软管及排气软管。

2. 启动

(1) 完成启动前设备检查并确认无误后方可进行启动。

(2) 启动前先将真空泵的进水软管与自来水接通,3~5min后待真空泵中的水灌满后,再行启动。

(3) 打开气水分离器上的丝堵,给气水分离器中充水,待水从溢流口溢出时停止,并旋上丝堵。

(4) 首先启动真空泵,当真空度达到0.03MPa以上时,再合上主电动机开关,并查看电动机的旋转方向,应与皮带护罩上标注的箭头所指方向一致。

操作注意:各部位的螺栓齐全、无松动;盘动除气器供液砂泵及真空泵,确认泵内无卡

滞和损坏；启动真空泵时一定要确保吸入与排除管汇都浸入在钻井液中。

3. 运行

(1) 除气器工作时，传动皮带张紧适度，工作平稳无打滑扭转现象。
(2) 清洁器入口管的工作压力，控制在 0.02~0.04MPa 范围内。
(3) 检查管路部分水无泄漏。
(4) 电动机轴承温度不高于安全值，无异常声响。
(5) 运行记录按规定填写好运转记录。

操作注意：启动真空泵，真空压力务必控制在 0.2~0.4MPa 之间；观察供液泵运行情况，根据工作要求调节阀门开度；严格落实交接班制度。

4. 停机

(1) 首先停止真空泵，然后停止主电动机。
(2) 使用完毕后，应冲洗真空罐内的转子及吸入管。切断电源，卸下视孔堵板（即法兰堵板），检查零部件有无损坏，并清除罐内异物，用高压水冲洗罐壁及转子。
(3) 每次使用后均应进行上述清洗工作，保证再次正常使用。
(4) 试用期间，每周用清水冲洗一次除气器真空罐顶盖上的气体收集室和泡沫分离室，以免杂物堵塞气体通道。

操作注意：除气器冬季使用后需将气水分离罐及真空泵液体放空。

(五) 真空除气器的常见故障分析及排除方法

真空除气器的常见故障分析及排除方法见表 3-2-2。

表 3-2-2 真空除气器常见故障分析及排除方法

常见故障	原因分析	排除方法
真空度不高或为零	真空泵内水没有注满或没有注水	给真空泵内注满水
	螺栓连接处或真空管线密封不好	紧固螺栓或密封真空管漏气处
	吸入管或排液管没有浸入钻井液	将其浸入钻井液
	叶轮两端面间隙过大	减少纸垫或更换叶轮以调整间隙
	泵内温度过高	增加冷水
启动后，有异样声音或有强烈振动现象	真空泵内进入固体颗粒	打开泵头清洗，若有损坏，应更换
	真空罐内进入异物	打开方法兰清除或打开底盖清除
启动后，真空泵电动机不运转	真空泵叶轮锈死	用管钳夹紧真空泵与电动机的联轴节，左右旋转数圈，轴转动灵活后再启动电动机

二、搅拌机

搅拌机是固液混合设备，主要用于石油矿场钻井液循环系统。搅拌器的主要作用是使固相颗粒均匀悬浮于钻井液中。由于搅拌机叶轮的搅拌作用，使沉淀于循环罐底的固相颗粒冲起与钻井液混合，便于除砂、除泥清洁器和离心机对钻井液中固相颗粒的分级、分离。搅拌机可分为机械式搅拌机和水力式搅拌两种类型。机械式搅拌机按减速机的类型分为蜗杆传动搅拌机、齿轮传动搅拌机、摆线针轮传动搅拌机三种。

涡杆传动搅拌机的减速器采用环面包络圆弧圆柱蜗杆传动。承载能力较普通圆柱蜗杆动减速器的高30%；其传动效率高达75%。由于涡杆传动搅拌机结构简单，设计合理，性能稳定可靠，便于维护和保养，广泛应用于油田钻井队。蜗杆传动搅拌机的搅拌叶轮采用折叶式叶轮。减速器带动叶轮在循环罐中旋转，使钻井液在循环罐中产生周向流、径向流和轴向流，从而起到对钻井液进行搅拌、混合的目的。

（一）搅拌机的结构组成

搅拌机主要由传动装置（防爆电动机、联轴器）、变速装置（减速器、蜗杆联轴器）、搅拌装置（搅拌轴、叶轮）三部分组成，如图3-2-3和图3-2-4所示。

图3-2-3 蜗杆传动搅拌机实物图

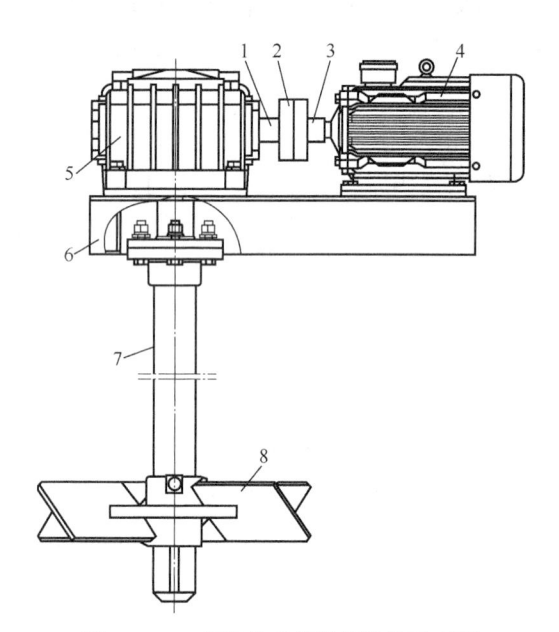

图3-2-4 蜗杆传动搅拌机结构示意图
1—蜗杆联轴器；2—护罩；3—电动机联轴器；4—防爆电动机；
5—蜗杆减速器；6—底座；7—搅拌轴；8—搅拌叶轮

1. 传动装置

NJ型蜗杆传动搅拌机主要由环面包络圆弧圆柱蜗杆传动，减速器主要由箱体、涡轮、蜗杆、涡轮轴等零部件组成。

2. 搅拌轴

搅拌轴主要由联轴器、叶轮固定板和连接管组成，其制造长度根据循环罐的高度确定。

3. 搅拌叶轮

搅拌叶轮分为浆式、开启涡轮式、圆盘涡轮式、推进式四种类型。常用搅拌机叶轮的形式为圆盘涡轮式，其叶片为45°折叶式，叶片数量4枚。

（二）搅拌机的工作原理

搅拌机工作时，减速器受电动机驱动带动连接在涡轮轴（输出轴）上的叶轮轴旋转。循环罐中的钻井液在叶轮的搅拌作用下，钻井液的流态逐渐由层流到过渡流，最后到湍流。使钻井液在循环罐中翻转、混合、循环，达到钻井液中的固相颗粒均匀悬浮于钻井液中的目的。

(三) 搅拌机的性能参数

常用 NJ 型蜗杆传动钻井液搅拌机性能参数见表 3-2-3。

表 3-2-3　NJ 型蜗杆传动钻井液搅拌机性能参数

序号	型号	循环量 m³/h	叶轮转速 r/min	钻井液密度 g/cm³	电动机功率 kW
1	NJ-5.5	2235	70	≤2.40	5.5
2	NI-7.5	2365	70	≤2.40	7.5
3	NJ-11	3550	71	≤2.40	11
4	NJ-15	4040	71	≤2.40	15
5	NJ-18.5	4385	72	≤2.40	18.5

(四) 搅拌机的安装、使用及维护保养

1. 安装

(1) 将叶轮轴部件与搅拌机减速器连接牢固后放置于罐顶，底座找好水平后用底脚螺栓紧固，接上电动机电源线和接地线。

(2) 点试电动机转向是否符合搅拌机转向要求。

2. 使用

(1) 点试电动机转向是否符合搅拌机转向要求。

(2) 启动前检查放油丝堵是否紧固并加入适量的齿轮油 (油量加至减速器右端轴承压盖油标中心点为宜)。

(3) 检查注油呼吸器上的透气孔是否畅通，避免减速器内部压力升高损坏油封。

(4) 每次接线后首次启动要检查叶轮的旋转方向，从顶部向下看时，叶轮为顺时针方向旋转，如果旋转方向不对，应立即停机，改变电动机接线。

(5) 使用时应经常检查油温、油位，最高温度不应超过 75℃，油位至油标中心线。

(6) 首次加油后，运转 100h 更换润滑油，以后每运转 1800h 更换一次润滑油。

3. 维护保养

(1) 首次运转 200h，应更换减速机润滑油，以后每 2~3 个月更换一次润滑油。

(2) 钻井液搅拌机刚性联轴器必须加装弹簧垫并应坚固可靠，否则会引起涡轮轴的偏摆，加剧减速器磨损。轴承加注黄油，每 500h 加 10~20mL。

(3) 钻井液搅拌机减速器油面高度应保持在视油窗中部位置，工作时需要经常补足润滑油。每天应检查一次减速器油位镜里的油位，同时观察润滑油是否乳化。不足时。应添加润滑油，乳化时应及时更换润滑油。建议使用 120 号工业齿轮润滑油。

(4) 钻井过程中应连续使用搅拌机，停钻时也不能停止。钻井液搅拌机运转中应无异响、卡滞、温度过高等异常情况出现，否则应停机检查，排除故障。进行维修作业时，应将搅拌机的开关调至锁死位置并切断电源。人员在罐面以下操作，应有专人进行过程监控。

(5) 使用时应经常检查油温、油位，最高温度不应超过 75℃，油位至油标中心线。

(6) 首次加油后，运转 100h 更换润滑油，以后每运转 1800h 更换一次润滑油。

(五) 搅拌机的常见故障分析及排除方法

搅拌机的常见故障分析及排除方法见表 3-2-4。

表 3-2-4 搅拌机的常见故障分析及排除方法

故障情况	故障原因	排除方法
搅拌机不正常振动	电动机与减速机不同轴	调整电动机与减速机同轴度
	涡轮副磨损或损伤	更换涡轮副
	轴承磨损或损伤	更换轴承
	螺栓松动	紧固螺栓
搅拌机异响	轴承损坏或间隙过大	更换轴承或调整间隙
	涡轮副啮合不良	调整或更换涡轮副
	润滑油不足	按指示加入适量润滑油
	异物进入	去除异物并更换润滑油
搅拌机漏油	油封损伤	更换油封
	油封轴径磨损	更换输出轴或输入轴
	油量过多	按油指标点调整油量
	放油螺塞未旋紧	螺纹处加密封并旋紧螺塞
	油标破损	更换油标
叶轮轴不转	叶轮被沉沙埋住	去除叶轮周边沉沙
	轴承损坏	更换轴承
	涡轮副过度磨损	更换涡轮副
	异物浸入减速机内	清除异物
搅拌机过热	钻井液密度过大	更换大功率搅拌机
	润滑油过少或过多	以指示调整润滑油

三、剪切泵

（一）剪切泵的基本结构

卧式剪切泵主要由连接驱动装置、叶轮、泵轴、剪切盘、托架、轴封装置等组成，如图 3-2-5 和图 3-2-6 所示。轴封采用附加填料双重密封，密封可靠。其特殊的叶轮结构，可产生很高的剪切效应，在一次吸汲过程中可对流体进行多次剪切，对液流中的固相进行强力粉碎，使其分散均匀，完全水化，达到有效混合、充分水化钻井液中所加物料的目的。

图 3-2-5 卧式剪切泵实图

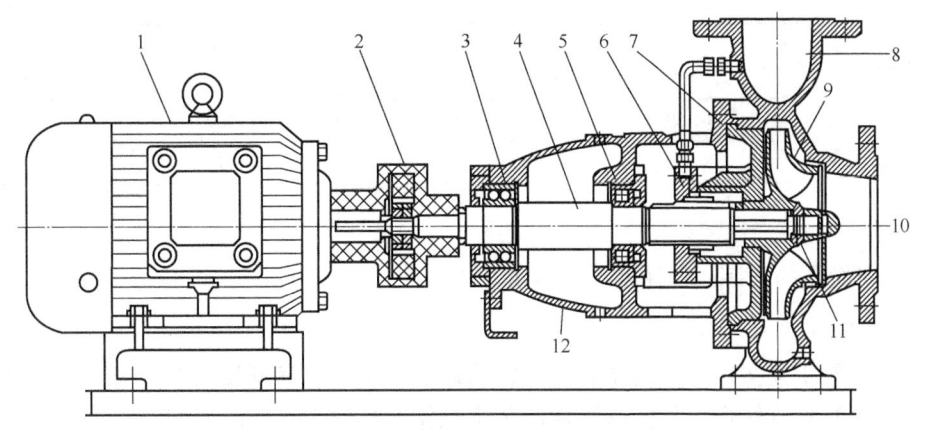

图 3-2-6 卧式剪切泵结构示意图

1—电动机；2—联轴器；3—主轴承；4—泵轴；5—轴封装置；6—叶轮衬套；7—剪切盘；
8—排出口；9—叶轮；10—吸入口；11—叶轮锁紧装置；12—托架

(二) 剪切泵的工作原理

剪切泵通过电动机驱动泵座和泵壳内的叶轮高速旋转。当叶轮开始旋转时，钻井液从泵的吸入口被吸入泵体内部。钻井液进入叶轮的储液舱，并在离心力的作用下被甩向外围，经过叶轮时受到强烈的剪切作用。泵轮上设计的剪切盘会产生高速旋转的剪切力，对钻井液进行切割和分散。这个剪切过程能够将钻井液中的固体颗粒、添加剂等物质有效混合，并使其完全水化。剪切力的作用使聚合物和膨润土颗粒被不断地剪切、细化、混合，从而加快聚合物或膨润土颗粒的分散，提高添加剂的溶解速率。最终，经过剪切处理后的钻井液通过排放管出口排出，供给钻井作业使用。剪切泵的工作过程可以根据实际需要进行调节和控制，以满足不同钻井液处理的要求。

(三) 剪切泵的主要用途

(1) 配置高分子聚合物胶液。一般高分子聚合物很难均匀搅拌于钻井液中，其混合所需要的搅拌能力远远大于其他钻井固相所需的搅拌能力。用常规搅拌机搅拌聚合物，溶胀一般需要 24h 以上且极易形成"鱼眼"，造成油层伤害和材料浪费。

(2) 配置黏土浆。

配置膨润土混合需要更强烈的搅拌。应用剪切泵剪切黏土，可以节省 1/3 至 1/2 的黏土用量，可以减少钻井液损失，改善钻井液性能，提高凝胶强度。

(3) 其他难于搅拌混合物料的剪切。

(四) 剪切泵的技术参数

剪切泵的技术参数见表 3-2-5。

表 3-2-5 剪切泵的技术参数

产品型号	流量 m³/h	扬程 m	转速 r/min	配套电动机功率 kW
JQB150-6-5	130	25	1750	45
	150	32	2050	55
	168	38	2250	75

续表

产品型号	流量 m³/h	扬程 m	转速 r/min	配套电动机功率 kW
50JQB	50	14	1460	15
	60	15	1470	18.5
	70	16	1470	22

(五)剪切泵的安装、使用及维护保养

1. 安装

产品应安放于坚实、平整的基础上，管路连接后不应承受额外压力，进浆管尽量采用直管连接，不应有急剧转弯，各闸阀手柄应装于操作人员便于操作的地方。

2. 使用

产品安装后应检查电动机转向是否正确，该泵从吸入端方向看为逆时针方向旋转。严禁在吸入口闸阀关闭的情况下启动运行，严禁在排出口闸阀关闭的情况下运行超过1min。泵启动时应稍微开启闸阀，然后启动泵，等排出压力稳定后，慢慢将排出阀开启到需要的位置。

3. 维护保养

应经常检查各紧固件是否松动，若有松动及时紧固，定期检查轴承润滑情况，定期添加润滑油，若发现润滑油变脏，应清洗后重新加入新油。叶轮、油封等易损件，若有损坏应及时更换，以保证泵的正常运行。冬季停泵后应打开泵壳底部放水丝堵，将泵内积液放净以防冻裂。

(六)剪切泵的常见故障分析及排除方法

剪切泵的常见故障分析及排除方法见表3-2-6。

表3-2-6 剪切泵的常见故障分析及排除方法

故障情况	原因分析	排除方法
轴功率过大	流量偏大或液体密度大	调小流量
扬程偏低	叶轮磨损严重或系转速低	更换叶轮、查找转速低的原因并消除
轴承过热	缺少润滑油或润滑油变脏有杂质，轴承损坏	加入润滑油、更换轴承
剧烈震动	叶轮磨损严重失去平衡，轴承损坏，泵内进入大量气体	更换叶轮或轴承，消除吸入管漏气
停泵时轴封漏液	填料太松	适当压紧填料
运行时轴封漏液	副叶轮间隙过大或损坏	调小间隙或更换副叶轮

四、喷射式混合漏斗

喷射式混合漏斗主要由喷嘴、混合室、文丘里管及加料漏斗和蝶阀组成。射流管系文丘里管，管线一端装有喷嘴泵送的高速钻井液由喷嘴排出，速度转换成压力头后，在喷嘴排出口附近产生低压区，低压将射流管周围的物料吸进喷射液，进入文丘里管中。文丘里管是一根按一定曲面逐渐扩张的空心管,它的主要作用是增加液体在管内的剪切力,以便物料更好地进行分散。

(一)喷射式混合漏斗的基本结构

大部分钻井液混合漏斗使用文丘里管式混合漏斗装置,该装置主要由离心泵、供液管线、进液管、喷嘴、文丘里管、混合室、漏斗、筛网和工作台、出液管线等组成。混合漏斗增加了对钻井液的剪切作用,达到有效混合、充分水化钻井液中所加物料的目的,提高了钻井液与处理剂的混合效果,如图3-2-7和图3-2-8所示。

图3-2-7 混合漏斗实图

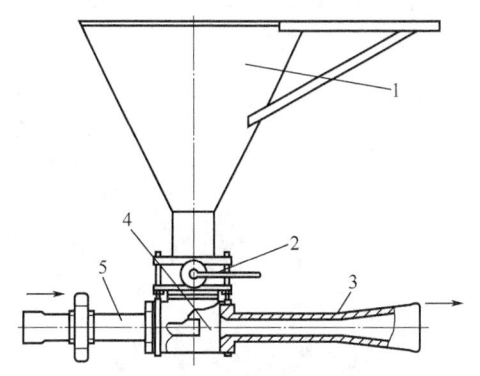

图3-2-8 混合漏斗结构示意图
1—加料漏斗;2—蝶阀;3—文丘里管;
4—混合室;5—喷嘴

(二)喷射式混合漏斗的安装和使用

(1)选择合适钻井液系统的钻井液漏斗。通常,对大多数钻井设备来说,一个漏斗就足够了。如果钻井液循环排量大于1200gal/min,那么考虑使用一个容量为1200gal/min的漏斗。通常,添加化学物质的速率没有比此更快的必要。对大多数工作来说600~800gal/min就足够了。

(2)保持管线与漏斗间的距离尽可能短而直。选择泵和电动机要基于系统要求的压头和流速。在所有工作中,文丘里管都是很有益处的,尤其是当系统回压会降低钻井液漏斗工作效率时。文丘里管允许流体在垂直方向上移动到比漏斗更高的高度。许多情况下,漏斗被放在水平方向上,而下游管道则放在等于或高于钻井液罐顶高度。

(3)使用新的、干净的配件减少摩擦损失。每次工作之后用干净的液体冲洗整个系统,防止钻井液变干后堵塞系统。清洁漏斗喉道,防止物质胶结,否则下一次漏斗使用时运行状况会很差。

(4)工作台被连接固定到漏斗附近以便支撑成袋的物质。工作台应有一个较合适的高度以使工作人员能用最小的体力轻松地添加物质。有动力辅助的小车和袋子处理机可以提高添加速度并减轻工作人员的劳动量。

(5)和钻井设备一样,制定定期的维护和检查钻井液漏斗的计划。钻井液漏斗一般都是简单、容易操作的,但已磨损的喷嘴和阀将影响工作。每30~60h检查一次。

五、液位报警器

液位报警器是用来监控钻井液罐液位变化的报警装置,主要由液位感应装置、液位显示装置和液位告警装置（声、光）三部分组成，如图3-2-9所示。液位报警器按工作原理可分为机械触发式和电子传感式两种，它是钻井液循环系统中非常重要的报警设施。

在油气钻探过程中，钻井泵从储备罐中抽取洁净钻井液形成高压后，以一定排量通过地面管汇、井内管柱和钻头向井底泵送，最终携带岩屑及杂质上返至地面。钻井液固控设备会将钻井液中的混合介质（固相和气相）逐步分离出钻井液，净化后返回到储备罐再次参与循环。理论上来说，在这个过程中除了分离岩屑消耗的和井眼延伸补偿的钻井液外，钻井液体积不会有较大的变化，储备罐液面只会有规律地、非常缓慢地下降。然而，在井内出现一些特殊情况的时候，会使钻井液体积发生极大的变化，导致储备罐外溢或出现抽空，如钻井液气侵、液侵和井漏等。

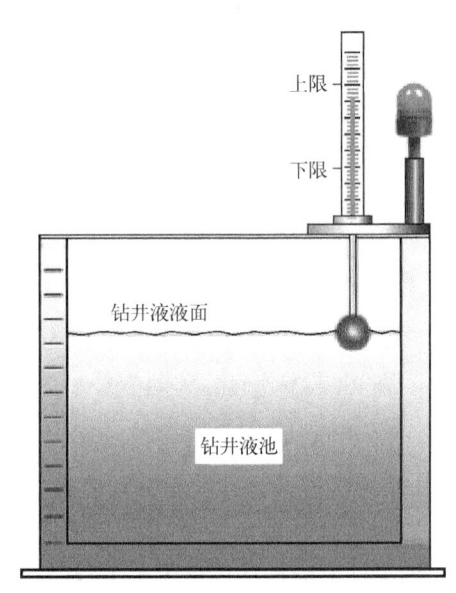

图3-2-9 液位报警器结构示意图

项目三　固控分析与控制

一、固相控制的意义

钻井液中的固相颗粒对钻井液的密度、黏度和切力有着明显的影响，而这些性能对钻井液的水力参数、钻井速度、钻井成本和井下情况有直接的关系。钻井液中固相含量高可导致形成厚的滤饼，容易引起压差卡钻；形成的滤饼渗透率高，滤失量大，造成储层伤害和井眼不稳定；造成钻头及钻柱的严重磨损；尤其是造成机械钻速降低。如果固控设备发生故障，应立即停止钻进，直到固控设备修好后再重新钻进。

所谓钻井液固相控制，就是指在保存适量有用固相的前提下，尽可能地及时清除无用固相（岩屑、砂粒和劣质黏土），从钻井液中分离膨润土和重晶石。通常将钻井液固相控制简称为固控。具体如下：

（1）清除有害固相。及时清除钻井液中的岩屑、砂粒和劣质黏土。
（2）保存有用固相。使钻井液中膨润土和重晶石含量维持在所要求的范围内。

(3) 从钻井液中分离膨润土和重晶石。

钻井液固相控制是实现优化钻井的重要手段之一。正确、有效地进行固控可以降低钻井扭矩和摩阻，减小环空抽汲的压力波动，减少压差卡钻的可能性，提高钻井速度，延长钻头寿命，减轻设备磨损，改善下套管条件，增强井壁稳定性，保护油气层，以及减低钻井液费用，从而为科学钻井提供必要的条件。

二、固相分析

（一）钻井液固相含量的测定

钻井液的许多性能（如密度、黏度、切力），在很大程度上取决于固相的类型和含量。固相的类型和含量还是影响钻井速度的主导因素，因此固相控制在钻井液工艺中占有突出的地位。钻井液中各种固相（黏土、钻屑、重晶石）的含量数据是固相控制的依据，因此钻井液固相含量的测定无疑是十分重要的。用钻井液固相含量测定仪测量钻井液中固相及油、水的含量，并通过计算可间接推算出钻井液中固相的平均密度等。

1. 固相含量测定仪的结构组成

固相含量测定仪是由蒸馏器、加热棒、电源接头、量筒、冷凝器五部分组成。蒸馏器由蒸馏器本体和带有蒸馏器引流导管的套筒组成，两者用螺纹连接起来，将蒸馏器的引流管插入冷凝器的孔中，使蒸馏器和冷凝器连接起来，冷凝管器为一长方形铝锭，有一斜孔穿过整个冷凝器，上端与整个冷凝器引流相连，下端为一弯曲的引流嘴。

2. 固相含量测定仪的工作原理

工作时，由蒸馏器将钻井液的液体（包括油和水）蒸发成气体，经引流管进入冷凝室，冷凝器将气态的油和水冷却成液体，经引流嘴流进量筒。量筒刻度若为百分刻度，可直接读取接收的油和水占钻井液样品的体积分数。若用普通量筒，则需进行再计算。

（二）钻井液中膨润土含量测定——亚甲基蓝滴定（MBT）

亚甲基蓝滴定能够测出钻井液的阳离子交换容量——亚甲基蓝容量和钻井液的膨润土含量。这有助于了解钻井液中存在的黏土的性质和类型情况，有助于了解被钻黏土和页岩的性质。

三、固相含量控制方法

（一）大池子沉淀

这种方法利用固相与液相密度差，在重力的作用下将钻屑从钻井液中沉淀下来，从而分离。目前，由于现场环保的需求，取消了地面钻井液大循环池，此方法就成为过去控制固相含量的一种方法。

（二）清水稀释

当钻井液黏度切力较高时，可加清水稀释钻井液。当水加入钻井液后，钻井液体积变大，固相体积含量就相应减少。然而清水的加入会使钻井液的性能改变。为了保持原来钻井液的性能不变，必须加入适当数量的处理剂。同时要放掉（或储存）大量钻井液，使钻井液成本增加。这种方法既造成浪费，又不安全，应尽量适当应用。

（三）替换部分钻井液

用清水或固相含量低的钻井液替换出一定体积的固相含量较高的钻井液，从而达到降低钻井液固相含量的目的。与清水稀释法相比，替换法可以减少清水和处理剂用量，对原有钻井液性能影响也较小。

（四）利用机械设备清除固相

机械设备清除固相不增加钻井液体积，不必补加大量处理剂，故有利于降低钻井液成本。同时对钻井液的性能影响小，有利于井下正常钻进。此法是上述诸方法中最好的。

（五）化学絮凝法

在钻井液中加入具有选择性的聚合物絮凝剂，使钻井液中的钻屑、砂子和劣质黏土等无用固相不但不水化分散，而且絮凝成较大的颗粒沉降在钻井液池中。该法需用与机械设备配合使用，效果更佳。根据聚合物絮凝剂与钻井液中固相作用的情况，分为下列两种：

（1）全絮凝剂。聚合物能使钻井液中所有的固相（包括膨润土、钻屑等）都发生絮凝沉淀，这种聚合物称全絮凝剂，如聚丙烯酰胺。

（2）选择性絮凝剂。只絮凝钻屑和劣质土，而不絮凝膨润土的聚合物絮凝剂，如合适水解度的部分水解聚丙烯酰胺。

常用的有机聚合物絮凝剂有聚丙烯酰胺（PAM）、部分水解聚丙烯酰胺（PHP）、80A51、醋酸乙烯酯—顺丁烯二酸酯共聚物（VAMA）。有机聚合物絮凝剂对钻井液中固体颗粒的絮凝作用分为以下三个步骤：

一是吸附。通过分子链上的吸附基团（如羟基—OH、酰胺基—$CONH_2$）与黏土表面的氧原子或氢氧原子之间形成氢键而发生吸附。同时通过分子链上的离子化基团（如钠基—COONa）还可以与黏土颗粒断键边缘产生静电吸附。

二是架桥。由于絮凝剂的分子链较长，分子链上有多个吸附基团，所以一条长链上可以同时吸附多个黏土颗粒，这一作用过程就是长链分子在黏土颗粒间的架桥作用。

三是形成团块，在重力作用下下沉。当架桥作用完成后，聚合物分子链本身及其链段发生旋转和运动（称为痉挛），将小的黏土颗粒聚集到一块，形成絮凝团块，在重力作用下絮凝团块下沉，从钻井液中除去。配合使用固控设备，更有利于絮凝物的除去。要想达到好的絮凝效果，絮凝剂的加量一定要合适。理论和实验证明，只有当絮凝剂的加量为钻井液中固相饱和吸附量的二分之一时，才能达到最佳絮凝效果。

四、钻井液固相的分类

（一）按固相密度分类

钻井液固相按固相密度可分为高密度固相和低密度固相两种类型。前者主要指密度为 $4.2g/cm^3$ 的重晶石，还有铁矿粉、方铅矿等其他加重材料。后者主要指膨润土和钻屑，还包括一些不溶性的处理剂，一般认为这部分固相的平均密度为 $2.6g/cm^3$。

（二）按固相性质分类

钻井液固相按固相性质可分为活性固相和惰性固相。

（1）活性固相。凡是容易发生水化作用或与液相中其他组分发生反应的均称为活性固相，反之则称为惰性固相。活性固相包括黏土和以黏土为主要成分的岩屑，它们的物理化学性质受水中的离子和钻井液处理剂的影响，并在水中分散。

（2）惰性固相。这些固相在水中不水化分散，一般不受其他因素的影响，如砂岩、石灰岩、长石、重晶石以及造浆率极低的黏土等。除重晶石外，其余的惰性固相均被认为是有害固相，即固控过程中需清除的物质。

(三) 按固相作用分类

钻井液固相按固相作用可分为有用固相和劣质固相。

(1) 有用固相是指维持和调节钻井液性能所必需的固相，如膨润土、重晶石和一些固相处理剂。

(2) 有害固相是指除有用固相的其他固相，如钻屑、劣质土和砂粒等。

(四) 按固相粒度分类

按照美国石油学会（API）制订的标准，钻井液中的固相可按粒度大小分为以下三大类：

(1) 黏土（或称胶粒），粒径<2μm。
(2) 泥，粒径2~73μm。
(3) 砂（或称API砂），粒径>74μm。

一般情况下，非加重钻井液中粒径大于2000μm的粗砂粒和粒径小于2mm的胶粒在钻井液中所占的比例都不大。如果以74μm（相当于可通过200目筛网）为界，粒径大于74μm的颗粒只占3.7%~25.9%，表明大多数是小于74μm的颗粒。

五、固相含量高的危害

(1) 降低机械钻速，缩短钻头使用寿命。

(2) 造成钻井液性能不稳定，黏度、切力升高，流动性变差，易发生黏土侵和化学污染。

(3) 使滤饼增厚，且质地松散，摩擦系数增高，导致起下钻遇阻遇卡，易引起黏附卡钻；另外，滤失量增大，还可造成井壁膨胀、缩径、剥落、坍塌等；再者，滤饼渗透性大，滤失量大，可降低油层渗透率和原油生产能力；固相高，滤饼厚，还会影响固井质量。

(4) 钻井液处理频繁，使钻井液成本升高。

(5) 砂样混杂，使录井、测井资料不准确，电测不顺利。

(6) 堵塞油气通道，伤害油气层。钻井液压力大于地层压力时，钻井液向地层渗透，小于地层油气通道的固相随之深入，形成堵塞，即伤害油层。

(7) 缩短机械设备寿命。增大磨损，钻头消耗增加，钻井液泵易损件消耗增加。

(8) 诱发井下复杂，固相含量高会导致：密度升高——压漏地层；黏切升高——钻头易泥包，起钻拔活塞，诱发井喷、下钻引起压力激动，引起井漏；滤饼变松、变厚——失水大，导致井壁塌；井眼变小，易卡钻；引发压差卡钻；滤饼摩擦系数增大——扭矩增加，动力消耗大，钻具故障增多，钻具寿命缩短。

六、固相含量对钻速的影响

人们通过大量的研究工作，总结出钻井液固相含量对钻速的影响有以下规律：

(1) 钻速随固相含量的升高而下降。设清水时钻速为100%，则固相含量升至7%时，钻速下降为50%，即降为清水时钻速的一半。由大量的统计资料表明，固相含量在7%以内，每降低1%，钻速至少可以提高10%。

(2) 实践证明，钻井液中固相类型对钻速影响差异较大。砂子、重晶石等惰性固相对钻速影响较小，钻屑、低造浆率的劣质土的影响居中，而高造浆黏土的影响最大。

（3）在不同的固相含量范围内，钻速随固相含量的降低而升高的幅度不同，钻井液固相含量在7%（约相当于密度为1.08g/cm³）以下时，钻速提高得很快；而超过7%时，降低固相含量对提高钻速的效果不明显。

（4）钻井液中粒径小于1μm的胶体颗粒对钻速的影响最大。由实验得出，粒径小于1μm的胶体颗粒比粒径大于1μm的粗颗粒对钻速的影响大12倍。所以，钻井液中粒径小于1μm的胶体颗粒越多，钻速下降的幅度越大。

由钻井液固相含量对钻速的影响分析，可以得出这样的结论：

（1）为了有效地提高钻速，必须使钻井液的固相含量降至7%以下，这时，降低钻井液固相含量才能达到大幅度提高钻速的目的。

（2）为了提高钻速，仅保持低固相含量是不够的，还必须使钻井液中胶体颗粒的含量尽量低，即应用不分散低固相钻井液。

七、保持钻井液低固相及低胶体含量的途径

钻井过程中进入钻井液的岩屑大部分是有害固相，若这些岩屑不能及时清除，其中的泥页岩和黏土不断地分散成更小的颗粒，使钻井液总固相含量和低胶体含量升高。故要保持钻井液低固相含量和低胶体含量，必须解决以下问题：

（1）使钻头破碎的岩屑和黏土在从井底带出地面的过程中不水化分散。
（2）使岩屑尽快从井底返至地面，并迅速从钻井液中除去。
（3）使钻井液中保持适当数量的胶体颗粒。

八、固相控制技术

（一）一开井段（0~300m）

一开井段地层胶接疏松，井径大，是以棕黄色及棕红色黏土、砂质黏土与浅灰色松散砂层不等厚互层为主的地层。使用封闭钻井液循环系统，钻井液体系采用膨润土浆。要求固相控制以振动筛、除砂器、除泥器为主，即三级固控。

按以下要求使用固控设备：

（1）振动筛的使用。使用孔径为100~150目的筛布，以振动筛筛面不跑钻井液为准，尽可能使用细筛。所有钻井液要经过振动筛处理。

（2）除砂器、除泥器的使用。全功能运转，排出的底流要经过孔径为200~300目的振动筛筛布过滤分离，分离后的液相回收至循环系统。

循环罐要保持无沉砂，罐内的钻井液一定要经过除砂器、除泥器过滤分离，分离后的液相部分回收至循环系统。

（二）二开上部井段（300~1500m）

二开上部井段地层以棕黄色、棕红色、灰绿色泥岩为主，与浅灰色粉砂岩、泥质粉砂岩互层，夹灰黄色浅灰色粉砂岩，泥质粉砂岩、底部有灰白色含砾砂岩。钻井液体系采用不分散聚合物钻井液。该井段地层成岩性差，泥岩性较软且砂层发育，钻井液主要以抑制地层造浆、携带岩屑、防止泥岩缩径为目标，确保安全钻进。要求含砂量小于0.5%，低密度固相含量小于7%，膨润土含量小于45g/L。因此，采用四级固控系统，必须使振动筛、除砂器、

除泥器、离心机等与钻井泵同步运转,严格控制钻井液中劣质固相含量,以使钻井液含砂量、固相含量控制在合理范围内,为提高钻速、确保井眼畅通创造良好条件。

按以下要求使用固控设备:

(1) 振动筛的使用。使用孔径为 120~150 目的筛布,尽可能使用最细的筛布,以振动筛筛面不跑钻井液为准,所有钻井液要经过振动筛处理。

(2) 除砂器、除泥器的使用。全功能运转,排出的底流要经过孔径为 200~300 目的振动筛筛布过滤分离,分离后的液相回收至循环系统。

(3) 离心机的使用。二开地层自然造浆钻井液密度达到 1.15g/cm³,立即启用离心机,应尽可能高速运转,产生较大的离心力分离极细的固相。

循环罐要保持无沉砂,罐内的钻井液一定要经过除砂器、除泥器过滤分离,分离后的液相部分回收至循环系统。

实际钻进过程中,振动筛、除砂器、除泥器、离心机与钻井泵同步正常运转,同时使用氯化钙、高分子絮凝剂,提高固控设备分离固相的效率。各项技术指标均达到要求,含砂量小于 0.5%,低密度固相含量小于 5%,膨润土含量小于 45g/L。

经过固控系统处理后的钻井液,自然造浆钻井液密度保持在 1.10~1.15g/cm³,若使用更高密度的钻井液,则要加重晶石,而且不允许中断固相控制,利用低密度无用固相使钻井液密度自然升高。

(三) 二开下部井段(1500~3200m)

二开下部井段地层以棕红、紫红、绿灰色泥岩及灰色泥岩为主,浅灰色砂质泥岩与浅灰色粉砂岩及灰白色含砾砂岩、灰黑色炭质泥岩、炭质页岩、褐色劣质油页岩互层,底部有薄层浅灰色白云岩。二开下部井段是造斜井段,井斜较大,对钻井液的携带、悬浮、流动性、润滑性要求高,钻井液体系采用不分散聚合物润滑钻井液、抑制封堵防塌润滑钻井液。该井段地层成岩性差,泥岩性较软且砂层发育,钻井液主要以抑制地层造浆、携带岩屑、防止坍塌卡钻为目标,确保安全钻进,要求固相含量应控制在设计范围内。因此,实行振动筛、除砂器、除泥器、离心机四级除砂。振动筛的筛布目数要根据地层变化及时进行更换,地层硬度增加,筛布目数应随之增加。严格控制钻井液中劣质固相含量,使钻井液含砂量小于 0.3%、固相含量控制在合理范围内,为安全钻进提速、提质创造良好条件。

按以下要求使用固控设备:

(1) 振动筛的使用。使用孔径为 150~200 目的筛布,尽可能使用最细的筛布,动筛筛面不跑钻井液为准,所有钻井液要经过振动筛处理。

(2) 除砂器、除泥器的使用。非加重钻井液要全功能运转,排出的底流要经过孔径为 200~300 目的振动筛筛布过滤分离,分离后的液相回收至循环系统。

(3) 离心机的使用。非加重钻井液控制密度小于 1.15g/cm³,正常使用离心机,应尽可能高速运转,产生较大的离心力分离极细的固相。

循环罐要保持无沉砂,罐内的钻井液一定要经过除砂器、除泥器过滤分离,分离后的液相部分回收至循环系统。实际钻进过程中,振动筛、除砂器、除泥器、离心机与钻井泵同步正常运转,同时使用高分子絮凝剂,提高固控设备分离固相的效率。各项技术指标均达到要求,含砂量小于 0.3%,低密度固相含量小于 5%,膨润土含量小于 65g/L。

经过固控系统处理后的钻井液,钻井液密度保持在 1.12~1.15g/cm³,若使用更高密度的钻井液,则要加重晶石,而且不允许中断固相控制,利用低密度无用固相使钻井液密度自然升高。后期钻进时，离心机可根据地层造浆情况、钻井液膨润土含量间断使用，以保证钻井液性能稳定。

(四) 三开井段 (3200~4500m)

三开井段地层以深灰、灰色泥岩、褐灰色油页岩与深灰色泥岩、灰色灰质泥岩为主，灰色、灰白色砂岩及灰色泥质砂岩、白云质砂岩呈不等厚互层，下部以紫红色泥岩、砂质泥岩为主，夹薄层灰色泥岩、泥质粉砂岩。

三开井段以泥岩、砂岩为主，产层压力系数高，钻井液密度高达 2.00g/cm^3 以上。三开井段中稳斜井段长，对钻井液的携带、悬浮、流动性、润滑防塌要求高，钻井液体系采用强抑制封堵防塌润滑钻井液，主要以抑制泥页岩地层水化分散、防止坍塌卡钻、润滑防卡、携带岩屑为目标，确保安全钻进。良好的固控设备和高的运转率是保证钻井液质量的前提，要求固相含量应控制在设计范围内。因此，必须使振动筛、除砂器、除泥器、离心机等与钻井泵同步运转。振动筛的筛布目数要根据地层变化及时进行更换，地层硬度增加，筛布目数应随之增加。严格控制钻井液中劣质固相含量，使钻井液含砂量小于 0.5%、膨润土含量 25~50g/L。固相含量控制在合理范围内，为安全钻进创造良好条件。

按以下要求使用固控设备：

(1) 振动筛的使用。使用孔径为 150~200 目的筛布，尽可能使用最细的筛布，以振动筛筛面不跑钻井液为准，所有钻井液要经过振动筛处理。

(2) 除砂器的使用。全功能运转，排出的底流要经过孔径为 200~300 目的振动筛筛布过滤分离，分离后的液相回收至循环系统。

(3) 离心机的使用。加重钻井液依据膨润土含量情况间断使用，高密度钻井液应配备低速离心机分离重晶石再回收利用，然后再使用高速离心机产生较大的离心力分离极细的固相。

循环罐要保持无沉砂，罐内的钻井液一定要经过除砂器过滤分离、除泥器间断过滤分离，分离后的液相部分回收至循环系统。实际钻进过程中，振动筛、除砂器与钻井泵同步正常运转，离心机根据实际钻井液固相情况间断使用高密度的钻井液，同时使用高分子絮凝剂，提高固控设备分离固相的效率。各项技术指标均达到要求，含砂量小于 0.3%，低密度固相含量小于 4%，以保证钻井液性能稳定。

(五) 四开井段 (>4500m)

四开井段以灰岩、片麻岩为主，产层压力系数低，钻井液密度在 1.00g/cm^3 左右。四开井段是稳斜井段，对钻井液的携带、悬浮、润滑要求高，钻井液体系采用高黏切无土相钻井液，主要以润滑防卡、悬浮携带岩屑为目标，确保安全钻进。良好的固控设备和高的运转率是保证钻井液质量的前提，要求固相含量应控制在设计范围内。因此，必须使振动筛、除砂器、除泥器、离心机等与钻井泵同步运转。四开井段地层硬度高，研磨性强，振动筛的筛布目要及时进行更换细目数筛布。严格控制钻井液中劣质固相含量，使钻井液含砂量小于 0.3%。固相含量控制在合理范围内，为安全钻进创造良好条件。

按以下要求使用固控设备：

(1) 振动筛的使用。使用孔径为 200 目以上的筛布，尽可能使用最细的筛布，以振动筛筛面不跑钻井液为准，所有钻井液要经过振动筛处理。

(2) 除砂器的使用。全功能运转，排出的底流要经过孔径为 300~320 目的振动筛筛布过滤分离，分离后的液相回收至循环系统。

(3) 离心机的使用。依据钻井液密度情况间断使用，确保钻井液中膨润土含量在要求范围内。

循环罐要保持无沉砂，罐内的钻井液一定要经过除砂器过滤分离、除泥器间断过滤分离，分离后的液相部分回收至循环系统。实际钻进过程中，振动筛、除砂器与钻井泵同步正常运转，所有的钻井液都要经过处理。除泥器大部分时间停止运转，离心机只在固相含量超标时开启使用。各项技术指标均达到要求，含砂量小于 0.3%，以保证钻井正常施工。

项目四　应会技能训练

——钻井液固控设备的维护保养与测定

一、振动筛使用与维护保养操作

(一) 技能目标

掌握振动筛的正确维护、保养操作，了解振动筛的规格、型号、原理。

(二) 准备工作

(1) 穿戴好劳保用品。
(2) 准备 4 号二硫化钼锂基润滑脂、液压油、筛布等。
(3) 工具准备：高压油枪、扳手、筛布专用扳手、撬杠、榔头、毛刷等。
(4) 清水。

(三) 操作步骤

(1) 首先检查振动筛筛面是否完整，固定是否良好，每班检查一次；检查振动电动机螺栓是否紧固。

(2) 开机。振动筛开机前去掉筛箱的固定装置，再启动电源。拆下的部件妥善保管，以便搬家时再用。使用过程中观察有无异常噪声、温度和运转是否正常。振动筛在钻井液进入循环系统之前去除了大部分钻屑，提高下游固控设备的净化性能。在钻井的全过程中都应使用振动筛，把好第一道关。

(3) 调整。振动筛处理量的因素包括自身的运动参数、钻井液的类型及固相的粒度分布等。使用时，注意调整筛箱倾角，使钻井液覆盖筛面总长度达 75%~80%。

(4) 停用。停止使用前，先用清水或水蒸气把筛面、筛槽冲洗干净。禁止使用铁铲等锐利金属物清理堆积物，以免刮坏筛网。清洗完毕后，空载运转 1~2min，方可关闭电源。

(5) 操作人员应严格遵守操作规程，在使用前必须详细了解振动筛的结构、性能、操作技术要求等。

(6) 筛布更换。操作人员按时检查振动筛筛布，中途停用时，应及时用水冲洗，并用毛刷清洗筛网，筛网如有损坏及时更换。操作人员在更换筛网时，使用专用工具将两侧拉紧螺栓或压板取下，使用清水清洗筛床，新的筛布应平整放于筛床上，然后将两侧拉紧螺栓或压板固定，开启振动筛工作 3~5min 后，停机，再进行固定。

(7) 激振器的保养。操作人员必须清楚本班激振器的运行时间，激振器运行 1000~

1500h 后，需补充 4 号二硫化钼锂基润滑脂。补充润滑脂时，首先断电、停机，拧下电动机顶部两侧注油孔螺塞（如安装了注油嘴可直接注入）然后，使用高压油枪将专用润滑脂注入。(约用注脂枪挤压 2~3 下)。

（四）技术要求

(1) 钻井液对筛网的覆盖面积为 75%~80%，则振动筛的目数与所钻地层匹配。若钻井液覆盖面积为 35%左右，则筛网过于稀疏，应选目数小的筛网。若钻井时覆盖面积在 95%以上，则筛网目数太小，应选目数大的筛网。

(2) 激振器每工作三个月应检查加注专用润滑脂一次。每 6 个月应卸下电动机两侧端盖，清除旧的润滑脂后，直接涂抹新的润滑脂后将端盖装上并固定紧。

(3) 根据筛布表面清洁情况冲洗筛网表面，保证过滤顺畅。当小排量钻井时，可考虑两台振动筛交替使用，以利延长设备使用寿命。

(4) 定期检查各部位固定螺栓有无松动，液压式手动油泵及液压油缸工作是否正常，液压软管有无泄漏，如有损坏及时更换。

（五）相关知识

振动筛是一种过滤性的机械分离设备，它通过机械振动将粒径大于网孔的固体和通过颗粒间的黏附作用将部分粒径小于网孔的固体筛离出来。从井口返出的钻井液流经振动着的筛网表面时，固相从筛网尾部排出，含有粒径小于网孔固相的钻井液透过筛网流入循环系统，从而完成对较粗固相颗粒的分离作用。

二、离心机维护保养

（一）学习目标

掌握离心机的正确维护、保养操作，了解离心机的规格、类型及原理。

（二）准备工作

(1) 穿戴好劳保用品。

(2) 油脂准备：2 号锂基润滑脂，15 号（或 18 号）双曲线齿轮油，20 号（或 30 号）透平油。

(3) 工具准备：撬杠、各型扳手、高压油枪。

（三）操作步骤

(1) 检查。检查除砂泵、供浆管汇及阀门是否处于正确状态，除砂泵电动机的转向应器应与其护罩上的箭头方向一致。除砂器溢流管出口不能伸进液面，防止停机时钻井液倒流产生"虹吸"。

(2) 使用。除砂器作为第二级固控设备使用，通常安装在振动筛和除气器之后；除泥器作为第三级固控设备安装在除砂器之后。使用除砂器前应使进入除砂器的钻井液经过振动筛处理，再进入除砂器；进入除泥器的钻井液需经过除砂器处理过。使用时先开启除砂器（除泥器）底部振动筛，再开供液泵。

(3) 观察。观察泵压表数据，正常工作压力应为 0.2~0.3MPa。

(4) 调节。目前用于钻井液固控的旋流器多为平衡式旋流器。如果这种旋流器的底流口尺寸调节适当，那么在给旋流器输入纯液体时，液体将全部从溢流口排出；当输入含有可分离固相的液体时，固体将会从底流口排出，每个排出的固体颗粒表面都黏附着一层液膜。此时的底流口大小称为该旋流器的平衡点。应根据底流口大小，更换不同口径的底流口。

（5）停用。先停供液泵，再停旋流器底部振动筛，最后清除底流口的沉砂，清洗振动筛筛布。

（6）主轴承和输送器轴承的维护保养。操作人员必须清楚本班离心机主轴承和输送器轴承的保养时间，主轴承和输送器轴承运行100h就必须加注一次2号锂基润滑脂。打开离心机护罩找到主轴承在座上的注油孔和在输送器滚筒的大小端法兰轴上的注油孔，使用高压油枪进行注油。

（7）差速器的润滑保养。操作人员必须清楚本班离心机差速器的保养时间，每运行500h更换一次，更换前首先将油放尽，然后加入4kg柴油，拧上油塞，用手旋转差速器数圈后放掉柴油，这样反复冲洗2~3次，最后加入齿轮油，加油量每次3L，加油时必须经过80~100目的滤网过滤，加油孔转到水平位置油能溢出则表示油已加足，反之则不够。

（8）耦合器维护保养。操作人员必须清楚本班离心机耦合器的保养时间，耦合器运转3000h左右，对工作油进行老化检查，或更换油一次。

(四) 技术要求

（1）主轴承和输送器轴承保养必须采用2号锂基润滑脂；差速器的润滑保养必须采用15号（或18号）双曲线齿轮油；耦合器维护保养必须采用20号（或30号）透平油。

（2）转动零部件在拆装时应绝对注意对准记号、装配的平面和接触面应光洁、无毛刺，更不得有异物，以保持其动平衡精度。

（3）拆装轴承时不得用金属棒用力敲打，以免影响轴承精度或损坏轴承，拆装密封圈时必须特别小心，不得碰伤密封面。

（4）应经常检查电气部分的连接线柱处的螺钉是否松动，以防接触不良而损坏电气设备。

(五) 相关知识

（1）除砂器。通常将直径为150~300mm的旋流器称为除砂器。在输入压力为0.2MPa时，各种型号的除砂器处理钻井液的能力为20~120m^3/h。处于正常工作状态时，它能够清除大约95%直径大于74μm的钻屑和大约50%直径大于30μm的泥质。为了提高使用效果，在选择型号时，除砂器对钻井液的许可处理量应该是钻井时最大排量的1.25倍。

（2）除泥器。通常将直径为100~150mm的旋流器称为除泥器。在输入压力为0.2MPa时，其处理能力不应低于10~15m/h。正常工作状态下的除泥器可清除约95%直径大于40μm的泥质和约50%直径大于15μm的泥质。除泥器的许可处理量，应为钻井时最大排量的1.25~1.5倍。

（3）微型旋流器。通常将直径为50mm的旋流器称为微型旋流器。在输入压力为0.2MPa时，其处理能力不应低于5m^3/h。分离粒度范围为7~25μm。微型旋流器主要用于处理某些非加重钻井液，以清除超细颗粒。

三、钻井液固相含量测定

(一) 学习目标

掌握钻井液固相含量的测定方法和计算，了解仪器的类型、规格。

(二) 准备工作

(1) 穿戴好劳保用品。

(2) 准备固相含量测定仪一套、待测钻井液（1000mL）、天平、刮刀、天平、扳手、百分含量刻度筒等。

(3) 准备消泡剂、破乳剂、100mL液杯。

(4) 检查蒸馏器、液杯盖、加热棒、电线插头、冷凝器、刮刀、环架、天平。

(三) 操作步骤

(1) 把搅拌好的钻井液注满拆开的蒸馏液杯，盖好计量盖，用棉纱擦掉由计量盖小孔中溢出的钻井液，取下计量杯盖，将黏附在杯盖上的钻井液刮回液杯中，这时液杯中的钻井体积恰好为20mL±0.01mL（这是一个不可改变的定值）。

(2) 若有气泡时加入2~3滴消泡剂，取套筒拧紧于液杯上，然后将加热棒装入套筒内拧紧。

(3) 将蒸馏器引流管插入冷凝器的小孔中（即把蒸馏器和冷凝器连接起来），再把玻璃量筒卡在冷凝器引流管下方，以便接收冷凝成液体的油和水。

(4) 将导线的母接头插在加热棒上端的插头上（切勿转动），接通电源，通电3~5min后，从蒸馏液流出的第一滴开始计时，直到全部蒸干（冷凝器引流管下方不再有液体流出为止），大约需要20~40min（一般需40min），无液滴流出时切断电源。

(5) 用环架套住蒸馏器上端部分，手握电线拿下蒸馏器，可用水冷却，电线接头及加热棒与套筒的连接处应小心，不能沾上水。

(6) 待冷却后拔除电源接头，卸开蒸馏器，用刮刀刮净内壁、加热棒和套筒内的固相成分，全部回收完后称取质量。将蒸馏器，加热棒洗净擦干。

(7) 取出百分含量刻度量筒，读出油和水的百分含量，如果液面油水分层不清，可加入2~3滴破乳剂以改善液面的清晰度。

(8) 计算公式为：

$$\phi_\text{油} = 刻度量筒总度数 - \phi_\text{水}$$

$$\phi_\text{固} = 1 - \phi_\text{油} - \phi_\text{水}$$

式中 　$\phi_\text{油}$——油的体积分数。

　　　$\phi_\text{水}$——水的体积分数。

　　　$\phi_\text{固}$——固相体积分数。

(四) 技术要求

(1) 取样钻井液必须充分搅拌，若有气泡，需排除气泡后才能取样测定。

(2) 液杯内注入钻井液后，计量杯盖要慢慢放平，从杯盖小孔溢出的钻井液必须擦掉，再慢取杯盖，杯盖上黏附的钻井液应刮回到液杯中，使杯中钻井液体积接近20mL。

(3) 蒸馏器的冷却，平时测定可自然冷却，示范测定可采取水淋冷却。电线插头、电热棒与套筒连接处不能附着水，以免水进入套筒。

(4) 若通电后蒸馏器不热，可切断电源，检查加热棒与电线母接头是否接触牢固，电源供电是否正常等。

(5) 实际操作中，应注意观察有无蒸气从箱体和蒸馏器之间跑掉。如有此现象，可能是冷凝管被堵，可用洗耳球吹，若还不通必须更换仪器。

(五) 相关知识

固相含量测定仪器有锅（或蒸发皿）、固相含量测定仪（蒸馏器）。

1. 锅（或蒸发皿）测固相含量

在坩埚（或蒸发皿）中放入定量钻井液，加热蒸干，将剩下的所有固体放入盛有柴油而体积已知的量筒中，柴油增加的体积就是钻井液蒸发后的固相体积。因柴油不使黏土水化膨胀，所以该固相体积与所取钻井液样体积之比就是固相占该钻井液体积的百分数。

2. 固相含量测定仪（蒸馏器）

它是由加热棒、蒸馏器和量筒组成。加热棒有两只，一只用 220V 交流电，另一只用 12V 直流电，功率都是 100W。蒸馏器由蒸馏器本体和带有蒸馏器引流管的套筒组成，两者用丝扣连接起来，将蒸馏器的引流管插入冷凝器的孔中，使蒸馏器和冷凝器连接。冷凝器为一长方形铝锭，有一斜孔穿过整个冷凝器，上端与整个冷凝器引流管相连，下端为一弯曲的引流嘴。

工作时，由蒸馏器将钻井液中的液体（包括油和水）蒸发成气体，经引流管进入冷凝室，冷凝器将气态的油和水冷却成液体，经引流嘴流入量筒。量筒刻度若为百分刻度，可直接读取接收的油和水占钻井液样品的体积百分数。

四、钻井液中膨润土含量测定——亚甲基蓝滴定（MBT）

(一) 学习目标

熟练掌握亚甲基蓝滴定膨润土含量操作，了解相关知识。

(二) 准备工作

(1) 穿戴好劳保用品。

(2) 酸式滴定管一支。

(3) 250mL 锥形瓶 2 个。

(4) 2mL 注射器一支。

(5) 量筒 2 个（20mL、50mL）。

(6) 电炉（1000W/220V）一个。

(7) 搅拌棒、滤纸等。

(8) 0.01mol/L 亚甲基蓝水溶液。

(9) 3% 过氧化氢（H_2O_2）。

(10) 5mol/L 的稀硫酸 5mL。

(11) 钻井液若干。

(三) 操作步骤

(1) 用不带针头的注射器准确量取 1mL（或 2~10mL 试剂所需的适当体积）钻井液，注入 250mL 锥形瓶中。

(2) 加 40mL 水稀释。为了除去 CMC、褐煤、木质素磺酸盐、聚丙烯酸盐等有机物的干扰，加入 10mL 3% 的过氧化氢和 5mL 稀硫酸（5mol/L）。

(3) 把锥形瓶放在电炉上，缓慢煮沸 10min，取下后水冷至室温，加水约 50mL。

(4) 用亚甲基蓝水溶液滴定，每滴入 0.5mL 亚甲基蓝水溶液后，旋摇 30s。

（5）用搅拌棒取一滴液体滴在滤纸上，观察在染色固体斑点周围是否出现绿蓝色圈。若无此种色圈，继续滴入 0.5mL 亚甲基蓝溶液，重复上面的操作。当发现绿蓝色圈时，摇荡三角瓶 2min，再放 1 滴在滤纸上，若色圈仍不消失表明已达滴定终点；若色圈消失，则应继续前述操作，直到摇荡 2min 后液滴中染色固体斑点周围的绿蓝色圈不消失为止。

（6）记录亚甲基蓝溶液消耗的体积（mL）。

（7）计算钻井液中膨润土含量，计算公式为：

$$钻井液膨润土含量(g/L) = 14.3 \times \frac{消耗亚甲基蓝溶液的体积(mL)}{钻井液样品的体积(mL)}$$

（8）清洗仪器并摆放整齐。

（四）技术要求

（1）煮沸时切勿蒸干。

（2）用亚甲基蓝溶液滴定时，每次加量 0.5mL，旋摇锥形瓶 30s，当固体仍被悬浮时，用搅拌棒取 1 滴液体滴在滤纸上，当染色固体斑点周围出现绿蓝色圈时即达到滴定终点。若无此色圈，则可重复上述操作。

（3）若出现绿蓝色圈，但随即消失，说明终点快到，应小心滴定，直至旋摇 2min 后再取一滴液体滴在滤纸上，若出现蓝绿色圈并不再消失，则说明达到终点。

学习情境四　钻井液的维护处理

知识目标

(1) 了解地质构造特点与岩石特性；
(2) 掌握影响钻井液性能的地质因素；
(3) 掌握一般钻井液的维护处理方法；
(4) 掌握特殊井钻井液的维护处理方法。

技能目标

(1) 会识别不同地层的岩石及分析物理特性；
(2) 会对常规地层进行钻井液维护处理；
(3) 会对钻开的油气层进行钻井液维护处理；
(4) 会进行完井时钻井液的维护处理；
(5) 会对特殊井进行钻井液维护处理。

思政要点

1952 年，李四光担任新中国地质部第一任部长，并创立了地质力学，提出了中国东部第四纪冰川的存在，建立了新的边缘学科"地质力学"和"构造体系"概念。在 1954 年，李四光提出华北平原和松辽平原油气资源的摸底工作，1959 年 9 月，勘探发现松辽盆地一个特大型的砂岩油田，并正式命名为大庆油田。1960 年，国家组织大庆石油会战，大庆油田的开发建设甩掉了中国"贫油"的帽子，为中国石油工业的发展作出了巨大贡献。我们要发扬老一辈石油地质人的爱国精神，"以先辈为榜样、以科技为支撑、以奉献为己任"，争取开发出更多更好的油田回报祖国。

项目一　地质与钻井液的关系

一、岩石分类组成

(一) 地质构造

众所周知，地球在漫长的历史中，地壳一直在不停地运动、发展和变化着。具体来说就是地层内部结构和表面形态、结构不断运动、发展和变化着，我们通常把这个过程称为地质作用。地质作用是一个极其复杂的过程，有些地质作用进行得很快，易于直接观察，如地震、火山爆发等；但多数地质作用进行得极其缓慢，不易察觉，如地壳运动，即使在活动强烈地区，其活动速度也不过每年几毫米。地质作用可引起海陆分布的变迁，形成千姿百态的地貌景观。地质作用也促使着各种岩石、矿物的形成与破坏,不断地对地壳进行着建造与改造。

1. 内动力地质作用

由地球内部能量引起的发生在地球内部或地壳深部的地质作用称为内动力地质作用,此作用对油气的生成、聚集影响很大。这些作用包括:

(1) 构造运动:包括水平运动、垂直运动。

(2) 岩浆作用:侵入作用、喷出作用。

(3) 变质作用:破裂变质作用、接触变质作用、气液变质作用和区域变质作用。

(4) 地震作用:构造地震、火山地震和陷落地震。

2. 外动力地质作用

由地球外部能量(如太阳能、日月引力能等)引起的、作用在地壳表层的地质作用称为外动力地质作用,其作用结果是最后形成沉积岩。这些作用包括:

(1) 风化作用:包括物理风化、化学风化和生物风化。

(2) 剥蚀作用:包括风的吹蚀作用、河流的侵蚀作用、地下水的潜蚀作用、海洋湖泊的剥蚀作用和冰川的刨蚀作用。

(3) 搬运作用:包括风的搬运作用、河流的搬运作用、地下水的搬运作用、海洋湖泊的搬运作用和冰川的搬运作用。

(4) 沉积作用:包括风的堆积作用、河流的沉积作用、地下水的沉积作用、海洋湖泊的沉积作用和冰川的沉积作用。

(5) 固结成岩作用(沉积后作用):包括胶结作用、压实作用和结晶作用。

(二) 地质岩石的分类

自然界中的岩石很多,按其形成的原因可分为三大类,即火成岩、变质岩和沉积岩。火成岩分于地壳较深处,在它的上面是沉积岩。沉积岩所占体积虽然少,但分布很广,占地壳表面积的75%,对石油与天然气有着重大的意义。

(1) 火成岩又称岩浆岩,其特点是无层次、块状,一般都致密坚硬,如花岗岩、玄武岩等。在火成岩中极少有天然气或石油储藏。

(2) 变质岩是由变质作用所形成的岩石。是由地壳中先形成的岩浆岩或沉积岩,在环境条件改变的影响下,矿物成分、化学成分以及结构构造发生变化而形成的。它的岩性特征既受原岩的控制,具有一定的继承性,又因经受了不同的变质作用而在矿物成分和结构构造上具有新生性(如含有变质矿物和定向构造等)。通常,由岩浆岩经变质作用形成的变质岩称为"正变质岩",由沉积岩经变质作用形成的变质岩称为"副变质岩"。根据变质形成条件,可分为热接触变质岩、区域变质岩和动力变质岩。变质岩在中国和世界各地分布很广。前寒武纪的地层绝大部分由变质岩组成;古生代以后,在各个地质时期的地壳活动带,在一些侵入体的周围以及断裂带内,均有变质岩的分布。

(3) 沉积岩的特点是有层理、有化石(各种古代动植物的残骸进迹)。石油生成在沉积岩中,大多储存在沉积岩的孔隙、裂缝及溶洞里。在地下凡是能够使油气在其中储存和流动的岩层都称为储集油气岩层,简称储集层。过去曾有人认为地下有"石油湖""石油河",实践证明这种看法是错误的。石油在地下既不是在"湖"内,也不是在"河"内,而是存在于岩石的孔隙、裂缝或溶洞内。因此凡是具备孔隙性和渗透性的岩石层均有形成储集层的可能。从我国目前找到的石油储量的分布来看，99%是在沉积岩内，如大庆油田、胜利油田等。

二、沉积岩的组成

在石油勘探和开发过程中，经常遇到的就是沉积岩。它主要包括石灰岩、砾岩、砂岩、泥岩、页岩、泥页岩和黏土岩等，如图 4-1-1 所示。

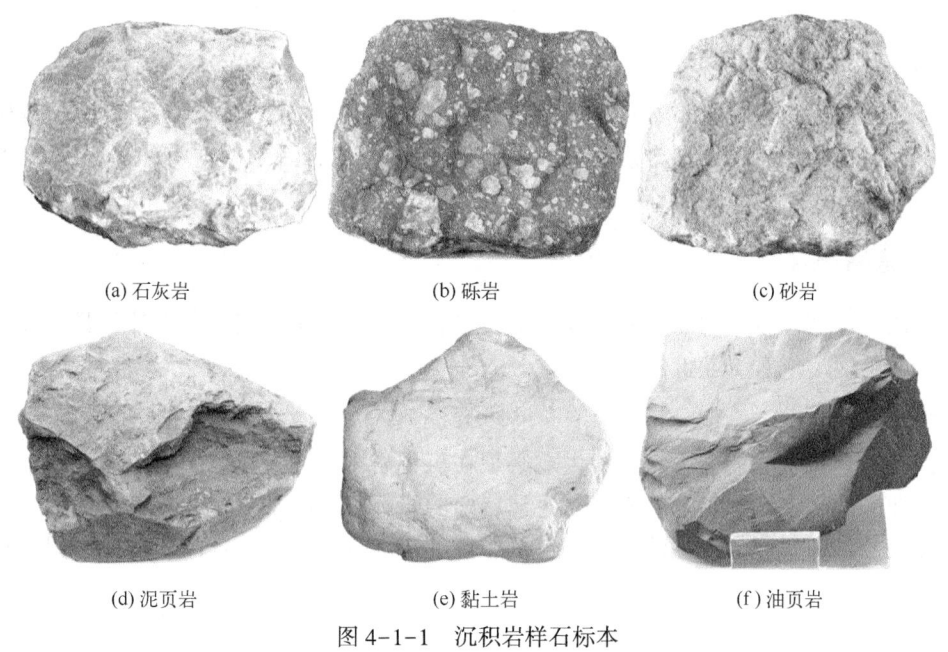

(a) 石灰岩　　　　(b) 砾岩　　　　(c) 砂岩

(d) 泥页岩　　　　(e) 黏土岩　　　　(f) 油页岩

图 4-1-1　沉积岩样石标本

（一）石灰岩

石灰岩的主要成分是碳酸钙，大多是由于化学沉积作用，在海洋或陆地湖泊内生成。由于地壳里的力量和地下水的侵蚀，故在石灰岩地区多形成石林和溶洞，称为喀斯特地貌，是石油与天然气储存地，同时也是钻井作业过程中发生井漏事故的主要因素。

（二）砾岩

岩石颗粒直径大于 2mm 的称为砾石，一般把呈磨圆状的砾石称为砾岩，而把呈棱角状的砾石称为角砾岩。砾岩中碎屑组分主要是岩屑，只有少量矿物碎屑，填隙物为砂、粉砂、黏土物质和化学沉淀物质。根据砾石大小，砾岩分为漂砾（>256mm）砾岩、大砾（64~256mm）砾岩、卵石（4~64mm）砾岩和细砾（2~4mm）砾岩。根据砾石成分的复杂性，砾岩可分为单成分砾岩和复成分砾岩。根据砾岩在地质剖面中的位置，砾岩可分为底砾岩和层间砾岩。底砾岩位于海侵层序的底部，与下伏岩层呈不整合或假整合接触，代表了一定地质时期的沉积间断。砾岩中的矿产以金矿最重要，最大、最富的金矿多产于砾岩中。

（三）砂岩

砂岩也是一种沉积岩，是由石粒经过水冲蚀沉淀于河床上，经千百年的堆积变得坚固而成。后因地球地壳运动，而形成今日的砂岩地层，在我国分布较广。通常颗粒直径在 0.01~

2mm 的碎屑颗粒胶结在一起称为砂岩。砂岩按大小可分为粗砂岩（1~2mm）、中砂岩（0.5~1mm）、细砂岩（0.1~0.5mm）、粉砂岩（0.01~0.1mm）。由于胶结物的不同，砂岩又可分为硅质、钙质、泥质等。砂岩一般都具有孔隙，可以储存石油和天然气等流体。

（四）泥页岩

黏土类的沉积物经成岩作用而形成泥岩，泥岩一般呈块状。呈薄片状的泥岩称为页岩。页岩中含石油、沥青丰富，可提炼石油的页岩称为油页岩。泥页岩是阻止油气逸散的良好储层和盖层。

（五）黏土岩

黏土岩主要是指由粒径小于 0.005mm 的细颗粒组成，并含有大量黏土矿物的疏松或固结的岩石，又称为泥质岩。黏土岩是沉积岩中分布最广的岩石，约占沉积岩总量的 45% 以上，并且大都分布在地层表面。

三、储油条件

一般认为，那些较厚的泥质岩石或石灰质岩石是当时的生油层。当生油层具备以下四个条件时，就可能形成有工业价值的油气藏。

（一）生油层

根据石油有机生成的概念，石油生成必须在沉积岩内完成。所以生油层就是能够生成一定数量石油并能从中运移出来的岩层。生油层内的岩石称为生油岩。在沉积剖面上，生油层和非生油层叠加在一起的以生油层为主包括非生油层在内的一套连续沉积的地层组合称为生油层系。

（二）储集层

在地下凡是能够使油气在其中储存和流动的岩层都称为储集油气岩层，简称储集层，如具有连通的孔隙、裂缝或溶洞的砂岩岩层和石灰岩岩层等。储集层岩石不仅要具有储集油气的空间条件，而且必须相互连通使油气能够流通。概括地说，储集层岩石必须具有孔隙性及渗透性。

储集层岩石孔隙性和渗透性的好坏，通常用孔隙度和渗透率来表示。孔隙度大，储集油气的空间也大，储集油气的数量就多；反之，孔隙度小，储集油气的数量就少。渗透率的高低决定油气在岩石内流动的难易程度，渗透率高，油气在岩石内容易流动，渗透率低，则不易流动。所以渗透率和孔隙度的好坏关系到油气藏的形成和开采等一系列的问题。

（三）盖层

盖层是盖在生油层和储集层上的防止油气向上散失的不渗透岩层，从岩性来看有石膏、岩岩、泥岩、页岩和致密的灰岩，有时生油层本身也是很好的盖层。

（四）圈闭

圈闭是油气聚集的场所，是油气藏形成的重要条件，有了背斜等储油气的构造，又有圈闭条件的存在，使油气的储存形成一个封闭系统，不会继续向四周运移。圈闭有不同的类型，但其基本组成条件是一致的，它包括三个部分：

（1）储集层。它是储集油气的孔隙岩层，是圈闭的重要组成部分。储集层厚度的大小和岩石储集油气物性的好坏是评价圈闭的重要条件之一。

（2）盖层。它是紧盖在储集层之上的阻止油气向上散失的不渗透岩层，较好的盖层岩石有泥岩、页岩、石膏和致密灰岩等。

（3）遮挡物。它是从各方面阻止油气扩散运移使油气能聚集起来的封闭条件。它可以是盖层的弯曲，也可以是封闭的断层面、不整合面以及岩性和沥青封闭等。在一定条件下水动力也可以起到遮挡作用。

只有上述三个条件都具备时，油气才可能在其中聚集。如果这三个条件中缺少任何一个条件，油气就无法聚集和保存，也就失去了圈闭的作用。在地下，储集层和盖层还是较普遍存在的，但是一般并没有形成油气聚集，其原因就是它没有形成圈闭条件，油气得不到聚集和保存。

四、地质与钻井的关系

岩层性质与钻井的关系密切而复杂，主要表现在：影响钻井速度与钻头进尺；使钻井过程中出现复杂情况，如井漏、井塌、井喷、卡钻等；使钻井液性能发生变化；影响井眼质量，如井斜、井径不规则等。岩层性质与钻井的关系大体如下：

（一）黏土和泥岩层

黏土和泥岩层极易吸收钻井液中的自由水而膨胀，使井径变小，容易造成起钻遇卡、下钻遇阻。随着被钻井液浸泡时间的延长，又会产生剥蚀掉块，严重时可造成井塌。

（二）砂岩层

砂岩层的性质依砂岩颗粒的大小、成分、胶结物的不同而有很大差别。颗粒越细，石英颗粒越多，胶质和胶结物越多，则砂岩层越硬，越易磨损钻头，如石英砂岩；泥质胶结物越多，云母和长石的成分越多，则较软易钻；砂岩颗粒越粗，胶结物越少，渗透性越好，就越容易产生钻井液的渗透性漏失，并在井壁上形成较厚的滤饼，严重时易引起滤饼黏附卡钻等复杂情况。这种孔隙度较大的砂岩层是油、气、水的良好储集层。在含有高压油、气、水的砂岩层钻井，要注意保护油气层和严防井喷。

（三）砾岩层

在砾岩层钻进时，会产生跳钻、蹩钻和井壁垮塌等；当泵排量小或钻井液黏度低时，不易将钻碎的砾石颗粒携带到地面上来。

（四）石灰岩层

石灰岩层一般较硬，钻速慢，钻头进尺少。有的石灰岩缝洞发育比较好，会引起蹩钻空、钻井液漏失等情况；有的缝洞生有油、气、水，这时在井漏后还会接着发生井喷，应引起足够的重视。

当地层软硬交错时，易产生井斜；当地层倾角较大时，也易产生井斜。当岩层中含有可溶性岩类，如石膏层、岩盐层等，石膏、岩盐会破坏钻井液性能。

五、影响钻井液性能的地质因素

（一）地温

地层的温度随井深的增加而增加，用地温梯度表示。井深每增加100m，温度增加3℃左右。井越深，温度越高。当地下温度太高时，可引起某些钻井液处理剂的分解，降低了黏土与处理剂的水化作用，使钻井液性能显著变坏。

（二）砂侵

砂侵主要是指黏土中原来含有的砂子和钻屑中的砂子侵入钻井液而地面净化系统没有全部消除所致。含砂量大，使钻井液密度、黏度和切力增大，减少钻井液携带岩屑的能力。同时对钻井系及循环系统磨损加剧。

（三）黏土层

钻进黏土层或页岩层时，因地层造浆好而使钻井液密度、黏度增高，容易造成泥包钻头、泵压增高、钻速降低等一系列的钻井问题。

（四）盐侵

在钻井过程中，若钻遇盐水层或可溶性盐类如岩盐（NaCl）、芒硝（Na_2SO_4）、石膏（$CaSO_4$）等地层时，这些盐水或盐类侵入或溶解于钻井液中，增加了钻井液中的无机盐含量，使钻井液性能发生变化。例如，当钻遇高压盐水层、岩盐层和含芒硝地层时，这类含盐地层的溶解度大，便发生钠盐侵入淡水钻井液，严重影响了钻井液性能。又如钻遇石膏地层时，可能发生钙侵而使钻井液黏度和切力急剧增加，有时甚至使钻井液呈豆腐脑状，滤失量也随之上升。

（五）油气侵

当钻穿高压油气层时，油侵和气侵入钻井液中，造成钻井液相对密度下降，黏度上升，这就是常说的油气侵。油气侵严重至液柱压力不能平衡油气层压力时，易发生井喷事故。在钻开油气层，特别是高压油气层时更应密切注意，提高警惕。

（六）漏失层

当钻遇裂缝发育的地层、溶洞发育的碳酸盐岩地层及不整合面、断层破碎带、疏松的砂砾岩地层时，常易发生井漏。井漏对安全钻井影响很大，当钻井液密度高而钻进低压消气层时，钻井液大量漏入地层，会把气体的通道堵死或压死油气层，对油气田勘探开发为不利。当漏失量过大，钻井液补充都来不及时，容易发生井喷或井壁坍塌。因此，当漏失严重时，应根据漏失发生的地质条件，采取适当的堵漏措施，以避免井漏造成更大的井下故障。

六、钻井液录井资料的收集

（一）油、气、水各种显示资料的收集

在设计的主要油、气、水层和目的层井段，每隔 2m 做一次钻井液性能的观察与测定，了解其性能变化，以判断是否钻到油、气、水层。

经常注意钻井液池面的升降情况和钻井液池、槽液面是否有油、气、水侵，即注意液面有无油膜、油花、气泡等显示，有无油、气味或盐水味及硫化氢味溢出等；注意观察出口处钻井液流出时，是否时快时慢、忽大忽小并发出声响等；注意观察岩屑、钻时的变化等。

（二）井喷资料的收集

在油气层压力大大超过钻井液液柱压力时，便发生井喷。实践证明，井喷前有许多征兆，如：黏度迅速上升，密度下降，流速不正常，时快时慢，出口处钻井液流量时大时小，或一股一股外涌；液面明显上升，且幅度越来越大，或液面有油气显示；泵压增高，悬重下降，停泵后钻井液外溢；起钻时灌不进钻井液，起钻后外溢比较明显；钻速加快，岩屑中方解石晶体增多，等等。所以要注意各种显示，做好资料的收集和分析，防患于未然。

（三）井漏资料的收集

当钻井液液柱压力大于地层压力（或是钻井液加重后大于地层压力），钻井液漏入地层就称为井漏。在地层轻微漏失时，钻井液注入井眼的量多，返出的量少，从液面下降的高度，可简单计算出单位时间内的漏失量。漏失严重时，只注入无溢出，甚至把钻井液全部漏光。漏失对油气层影响很大。漏失时，要记录漏失起止层位及深度、漏失量、漏失前后钻井液性能变化、漏失速度、漏失过程中有无油气显示以及堵漏情况等等。

（四）确定钻井液密度

根据钻井液性能的变化，及时提高或降低钻井液密度，调整黏度和滤失量，做到既不压死油层，又不造成井喷事故。这就是调整密度的原则，称为"压而不死，活而不喷"。

（五）辅助判断油、气、水层位置

钻井液在不断循环时，各种不同的流体侵入钻井液中都会使钻井液性能发生变化，根据钻遇不同的岩层时钻井液性能的变化，可以判断出钻遇到了何种地层。

项目二　常规井钻井液的维护处理

一、钻井液黏度的维护

（一）钻井液的黏度和切力的要求

（1）尽可能采用较低的黏度及切力，不同密度其数值大小有不同的最佳范围（根据井下实际调节）。

（2）低固相钻井液若使用宾汉模式，其动塑比值一般应保持在 0.36~0.48。

（3）若使用幂律模式，其 n 值（流型指数）一般可保持在 0.5~0.7 之间。

（二）钻井液黏度升高的分析与处理

钻井液黏度升高的原因很多，如盐侵、钙侵等各种离子污染，水泥、碳酸根、碳酸氢根、油气侵和黏土侵等都会使钻井液黏度升高。

1. 盐侵

一般水基钻井液含有低浓度的盐会造成黏度、切力和滤失量升高，流变参数变差（增稠）；当盐浓度很高并伴有 Ca^{2+} 和 Mg^{2+} 时，由于高价的 Ca^{2+} 与黏土中低价的 Na^+ 的离子交换作用，会降低膨润土水化作用，从而导致钻井液黏土絮凝，主要表现为流变参数下降，滤失量大幅度升高；同时由于 Mg^{2+} 和 OH^- 反应，生成 $Mg(OH)_2$ 沉淀，使钻井液中氢氧根减少，从而使 pH 值明显降低。处理盐侵后的钻井液首先要加入 NaOH 提高钻井液 pH 值，使其保持在 9 左右。

将盐侵钻井液加淡水稀释的同时加入一些聚合物和一些有机分散剂（解絮凝剂）来缓解黏度的下降。这种方法只适用于盐侵浓度不高的情况，因为加淡水的数量是受到黏度、密度降低和滤失量升高的限制。

当有大量的盐侵时，有效的处理方法是加入大量的降黏剂（如海水降黏剂、高效硅氟降黏剂）和抗盐类的降滤失剂（如 SMP-Ⅱ、KFT-Ⅱ、SPC-220），然后将钻井液转化成盐水钻井液体系。

在海水或某些地层水及地表水中会含有相当数量的 $MgCl_2$，它们与 NaCl 共存，这时应持续加入 NaOH，以保持 pH 值。加入 NaOH 一方面可以保持 pH 值，另一方面还可调控钻井液滤液中钙的溶解度。

在处理盐侵时，所有粉状的化学添加剂应先用淡水配成溶液，以使其预水化和预溶解，这样它们会取得较好的处理效果。

2. Ca^{2+} 侵 / Mg^{2+} 侵

总的来说钙侵、镁侵会造成流变参数和滤失量升高，钻井液性能变化的幅度根据具体情况随污染物的浓度、钻井液固相含量及化学成分，以及钻井液原来的性能不同而变化不同。配浆水中有钙和镁会抑制膨润土的水化，导致膨润土造浆率下降，配出的膨润土浆 PV 和 YP 较低，滤失量较高。

海水或地下水中含有的 Mg^{2+} 会使钻井液的 PV、YP 和 L（滤失量）升高，同时使 pH 值降低；因为 Mg^{2+} 会与 OH^- 结合生成 $Mg(OH)_2$ 沉淀，即

$$Mg^{2+} + 2OH^- \longrightarrow Mg(OH)_2 \downarrow$$

处理方法如下：

配浆水中的钙通常用纯碱来处理（1.0mg/L 的 Ca^{2+} 用 $0.00266kg/m^3 Na_2CO_3$ 处理），钻井液滤液中钙的溶解度随钻井液中 OH^- 含量的变化而变化；石膏层对钻井液的污染在浓度低的情况下可用加纯碱以及一些降黏剂和抗盐类降滤失剂处理；如大段石膏层造成浓度较高的污染则应按小型试验数据加入 0.3%~0.5% 的石灰、配合烧碱、降黏剂和抗盐类降滤失剂，或将钻井液转化成钙基钻井液；使用海水钻井液时，镁离子可用烧碱处理，当 pH>10.5 时，大部分镁离子可以生成 $Mg(OH)_2$ 沉淀而被除去（1.0mg/L 的 Mg^{2+} 用 $0.046kg/m^3$ NaOH 处理）。当遇到严重镁污染时，持续加入 NaOH 会使黏度升高，这种情况下钻井液可根据小型试验用烧碱结合降黏剂和抗盐类降滤失剂处理，或使其转化成石膏钻井液。

3. 水泥侵/石灰侵

当固井作业或钻开水泥塞时会造成水泥污染，污染的严重程度与钻井液状态和水泥状态有关。钻井液状态包括固相含量（特别是黏土含量）、抗絮凝剂的浓度等；水泥状态是指水泥的胶结程度，胶结差（未初凝）的水泥（有时称为绿水泥）比胶结好的水泥能造成更严重的污染。水泥由几种复杂的钙化合物组成，这些化合物与水反应都会生成 $Ca(OH)_2$，100 当量的水泥会生成 79 当量的 $Ca(OH)_2$，从而使淡水黏土型钻井液絮凝，引起黏度和滤失量的上升，处理 $Ca(OH)_2$ 的污染涉及降低 pH 值和控制 Ca^{2+} 的浓度。

处理方法如下：

避免水泥侵的最简单的方法是用清水钻水泥塞或用钻井液钻水泥塞时，把污染的那段钻井液放掉。加小苏打处理（1.0mg/L 的 Ca^{2+} 用 $0.0021kg/m^3$ $NaHCO_3$ 处理）用小苏打（$NaHCO_3$）与石灰反应，只中和了石灰的氢氧根的一半，另一半转化 NaOH。因此使用小苏打处理石灰侵会使 pH 值升高，这在温度较高的情况下（>120℃）会造成钻井液固化。因此小苏打的加量应根据实验确定，不宜加入过多。

使用一些有机酸（如褐煤、单宁酸、腐殖酸）结合一些抗盐类降滤失剂处理石灰污染会使 pH 值得到有效控制，就使石灰侵钻井液转化成石灰基钻井液。这样得到的石灰基钻井液可以有效地抑制黏土和页岩的水化，并可在钙侵地层正常工作。

不建议使用纯碱干剂直接加入被污染的钻井液来处理水泥侵，因为这样石灰所含的氢氧根会全部转化成氢氧化钠，它会使 pH 值剧烈升高，导致钻井液固化。

4. 碳酸根侵

大多数钻井液中碳酸根的浓度约在 1200~2400mg/L 之间，有些钻井液在这浓度超过一倍时不受影响，而有些在 1200mg/L 浓度时却大受影响，钻井液所能接受的碳酸根浓度取决于该钻井液的固相含量（主要是膨润土含量）、温度和各种化学材料的浓度。如果已证实流变性和失水的问题是由碳酸根污染所引起的，其主要来源有：

（1）地面，CO_2 可在钻井液剪切泵的高速剪切冲击时、钻井液混合设备、钻井泵和固相设备工作时随空气一起侵入。

（2）钻进至含有 CO_2 气的地层。

（3）处理钙侵和水泥侵时加纯碱过量。

（4）一些有机添加剂如木质素、木质素磺酸盐等的高温分解。

（5）加重材料（青石粉）或碳酸钙桥堵剂中所含的杂质一起加到钻井液中。

碳酸根和碳酸氢根钻井液性能的变化。碳酸根随钻井液 pH 值可以三种形式存在：OH^-、HCO_3^- 和 CO_3^{2-}。碳酸根和碳酸氢根侵会造成钻井液黏度、滤失量、流变参数（特别是动切力）升高和 pH 降低。有时这些现象迷惑了一些现场工程师，他们忽略了碳酸氢根的污染也会导致这些问题产生，而只认为是其他污染造成的。为了能尽快得到准确的判断，碳酸根—碳酸氢根的分析数据，以及对钻井液流变性、滤失量和 pH 值变化的综合分析会有助于得出正确的结论。碳酸根和碳酸氢根钻井液处理方法如下：

（1）用石灰处理。

当用石灰处理碳酸根—碳酸氢根污染时，会使 pH 值升高。为此，为降低 pH 值，可以加入一些有机酸处理剂或加石膏处理。

（2）用石膏处理。

用石膏处理的同时加入石灰或烧碱，这样可以维持 pH 值不会降低。确认是碳酸根污染问题时，滤液中钙的存在并不表明无碳酸根污染，测总硬度时检出的钙可能不与碳酸根反应，通常螯合作用会减低反应速率，化合价的变化也使所测到的钙难于和碳酸盐反应，至少应有 100~200mg/L 的钙离子浓度才能确保有足够量的游离钙与碳酸根反应。

5. 硫化氢污染

H_2S 的毒性和腐蚀性都很强，当预测有 H_2S 时，预先要完全熟悉防护措施，H_2S 对钻井液的黏度、失水和化学性质都有不利影响，但安全问题是最重要的。从安全考虑，任何平台在 H_2S 潜在地区必须装有 H_2S 检测器报警系统。

最有效的处理 H_2S 方法是，在控制好钻井液中 pH 值的同时用碱式碳酸锌处理。

1）提高钻井液体系 pH 值

当发生硫化氢侵的时候，推荐使用石灰和烧碱（有条件可用氢氧化钾）作为体系 pH 值调节剂，尽可能少用或者不用纯碱（Na_2CO_3），避免 Na_2CO_3 水解后产生过量的 HCO_3^- 和 CO_3^{2-}，造成离子污染，使现场钻井液维护工作复杂化。根据国内外以往的实践经验，发生硫化氢侵时应将体系的pH值至少提高至11，加剧石灰和烧碱的作用，达到最佳的反应效果，同时提高了对钻井液的保护力度。硫化氢在石灰和烧碱的作用下，本身的活性也会降低，在反复处理后，硫化氢的腐蚀性就会大幅度降低。

金属腐蚀试验结果表明，当环境的pH值高于12以后，由H_2S和CO_2引起的腐蚀过程基本停止，但是考虑到现场钻井液体系pH值控制范围及维持钻井液体系稳定的需要，建议现场遇硫化氢侵时应始终保持体系的pH值不低于9.5。

2）加入除硫缓蚀剂

因提高体系pH值只能预防和处理硫化氢侵对钻井液的轻度污染，故在提高体系pH值的前提下，还应加入适量的碱式碳酸锌等H_2S清除剂，来进一步处理深层硫化氢侵，其加量控制在0.00351mg/L左右。

3）加入杀菌剂

此外，钻井液体系中添加杀菌剂，并以有机物作为稳定剂（可以是CMC或淀粉），可以防止微生物分解有机物放出硫化氢，同时具有中和硫化氢的能力。该产品对钻井液性能没有影响，当其在体系中的含量达到0.02%~0.1%时即可有效地发挥作用，用这种方法形成的钻井液极大地提高了体系的稳定性和硫化氢中和能力，适用于现场施工。

处理硫化氢污染钻井液的应用措施非常重要，会直接影响石油开采的进度和质量，所以在科学技术支持的情况下，技术人员一定要认真研究处理措施，通过有效控制，降低设备腐蚀程度，为后期的深度开采提供最基础的保障。

4）进行必要的滤液分析

根据滤液分析的结果，添加适量的石灰，以改善钻井液的流变性。当以锌或铜的碳酸盐作为除硫剂时，体系会不可避免地产生碳酸根或碳酸氢根离子，这两种离子在体系中聚集过多就会影响体系的流变性，所以应加入适量的石灰将离子以碳酸钙的形式除去。

6. 油气侵

1）油气侵的现象

（1）钻井液密度快速下降，黏度、切力上升，pH值降低，滤饼质量变差，流动性差。

（2）钻井液液面出现大量原油，或含有大量气泡，气测值急剧升高。

（3）钻井液液面升高，泵压下降，钻速突然变快或放空。

（4）停泵后井口有外溢现象，油气侵越厉害，外溢速度越大。

（5）振动筛处掉块明显见多，且以油页岩为主。

2）油气侵钻井液的处理

（1）测定钻井液属于油侵或气侵的种类及受污染程度。

（2）做小型实验，确定钻井液中需加入的消泡剂、降黏剂、乳化剂、加重剂、烧碱、润滑剂等处理剂的使用量。

（3）在加重前应先加入降黏剂、烧碱、消泡剂等药品，调整好钻井液流变性能，并加入聚合物，使钻井液具有合适的静切力、动切力，以便能很好地悬浮加重剂。

（4）开启除气器，及时排除受气侵气体；油侵严重时可放掉，同时加入乳化剂，将钻井液中少量油乳化。

（5）在混合漏斗处按每循环周密度增加0.02~0.03g/cm^{3}的幅度，均匀加入高密度钻井液。

（6）如果需要直接加入加重剂时，应适当补充稀胶液或清水，防止钻井液黏度切力升高。

3）处理油气侵的注意事项

（1）处理过程中应停止钻进，注意活动好钻具，防止发生黏附卡钻或其他复杂情况。加重幅度不易过大，应均匀加重，要整周加入重晶石粉，防止加重密度过高压漏地层，或造成井下压力不均匀发生黏附卡钻。

（2）加重后为降低滤饼黏附系数，应及时加入润滑剂。

（3）加强测量钻井液性能并记录，包括密度、黏度、滤失量、含砂量及流变性能。

（4）经循环观察，进出口密度差小于 0.01g/cm³，并不再继续下降，证明已经压稳油气。

（5）对预告有高压油气层的井，提前调整好钻井液性能，特别是控制黏土含量（40~70g/L），适当低的黏切和较高的 pH 值。

（6）处理完成后，应进行短起下钻作业，以测试钻井液密度是否合适，如不合适再继续加重。

7. 黏土侵

1）黏土侵的现象

（1）钻井液密度增加、黏切急剧上升、钻井液越来越稀、严重时甚至失去流动性。

（2）含砂量、固相含砂量、固相含量升高、滤失量降低、滤饼厚度增加、摩擦系数升高。

（3）塑性黏度、动切力等流变参数变差。

（4）钻速下降、泵压升高、起钻时易发生拔活塞现象。

（5）一般降滤失剂、碱调节剂、润滑剂、沥青类等药品不易加入，加入后钻井液黏切发生升高。

（6）振动筛处糊筛布现象严重、除砂器、离心机运转负荷明显加重。

（7）易发生气侵，且受气侵气体不易清除、钻井液抗污染能力下降。

2）黏土侵钻井液处理

（1）非加重钻井液。

在循环过程中，按循环周均匀加入适量清水、降黏剂或放掉一部分受污染钻井液，用低黏低切的钻井液替换；充分使用好的固控设备，特别是离心机，及时清除劣质固相和黏土含量；配合固控设备使用的同时，按循环周均匀加入包被剂、抑制剂，以利于提高固控设备的利用率和控制黏土的造浆分散作用；待钻井液中黏土含量、黏切降低后，及时补充降滤失剂、高分子聚合物等处理剂，恢复钻井液良好的性能，并具有较强的抑制性。

（2）加重钻井液。

使用与钻井液组分相同的处理剂胶液进行降黏处理；使用固控设备进行固相控制，使钻井液中黏土含量达到设计要求；补充高分子聚合物，使钻井液具有较强的抑制性；适当补充清水，并注意密度变化，防止井下发生油气水侵、井塌、缩径等其他复杂情况；待黏切、黏土含量降低后，及时补充降滤失剂、沥青类、润滑剂等处理剂，使钻井液恢复良好的滤失性能、润滑性能、流变性能等；若密度低于正常值后，在其他性能达标后，应及时提高密度，防止井下出现其他复杂情况。

3) 处理黏土侵的注意事项

(1) 在加入降黏剂处理过程中，要按循环周均匀加入，避免黏、切不均匀或波动太大，以免造成井下其他复杂情况的发生。

(2) 在加水过程中，必须确保钻井液中处理剂含量达到设计要求，以确保井下安全正常。

(3) 加水时应均匀加入，同时配合使用聚合物抑制剂，确保黏土含量达到设计要求。

(4) 对于加重钻井液，在处理过程中，应严格注意密度的变化，不宜大幅度降低，在处理完黏土侵后，应及时补充加重钻井液，恢复循环钻井液密度的正常值。

(三) 钻井液黏度降低的原因与处理

钻井液黏度降低一般情况下是发生水侵，主要表现在黏度降低，切力降低，滤失量上升。处理方法是：如果钻井液有一定黏度与切力，则提高钻井液密度平衡地层压力，然后加入降滤失剂控制钻井液的滤失量达到设计要求；如果钻井液近似清水时，则使用适当密度的钻井液老浆替入或混浆，再加重及进一步处理。

二、钻井液密度的维护

(一) 密度维护的注意事项

(1) 测量密度必须按照规定的时间测量。二开钻进钻井液未进行定性处理时，每 2h 测量一次，正常钻进时每 1h 测量一次，进入油气层前坐岗后应每 15min 测量一次。遇有特殊情况时应根据要求加密测量。

(2) 在正常钻进过程中，钻井液出口与入口的密度差应小于 0.02g/cm^3。

(3) 加重钻井液密度时，每周的密度提高幅度应不大于 0.03g/cm^3，特殊情况除外。

(4) 钻井液必须经过充分搅拌后再测量。

(5) 根据钻井液密度的高低，选用适当量程的钻井液专用密度计。

(二) 高密度钻井液流变性能的调整

高密度钻井液固相含量高，流变性能控制难度大，且易受高温、盐膏等因素的影响。因此，保障高密度钻井液流变性能的稳定是中深或深井施工成败的关键。为此，钻井液处理要注意以下几点：

(1) 做好加重前钻井液的处理，为钻井液加重做准备。主要是尽量清除低密度固相，降低钻井液中黏土的含量，防止钻井液密度提高以后流变性能难以控制。

(2) 高密度钻井液在选择护胶降滤失剂时，尽量选择对钻井液液相黏度影响小的产品，如 SMP、KFT 等，以利于对钻井液性能的控制。

(3) 提高钻井液的抑制性，有利于高密度钻井液流变性能的控制。通过提高钻井液的抑制性，可有效控制低密度固相的分散，提高钻井液抗污染的能力，保证高密度钻井液的流变稳定性。通常使用有机胺、高分子聚合物等抑制处理剂，盐水钻井液要保持 NaCl、KCl 含量。

(4) 加强对钻井液的两级固控。为了避免重晶石被清除出来，离心机的使用受到限制，因此加强振动筛和除砂器的使用，特别是使用细目振动筛布对钻井液性能稳定比较重要。

(三) 密度升高的原因与处理

在钻井液没有进行加重的情况下,密度升高的主要原因是钻井液发生黏土侵或者是岩屑、砂侵等,现象是钻井液密度升高,黏度、切力升高。降低钻井液密度主要有以下办法:

(1) 适量加入聚合物稀胶液或清水。

(2) 用离心机降密度效果较好,只降密度不影响其他性能,用加水的方法降密度较快,但影响其他性能,因此还要配加一些处理剂。

(3) 使用低密度钻井液替换部分高密度钻井液。

(四) 密度降低的原因与处理

1. 水侵的现象

钻进时发生溢流,钻井液密度和黏度下降,滤失量增加。

2. 水侵的处理

(1) 上部地层快钻阶段钻进时,如果遇到水侵,立即混入储备好的重浆提高钻井液密度。

(2) 下部地层水侵时,应立即停止钻进进行循环加重,加重时要控制入口密度高于循环下部地层水侵时,应立即停止钻进进行循环加重,加重时要控制入口密度高于循环密度 0.05g/cm^3 左右,待钻井液密度出入口基本平衡后要加入降滤失剂控制滤失量。如果黏度和切力很低应提高 pH 值和加入提黏剂及预水化膨润土浆来提高钻井液的黏度和切力。

(3) 如果黏度与切力过高时,应先提高 pH 值和加入降黏剂进行降黏处理,然后再进行加重处理。钻井液性能正常后,要搞短程起下钻来测量钻井液密度后效情况,来确定钻井液密度是不是能够平衡地层压力。

(4) 油气侵。见前面油气侵处理叙述。

三、钻井液滤失量及滤饼质量维护与处理

(一) 滤失量及滤饼的概念

滤失量也称为失水量,即在压差作用下,井内钻井液滤液进入地层的多少。在井眼内钻井液中的部分水分因受压差的作用而渗透到地层中去,这种现象称为滤失。滤失的多少称为滤失量。

由于钻井液液柱与地层间的压差作用,在滤失的同时,黏土颗粒在井壁周围形成一层堆积物,此堆积物称为滤饼。滤饼的好坏(质量)用渗透性即致密程度、强度、摩阻性及厚度来表示。中压滤失量规定室内在一定的压差下,通过 $45\text{cm}^2 \pm 0.6\text{cm}^2$ 过滤面积的滤纸,经 30min 滤液的数量为滤失量(mL)。同时,在滤纸上沉积的固相颗粒的厚度为滤饼厚度(mm),它是室内评价钻井液造壁性能好坏的指标之一。

(二) 钻井工艺对滤失量和滤饼质量的要求

滤饼质量高,具有润滑作用,有利于防止黏附卡钻,有利于井壁稳定,有利于防止地层坍塌与剥蚀掉块。钻井液滤失量过大,滤饼厚而虚,会引起一系列问题。

(1) 造成地层孔隙堵塞而伤害油气层,滤液大量进入油气层,会引起油气层的渗透率等物性变化,从而伤害油气层,降低产能。

(2) 滤饼在井壁堆积太厚,环空间隙变小,泵压升高,起钻遇卡或起钻拔活塞。

（3）引起泥包钻头，下钻遇阻、遇卡或堵死水眼。

（4）在高渗透地层易造成较厚的滤饼而引起阻卡，甚至发生压差卡钻。

（5）测井不顺利，并且由于钻井液滤液进入地层较深，水侵半径增大，若超过测井仪器所测及的范围，其结果是电测解释不准确而易漏掉油气层。

（6）对松软地层，易泡垮易塌地层，会形成不规则的井眼，引起井漏等。滤饼一定要薄、致密、韧性好，能经受钻井液液流的冲刷。

（三）针对地层岩性钻井液滤失量的调整原则

（1）上部地层钻进时（东营组以上地层），中压滤失量可以适当放开，不用加以控制。（注：东营组广布于华北平原地区，岩性以泥岩、砂岩为主要）

（2）进入东营组以下地层时，根据要求加入降滤失剂对滤失量进行调整。

（3）调整滤失量应逐步降低，不可将滤失量由大迅速降至最低。

（4）无特殊要求的井段，进入沙河街组后，API 滤失量应控制在 5mL 以下。

（5）在正常维护生产过程中，每班应最少做两次中压滤失量，并及时记录。

（6）做中压滤失量时，应在钻井液出水口处量取样，并经高速搅拌后再进行测量，同时应注意所取钻井液不应放置时间过长。

（7）在钻进维护过程中，对中压滤失量发生的变化应及时分析原因（发生水侵、盐水侵、石膏侵、盐膏侵等滤失量升高，发生黏土侵、油气侵等滤失量降低），并根据原因及时作出处理。

（8）滤失量测定完成后，应及时取出滤饼，并仔细分析滤饼质量及润滑性，不可长时间放置后再进行分析。

（9）根据钻井液中膨润土含量和固相含量，确定钻井液滤失量调整方案。

（10）控制钻井液高温高压滤失量，加入钻井液降滤失剂外，一般加入 2%以上树脂类处理剂控制钻井液高温高压滤失量。

（11）根据钻井液体系特点，以及钻井液抗盐和抗温能力要求，以"安全、经济、高效"为原则，优选钻井液降滤失剂。

四、钻井液的润滑性能维护

国内外研究者对钻井液润滑性能进行了评价，得出的结论是：空气和油处于润滑性的两个极端位置，而水基钻井液的润滑性处于其间。用 Baroid 公司生产的钻井液极压润滑仪测定了三种基础流体的摩阻系数（钻井液摩阻系数相当于物理学中的摩擦系数），空气为 0.5，清水为 0.35，柴油为 0.07。在配制的三类钻井液中，大部分油基钻井液的摩阻系数在 0.08~0.09 之间，各种水基钻井液的摩阻系数在 0.20~0.35，如加油油品或各类润滑剂，则可降到 0.10 以下。

对大多数水基钻井液来说，摩阻系数维持在 0.20 左右时可认为是合格的。但这个标准并不能满足定向井、水平井的要求，对定向井和水平井则要求钻井液的摩阻系数应尽可能保持在 0.08~0.10 范围内，以保持较好的摩阻控制。因此，除油基钻井液外，其他类型钻井液的润滑性能很难满足水平井钻井的需要，但可以选用有效的润滑剂改善其润滑性能，以满足实际需要。近年来开发出的一些新型水基仿油基钻井液，其摩阻可小于 0.10，很接近油基钻井液，其润滑性能可满足水平井钻井的需要。

(一) 润滑性能良好的钻井液具有的优点

(1) 减小钻具的扭矩、磨损和疲劳，延长钻头轴承的寿命。
(2) 减小钻柱的摩擦阻力，缩短起下钻时间。
(3) 能用较小的动力来转动钻具。
(4) 能防黏卡，防止钻头泥包。

钻井液润滑性好，可以减少钻头、钻具及其他配件的磨损，延长使用寿命，同时防止黏附卡钻、减少泥包钻头，易于处理井下事故等。在钻井过程中，由于动力设备有固定功率，钻柱的抗拉、抗扭能力以及井壁稳定性都有极限。若钻井液的润滑性能不好，会造成钻具转动阻力增大，起下钻困难，甚至发生黏附卡钻和断钻具故障；当钻具转动阻力过大时，会导致钻具振动，从而有可能引起钻具断裂和井壁失稳。

(二) 钻井液润滑性的影响因素

钻井作业中摩擦现象的特点。在钻井过程中，按摩擦副表面润滑情况，摩擦可分为以下三种情况：

(1) 边界摩擦。两接触面间有一层极薄的润滑膜，摩擦和磨损不取决于润滑剂的黏度，而是与两表面和润滑剂的特性有关，如润滑膜的厚度和强度、粗糙表面的相互作用以及液体中固相颗粒间的相互作用。有钻井液的情况下，钻铤在井眼中的运动等属边界摩擦。
(2) 干摩擦（无润滑摩擦），又称为障碍摩擦，如空气钻井中钻具与岩石的摩擦，或井壁极不规则情况下，钻具直接与部分井壁岩石接触时的摩擦。
(3) 流体摩擦，是指由两接触面间流体的黏滞性引起的摩擦。

可以认为，钻进过程的摩擦是混合摩擦，即部分接触面为边界摩擦，另一部分为流体摩擦钻井作业中的摩擦较为复杂，摩擦阻力的不仅与钻井液的性能有关，其影响因素还涉及钻柱、套管、地层、井壁滤饼表面的粗糙度；接触表面的塑性；接触表面所承受的负荷；流体黏度与润滑性；流体内固相颗粒的含量和大小；井壁表面滤饼润滑性；井斜角；钻柱重量；静态与动态滤失效应等。在这些众多的影响因素中，钻井液的润滑性能是主要的可调节因素。

影响钻井液润滑性的主要因素有：钻井液的黏度、密度、钻井液中的固相类型及含量、钻井液的滤失情况、岩石条件、地下水的矿化度以及溶液 pH 值、润滑剂和其他处理剂的使用情况。

五、pH 值维护

通常用钻井液滤液的 pH 值表示钻井液的酸碱性，由于酸碱性的强弱直接与钻井液中黏土颗粒的分散程度有关，因此会在很大程度上影响钻井液的黏度、切力和其他性能参数。在实际应用中，淡水钻井液的 pH 值要求控制在 8~9，维持一个较弱的碱性环境；盐水钻井液的 pH 值要求控制在 9.5~11，维持一个碱性环境。这主要有以下几个方面的原因：

(1) 可减轻对钻具的腐蚀。
(2) 可预防因氢脆而引起的钻具和套管的损坏。
(3) 可抑制钻井液中钙盐、镁盐的溶解。
(4) 许多处理剂需在碱性介质中才能发挥其效能。

对不同类型的钻井液所要求的 pH 值范围也有所不同。例如，一般要求分散钻井液的

pH 值在 10 以上，含石灰的钙处理钻井液的 pH 值多控制在 11~12，含石膏的钙处理钻井液的 pH 值多控制在 9.5~10.5，而在许多情况下聚合物钻井液的 pH 值只要求控制在 7.5~8.5。烧碱（即工业用 NaOH）是调节钻井液 pH 值的主要添加剂，有时也使用纯碱（Na_2CO_3）和石灰。通常用 pH 试纸测量钻井液的 pH 值。

六、含砂量控制

钻井液含砂量是指钻井液中不能通过 200 目筛网，即粒径大于 0.074mm 的砂粒占钻井液总体积的比例。在现场应用中，该数值越小越好，一般要求控制在 0.5% 以下。这是由于含砂量过大会对钻井过程造成以下危害：

(1) 使钻井液密度增大，对提高钻速不利。
(2) 使形成的滤饼松软，导致滤失量增大，不利于井壁稳定，并影响固井质量。
(3) 滤饼中粗砂粒含量过高会使滤饼的摩擦系数增大，容易造成压差卡钻。
(4) 增加对钻头和钻具的磨损，缩短其使用寿命。

降低钻井液含砂量最有效的方法是充分利用振动筛、除砂器、除泥器等设备，对钻井液的固相含量进行控制。钻井液含砂量通常用一种专门设计的含砂量测定仪进行测定。

七、钻井液日常维护处理应注意的问题

(1) 定时校正钻井液测定仪器，做到准确无误。
(2) 及时正确地测量钻井液性能。
(3) 现场坐岗，认真观察钻井液的变化。
(4) 做好室内小型试验，精准检测钻井液参数。

八、搞好钻井液的日常维护和处理

(1) 掌握规律，做好预处理。
(2) 学会用水维护钻井液。
(3) 搞好钻井液的化学处理。
① 制定好处理方案，选择好处理时机。
② 处理剂加量不超过小型试验加量的 50%~80%，要整周均匀加入。
③ 处理时要边观察、边测量、边试验、边处理。
④ 处理后要测循环周。
(4) 做好资料、数据的记录和整理。

项目三　特殊井钻井液的维护处理

一、水平井钻井液的维护处理

水平井技术是针对某一有利储层，朝着人们预定的、有利于储层开发的方向进行水平钻井、采油，通过增加储层与井筒的接触，达到高产高效的一种技术。该技术能够有效地挖掘剩余油，提高采收率，其经济效益相当明显，产量往往是常规井的 3~8 倍。国内随着油田勘探开发程度的不断加深，勘探开发对象相应趋向复杂。为了充分提高单井利用率或完善开

发井网，提高采收率，水平井越来越受到重视；加上直井受储层裸露面积和地层非均质性的影响，油层单井产量受到限制，因此可扩大产层裸露面积、提高油层采收率的水平井技术也越来越多地被采用。随着人们对油气资源勘探开发经济效益的日益重视及钻井工艺技术的不断提高，水平井技术将是今后油气勘探开发重要的手段之一。

水平井是在钻井过程中井斜角从0°~90°变化，达到90°左右并延伸一定距离的井。水平井基本上可分为3种类型：长曲率半径水平井（曲率半径300~600m，造斜率小于6°/30m）；中曲率半径水平井（曲率半径100~150m，造斜率6°/30m~20°/30m）；短曲率半径水平井（曲率半径5~15m，造斜率1°/30m~10°/30m）。

由于水平井在钻井过程中必须经历井斜角从0°~90°，因而水平井与直井钻井工艺有较大的差别。为了确保水平井的钻成并保护好油气层，对水平井的钻井液完井液提出了特殊要求，即必须解决井眼净化、井壁稳定、摩阻控制、防漏堵漏、保护储层等5个技术难题。

（一）水平井钻井液的基本知识

1. 水平井井眼净化问题

随着井斜的增加，钻井液中的固相颗粒因偏心力的作用而向下沉降产生钻屑床（图4-3-1），给清除钻屑带来困难。

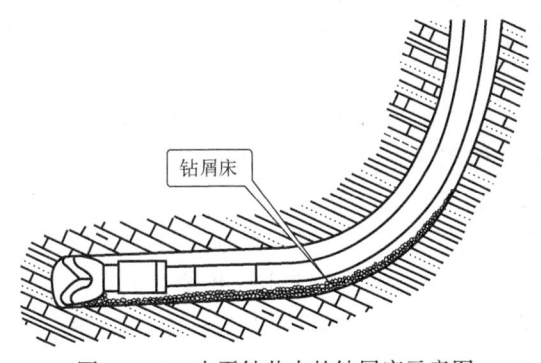

图 4-3-1 水平钻井中的钻屑床示意图

井眼净化的一般规律是：

（1）环空流速是影响钻屑输送的关键因素，在不超出泵排量或流动限制的前提下尽可能提高流速有利于改善钻屑的清除效率。

（2）在层流条件下，提高动塑比有利于清除钻屑；而在紊流下，钻井液的流变性对钻屑的清除影响不大，这一点适用于各种斜度的井。

（3）钻杆偏心时，因环空窄的部分钻井液流动速度下降而使钻屑的输送更困难。

（4）如果环空流态为层流，可用稀的紊流清扫液接稠的塞流携带液洗井，前面的稀液搅起钻屑再由后面稠液带出井眼，这种方法对井眼清洁很有帮助。

（5）机械作用能够弥补水力学清洗井眼的不足。循环洗井时，在可能的前提下，保持钻柱一边旋转一边上下活动，可以扰动钻屑床，使钻屑的清除效率得到提高。

（6）井斜角是影响井眼净化的基本因素，井斜角从0°到90°，可分为三个井斜角区段，每个区段的井眼净化存在一些差异。

① 0~30°区段：用高动塑比层流携砂具有最佳清洁井眼的效果。在本区段，钻屑床开始在低井壁上形成。

② 30°~60°区段：层流和紊流具有相同的清洁效果。层流时，动塑比越高，净化效果越好；紊流时，钻井液流变性对钻屑输送影响甚微。此井斜区段，钻屑床有向井底滑动的可能。

③ 60°~90°区段：紊流提供最佳的钻屑输送能力，而高动塑比则有利于改善层流携砂时的能力。钻屑床在此井斜区段不会向井底滑动。（注意：选择流态时必须考虑地层的承受能力。）

2. 水平井扭矩与摩阻问题

在大斜度井眼中，钻杆与井壁接触之间存在显著的运动摩擦阻力。当摩阻足够大时，它就成了水平井或大位移延伸井的主要制约因素。由于影响扭矩和摩阻的因素很多，因此，要判定引起井下阻力增加的原因有时是很困难的。解决水平井的扭矩和摩阻问题应从钻井工艺和钻井液两方面着手。此处仅考虑钻井液方面。

通过降低钻井液的 API 和 HTHP 滤失量，形成薄而韧的可压缩滤饼，使用润滑性能优良的钻井液体系，有助于降低水平井的摩阻问题。为保持较好的摩阻控制，水平井钻井液的润滑系数必须保持在 0.10 以下。

水基钻井液润滑性的改善，可以通过添加润滑剂的方法来实现。

（1）惰性固体润滑剂。惰性固体润滑剂主要有石墨、炭球、塑料小球、玻璃微珠及坚果圆粒等，它们的作用似滚珠，存在于井壁和钻柱之间，将滑动摩擦变为滚动摩擦，大幅度降低扭矩和阻力。其中塑料小球优点最多，它不溶于水和油，密度 $1.03 \sim 1.05 g/cm^3$，可耐温 205℃ 以上，可与水基钻井液和油基钻井液配伍使用。粒度从 8~100 目，粗细应搭配使用，一般来说粗颗粒的润滑作用更好，但易被筛除。塑料小球的加量一般为 1%~2%，可降低扭矩 35% 左右，降低起下钻阻力 20% 左右。

（2）极压润滑剂。在高压下，极压润滑剂可在金属表面形成一层坚固的化学膜，以降低金属接触界面的摩阻，故更适应水平井钻柱对井壁在高的侧压力情况下的降摩阻需要。PF-LUBE、BITLUBE 均是极压润滑剂，加量一般为 0.5%~1.0%。

（3）无毒润滑剂。

无毒润滑剂是一种不含双键的有机物，无生物毒性，不污染环境，不干扰地质录井，润滑作用相似于极压油基润滑剂，可用于环境敏感地区的钻井作业。无毒润滑剂（如 PF-JIX）的加量一般为 1%~3%。

3. 水平井井眼稳定问题

对水平井来说，除孔隙流体压力外，还应考虑水平井状态下岩层失去平衡的那部分支撑负荷即井眼坍塌压力，它随井斜角增大而变大。井眼坍塌压力梯度可根据原始地层应力岩石强度和孔隙流体压力估算出来。为了使估算比较准确，需要进行岩石压裂实验，通过实验数据来估算地层原始应力和岩石强度。水平井的钻井液密度应由井眼坍塌压力和破裂压力确定。在其他条件相同的情况下，随着井斜角增大，钻井液的密度选择范围将变窄，即坍塌压力与破裂压力更接近。

水平井的井眼稳定还受井眼走向的影响，在地壳构造应力区，若地壳构造应力中一个横向地层原始应力大于另一个横向地层原始应力，井眼沿最小地层原始应力方向倾斜比沿大的构造应力方向钻进，井眼更稳定。

模拟实验还表明，碳酸盐岩最易坍塌，其次是页岩，而砂岩最稳定。从井眼深度看，一般是井眼越深越易坍塌。在易坍塌层钻进，由于斜井或水平井的井段比直井的井段更长，在直井中不出现坍塌的地层，在斜井或水平井中也可能出现坍塌。对于这样的问题，解决井眼不稳定的途径有两个：

（1）从钻井工艺上，改长曲率半径井为中短曲率半径井，可减少易塌裸眼井段的长度。

（2）从钻井液的性能上加以改善，使钻井液具有更强的抑制性和良好的造壁性，水平井钻井液的 HTHP 滤失量应控制在 10mL 以内。

4. 水平井漏失问题

1) 水平井井漏的原因

（1）在垂直井深和地层孔隙压力相同的情况下，水平井钻井液的循环压降随井眼的延伸而增加，增大了钻井液的循环当量密度。

（2）水平井容易形成钻屑床，环空岩屑浓度高使环空流动通道变窄，引起流动阻力增大，增大了对地层的压差。

（3）为了改善井眼净化条件，水平井常采用增大批量和提高钻井液黏度的措施，因而产生更大的流动阻力，增大了钻井液的循环当量密度。

（4）水平井钻井由于地层受力的变化，常常需要比直井更高的钻井液密度才能稳定井壁，这就产生了更大的钻井液液柱压力，增大了压差。

（5）随着井斜角增加，地层的坍塌压力一般是随之增大，而地层的破裂压力却是随之降低，这样就使钻井液密度实际的可调范围变窄，更容易发生井漏。

2) 防漏堵漏措施

（1）确定合理的钻井液密度，使钻井液的循环当量密度小于地层的破裂压力梯度。

（2）确保井眼净化，环空钻屑浓度不应超过 5%，应着重从提高钻井液的携岩能力入手，避免因提高返速增大的井漏危险。

（3）控制钻井液的流变性能，减少钻井液的环空循环压降。

（4）减少激动压力的影响。

（5）运用屏蔽暂堵技术来加固井壁防止井漏。

（6）采用低密度流体钻进。

5. 水平井的储层保护

由于水平井在产层中钻进的井段很长，钻井液与储层接触的面积和时间大大地增加，钻井液对储层伤害的机会也相应地增大。钻水平井的目的是要提高油气井的产量，为了使水平井达到尽可能高的产能，就必须使水平井钻井液具有保护储层的能力，使储层伤害控制在最低程度，为此，选择用于水平井的钻井液，必须测试它与储层岩心的相容性，只有那些渗透率恢复值至少大于 80% 的钻井液，才可用于水平井钻井，渗透率恢复值小于 80% 的钻井液必须进行改造，使其达到 80% 以上，否则应避免使用。引起储层伤害的原因有：

（1）钻井液中的固相颗粒堵塞储层的孔喉。

（2）地层中黏土矿物的水化。

（3）地层中微粒的运移。

（4）储层岩石润湿性反转。

（5）产生不溶解的沉淀物。

（6）水锁。

（7）乳化堵塞。

（二）水平井钻井液维护处理

钻井液性能和类型必须满足水平井钻井工艺的需要，确保安全快速钻进，保护好油气层。根据水平井钻井特殊性对钻井液的要求，选择或设计水平井钻井液首先应有利于保护油气层并容易转化成完井液，其次是钻井液有较好的抑制性、较好的润滑性、较好的流变性、较好的悬浮携屑能力和防漏能力并被环境所接受。所以掌握水平井钻井液的基本类型和性能要求是每位钻井液工作者必备的技能。

1. 水平井钻井液性能要求

1）密度

水平井钻井液的密度必须能满足控制地层压力、稳定井壁、保护油气层的需要，依据地层3个压力剖面来确定。钻井液密度必须高于裸眼井段地层的孔隙压力和坍塌压力，低于地层破裂压力。由于地层的破裂压力和坍塌压力与井斜角和方位角密切相关，因此确定水平井地层压力剖面时，除考虑地层实际的孔隙压力、强度、地应力等因素外，还必须考虑所钻井实际的井斜、方位、温度、井深等因素的影响。此外，还必须考虑所采用的钻井液滤液进入地层对地层坍塌压力的影响。

水平井段钻进时，地层的破裂压力基本上是一个定值，但钻井液的当量循环密度却随环空压力损耗而发生变化，即随着环空长度的增长而增大。因而当水平井段达到一定长度时，钻井液的当量循环密度就会接近地层的破裂压力。因此，必须使当量循环密度在安全范围内。起下钻时，还必须考虑抽汲和激动压力不能超出以上极限值范围。

对于裂缝性碳酸盐储层，钻进过程中易发生漏失，从而对储层带来损害。由于此类储层不易发生井塌，因而可采用欠平衡压力钻进，钻井液密度低于地层孔隙压力，但负压差值必须适当，以防压差过大，储层产生应力敏感对储层带来损害。

2）塑性黏度、动切力和静切力

水平井钻进中，突出的问题是钻屑悬浮和井眼净化，而解决此问题的关键因素是钻井液的流变参数和环空的流型。提高低剪切速率下的钻井液黏度（$\phi 3$ 和 $\phi 6$ 读数），才能有效地提高水平井中悬浮钻屑能力及防止钻屑床的形成，国内各油田钻水平井的实践得出钻井液的10s 切力最好大于 3Pa。

采用层流钻进，塑性黏度一般应大于 $15mPa \cdot s$，动塑比可控制在 0.4~1，动切力最好大于 10Pa，尽可能降低表观黏度以减少循环压耗。水平井段如采用紊流钻进，应尽可能降低钻井液的表观黏度，动塑比最好仍能维持在 0.4 以上。降低钻井液的凝胶强度，减少压力激动。

采用加重钻井液钻进时，当井斜达 45°左右时，会发生"垂沉"现象，加剧了岩屑床的形成及其厚度的增加，从而使井眼净化问题更为严重。为了克服加重钻井液在大井斜井段所发生的"垂沉"现象，可通过提高钻井液的静切力来解决，其值可依据现场当时的钻井情况，由室内模拟井下条件进行实验来确定。

3）滤失量与滤饼

应降低滤失量与滤饼渗透率，特别是降低 HTHP 滤失量和 HTHP 渗透滤失量。国内大部分水平井的 HTHP 滤失量均低于 15mL。提高滤饼质量，滤饼应薄、韧、可压缩、渗透度低。

4）润滑性

滤饼摩擦系数应尽可能低于 0.06，此外还应降低钻井液的润滑系数，以减少钻具与套管之间的摩擦阻力。

5）固相控制

使用四级净化设备，严格控制含砂量（低于0.1%）。

6）油气层渗透率恢复值

为了减少对油气层的伤害，钻进水平井段所用的钻井液必须与油气层特性相匹配，渗透率恢复值必须高于75%，完井液的渗透率恢复值应大于95%。

7）井壁稳定性

钻井液必须能有效地稳定井壁，检测其对所钻遇地层的回收率、膨胀率、封堵性能及稳定井壁的其他技术指标。提高钻井液抑制性和封堵性，尽最大可能减少钻井液对地层坍塌压力的影响。

2. 水平井钻井液类型选择原则

水平井钻进大斜度和水平井段过程中，钻井液必须解决井眼净化、井壁稳定、摩阻控制、防漏堵漏和保护储层等技术难题，然而钻进不同储层时，这5大技术难题有的是共存的，有的所表现的严重程度不完全相同，因而钻进水平井时确定钻井液类型必须遵循下述原则。

（1）地层矿物组分、理化性能、井温及潜在的各种井下复杂情况。

（2）地层压力剖面（孔隙压力、破裂压力、地应力、坍塌压力）。

（3）储层的结构特征和各种敏感性。

（4）井身结构、完井方式、钻井参数。

（5）钻井设备条件、后勤供应。

（6）经济的合理性。

3. 钻井液的类型与配方

国内外用来钻进大斜度和水平井段的钻井液有油基钻井液、无土相钻井液、水基钻井液和气基钻井液等。

1）油基钻井液

常规油基钻井液有两个特征限制了它的携岩效率。第一个特征是温度增高，在各种剪切速率下都有很大程度的稀释；第二个特征是它固有较差的触变性，在低剪切速率下，它不能再维持宾汉塑性流体的性能，因而常规油基钻井液不能很好地满足水平井携岩的要求，所以用于水平井钻井的油基钻井液必须对其配方进行改进，使其在环空低剪切速率下能提高黏度，具有快速形成胶凝结构的能力，能有效阻止斜井井眼低边岩屑的快速沉积。在油基钻井液中加入高分子聚合物脂肪酸，可提高油基钻井液低剪切速率的黏度和触变性，但不提高油基钻井液的塑性黏度，此油基钻井液能很好地满足水平井钻井的要求。

2）水基钻井液

对于相同地层来说，用于水平井的水基钻井液的类型基本上与钻直井相类似。但为了满足水平井钻井的特殊要求，必须调整其配方，提高其抑制性、封堵性、润滑性、动塑比，减少对储层的伤害等。

3）无土相钻井液

钻进储层时，钻井液中的膨润土进入储层会给储层带来较大的损害。因而钻进水平井段时（特别是钻进松散的稠油油层、枯竭油层、裂缝性油气层等时，采用筛管完成、砾石充填或裸眼完成等的水平井），为了减少对储层的伤害，在条件许可情况下，应尽可能采用无土相钻井液。无土相钻井液的密度可采用加入各种可溶性盐（如氯化钠、氯化钾、氯化钙、甲酸钠、甲酸钾等）或油来调节；其黏度和滤失量可通过加入各种聚合物来实现。为减少对储层的伤害，可采取加入与储层孔喉直径相匹配的酸溶、油溶、水溶和其他暂堵剂，在近井筒形成渗透率接近零的暂堵带，完井投产前采用解堵液进行解堵，恢复油气层的渗透率。下面介绍几种国内外用于钻水平井的无土相钻井液。

（1）水包油钻井液。

水包油钻井液以水为外相，油为内相的一种乳状液。其密度可通过改变油水比和水相密度来调节，最低可达 $0.99g/cm^3$；该类钻井液可以不含或含很少膨润土，并可针对储层特性通过在水相中加入各种可溶性盐来提高其抑制性，从而减少对储层的伤害程度；钻井液的流变性能也可通过在水相中加入各种增黏剂来调节。由于此类钻井液具有上述特点，因而可用来钻进压力系数低于 1，易发生漏失的裂缝性碳酸盐和岩浆岩等储层，强水敏砂岩和松散的稠油等储层。

（2）盐粉悬浮钻井液。

当采用水平井钻进枯竭储层、未胶结松散砂层或采用筛管完成和砾石充填等方式完井时，由于水平井产层充分暴露，钻井液进入储层会带来严重伤害。为了减少对地层的伤害，必须设计一种钻井液，在近井筒形成堵塞带（滤饼），有效地阻止钻井液及其滤液进入储层。完井投产时，对所形成的滤饼进行破坏和清除，恢复近井筒地层的渗透率。盐粉悬浮钻井液是一种使用一定颗粒尺寸的特制盐粒在聚合物溶液中所形成的悬浮液流体体系。盐粉悬浮钻井液具有理想的流变参数，强的剪切稀释特性，能有效地悬浮和携带岩屑并使井筒清洁。低的滤失量，能在极短时间形成易被清除的超低渗透率滤饼，对储层起到桥堵和封闭作用，防止钻井液固相和滤液侵入储层。此外，这种用聚合物和盐粒组成的流体通过流体液柱传递所需要的静液柱压力，以保持井眼规则、稳定，并使冲刷造成的扩径降到最低程度。

美国得克萨斯联合化学公司研制成功的盐粉悬浮钻井液，其配方为：XC、HEC 和 3 种交联的经丙基淀粉衍生物用来增黏和降滤失；粒径 $2\sim74\mu m$ 的盐粒用作桥堵剂材料；粒径 $2\sim44\mu m$ 的蒸发盐作为填充剂和加重材料；粒径 $10\sim1500\mu m$ 的盐粉做桥堵剂和屏蔽剂；氧化镁调节 pH 值；聚乙二醇用作稳定页岩剂并起润滑作用。此外，还加入少量除泡剂。

盐粉悬浮钻井液在钻井过程中沉积在井壁的滤饼包括可溶解的盐粒、聚合物和少量不溶的钻屑，滤饼中盐的颗粒在饱和环境中是惰性的，而在未达到饱和的盐水中可以被溶解。滤饼中的盐粒之间形成一个超低渗透率的膜，采用含有 2.85%胺基磺酸和 0.285%柠檬酸的滤饼破除液浸泡 $6\sim8h$，使滤饼中包在盐粒外面的聚合物降解，而其中的桥堵剂仍保持原封不动。由于聚合物膜是很坚韧的而很难被穿透，因而必须使用合适的吸收液施以适当的切向力或机械冲蚀作用，然后采用包含有氯化钾或氯化钠、氯化铵、氯化钙和溴化钠等的冲洗液（浓度 3%左右）冲洗滤饼，溶解盐粒，恢复储层的渗透率。

（3）颗粒碳酸钙（或油溶性树脂）/聚合物钻井液。

该钻井液使用了具有广泛颗粒分布的纯碳酸钙（或油溶性树脂）去桥堵储层的孔隙喉道，加入聚合物降滤失剂来达到低滤失速率，用钾盐来提高钻井液的抑制性能并改善滤饼的分散性。

（4）甲酸盐聚合物钻井液。

甲酸盐聚合物钻井液采用加入不同种类和加量的甲酸盐来调节密度，不需要固体的加重剂。通过加入聚合物来控制流变参数，不需要膨润土。此类钻井液抑制性强，对储层伤害程度低，腐蚀性也低，易于环境所接受，是近年来国内外发展起来的一种新型钻井液。

二、深井、超深井钻井液使用维护

随着油气勘探开发的纵深发展，深井超深井钻探数量逐年增加。特别是我国新疆塔里木油田，该区块超过6000m的井眼就有1700个，2023年5月30日，我国首个设计井深11100m的"深地塔科1井"也正式开钻。然而，由于超深井钻遇的地层更复杂、井下高温高压以及作业周期长等，对超深井钻井液技术提出了更高的要求，国内外高温深井钻探实践也证明，钻井液技术已成为高温超深井钻探成败的关键。超深井钻井液所面临的主要技术难题如下：

（1）钻井液高温稳定性（老化）问题尤为突出。因为在高温作用下，钻井液中的主要有机处理剂可变质、降解和失效。

（2）高固相含量下的钻井液流变性及滤失性难以维护和调控。

（3）往往钻遇多套压力层系地层，安全密度窗口窄，地层承压能力差，塌、漏、卡等复杂情况共存。

另外，常遇到的盐膏泥混层的井壁稳定问题较突出，同时对钻井液的抗盐、抗钙、抗固相污染能力提出了更高的要求。在实际高温超深井钻井工程中，上述技术问题往往共存，相互制约，因此，学习与掌握高温超深井钻井液技术十分重要。

（一）深井超深井钻井的主要难点

随着世界能源需求的增加和钻探技术的发展，深井和超深井的钻探已成为今后钻探工业发展的一个重要方面。按照国际通用概念，深度超过4500m的井称为深井，深度超过6000m的井为超深井，超过9000m的井为特深井。对于深井和超深井，常常存在大量的石膏、盐岩、大段泥页岩易坍塌地层、高温异常压力地层（油层、气层、水层）、严重漏失地层，也就是通常所说的喷、漏、塌、卡、高含硫、高温、高压等复杂情况。深井和超深井的主要难点如下：

1. 地质条件复杂

我国陆上深井超深井主要分布在新疆塔里木、准噶尔、四川等地区，这些地区地质条件较复杂，某些地区深井地层脆硬性泥岩容易坍塌，软泥岩井眼易缩径，造成起下钻不通畅，严重时可造成井下复杂情况发生。例如：郝科1井在400m发生坍塌，被钻井液携带地面的最大掉块重901g。在川东北地区施工的井，如河坝1井、普光1井遇到严重的井壁坍塌现象，引起划眼、卡钻等复杂事故。新疆的许多地区和准噶尔盆地大部分地区也都存在这个问题。

某些地区盐膏层、岩盐层、软泥若层分布非常广泛，相互混杂在一起，易发生盐岩的塑性变形、盐的溶解、无水石膏的吸水膨胀、含盐膏泥岩（或软泥岩）吸水膨胀与塑性变形，造成起下钻遇阻、卡钻、电测遇阻、固井质量差、套管挤毁等问题，严重时会使井眼报废。例如胜利油田的郝科1井，以及新疆的克拉205井、迪那22井、固1井等多口深井都遇到了这种地层。另外，某些地区还要解决山前构造、高陡构造、复杂难钻地层、地应力集中、地层压力异常、地层破碎、地层塑性流变、高矿化度（高密度）、高硫化氢质量浓度等复杂地质条件带来的一系列钻井技术难题。

2. 井底高温

随着井深的增加,井底高温是限制钻探深度的决定性因素之一,世界各地几乎都存在深度为几百或几千米时地温高达几百摄氏度的高温地带,例如中国著名的羊八井、日本的葛根田地热区、美国在 Cinitadons 地区所钻的深度小于 4000m 的地热井,井下温度均超过了 350℃。随着井深的增加,地层温度越来越高,钻井液将会受到高温所带来的不利影响。例如郝科 1 井在 5800m 的地层静态温度为 220~230℃,胜科 1 井 7000m 的井底地层静态温度达到 250℃,在此高温条件下,钻井液中的各种组分可能会发生降解、发酵、增稠及失效等变化,从而使钻井液的性能发生剧变,造成井下复杂事故,严重时将导致钻井作业无法正常进行。

3. 地层高压

随着深度的增加,地层压力明显增大,施工时必须使用较高密度的钻井液。高密度钻井液固相含量高,当劣质固相特别是亚微米颗粒进入钻井液,会导致钻井液流变性难以控制。这种情况不仅严重影响机械钻速,而且更困难的是高密度体系的维护。例如中国新疆油田在准噶尔盆地腹部地区和南缘山前构造带上钻至井深 5000m 时钻井液密度高达 $2.10g/cm^3$,南缘山前构造安集海组最高钻井液密度用到 $2.50g/cm^3$ 左右,如安 4 井钻井液密度曾用到 $2.53g/cm^3$,独深 1 井钻井液密度曾用到 $2.48g/cm^3$。

4. 地层压力系统复杂

井越深,钻井裸眼越长,地层压力系统越复杂,钻井液密度的合理确定和控制则更为困难,且使用加重钻井液时,因压差大而经常出现井漏、井喷、井塌、压差卡钻以及由此而带来的井下复杂问题,从而成为深井超深井钻井液工艺技术的难点之一。

(二) 高温对钻井液性能的影响

深井超深井使用的钻井液分为水基钻井液和油基钻井液两类。虽然水基钻井液的高温稳定性差,但与油基钻井液相比,水基钻井液成本低廉,易维护,对环境的污染比较容易消除。所以随着深井钻井液技术的发展,出现了由油基钻井液向水基钻井液发展的趋势。

1. 高温对黏土的作用

(1) 高温分散作用

钻井液中的黏土粒子在高温作用下自动分散的现象称为黏土粒子的高温分散作用。这是由于高温增强了水分子渗入未分散的黏土粒子晶层表面的能力,从而促使原来未被水化的晶层表面水化和膨胀,同时高温使黏土矿物晶片状微粒热运动加剧,从而增强了水化膨胀后的片状粒子彼此分离的能力。该分散作用使钻井液中黏土粒子浓度(指片状粒子颗粒的数量)增加,则使钻井液的表观黏度和静、动切力值升高。

由于高温分散的实质是水化分散,所以凡有利于黏土水化分散的因素都有利于高温分散,反之亦然。钠膨润土高温分散能力强而高岭土(劣土)则弱;温度越高,作用时间越长,黏土高温分散越强,但有一定限度;pH 值越高(OH^-、CO_3^{2-} 有利于黏土水化分散),高温分散作用越强;无机阳离子如 K^+、Ca^{2+}、Al^{3+} 等的抑制黏土水化,也利于抑制黏土高温分散。故在设计钻井液抑制性时,可以适当考虑这些因素。

(2) 高温胶凝作用

高温分散对钻井液增稠与钻井液中黏土的含量有很大关系,钻井液中黏土越多则高温后钻井液黏土粒子浓度的绝对值增加越多,使钻井液黏度类似指数关系急剧上升。当黏土的含量达到某一数值时,则钻井液高温作用后丧失流动性形成凝胶即产生了高温胶凝。在现场使用中常表现为钻井液井口性能不稳定,黏度、切力上升很快,处理频繁,处理剂用量大,而且每次起下钻后钻井液黏度、切力都会有明显增加,当钻井液中黏土含量达到某一极限数值时就会胶凝,进而丧失流动性。

(3) 高温聚结作用

高温加剧水分子的热运动,从而降低了水分子在黏土表面或离子极性基团周围定向的趋势,即减弱了它们的水化能力,减薄了它们的外层水化膜,从而使黏土粒子容易聚结。高湿降低水化粒子及水化基团的水化能力,减薄其水化膜的作用称为高温去水作用。高温聚结作用使滤饼质量降低,所以它必然增加钻井液的 HTHP 滤失量。在高矿化度钻井液中更是如此,而且也促进高温后钻井液滤失增加,即影响钻井液造壁性的热稳定性。

2. 高温对处理剂的作用

(1) 处理剂的高温降解

有机高分子化合物因高温而产生分子链断裂的现象称为高温降解。任何高分子化合物都要发生高温降解,只是随其结构和环境条件不同,发生明显降解的温度不同而已。因此,高温降解是抗高温钻井液必须考虑的另一重大问题。处理剂分子结构中的各种键在水溶液中抗温稳定不同,例如醚键在水溶液中,容易被氧化,而高温和 pH 值将促进这种作用发生。

所以凡由醚键连接的高分子化合物在高温下都不稳定,容易降解;又如酯键在碱性介质中易水解,而高温大大加速此反应,故其高温降解也严重了。对于钻井液处理剂,高温降解包括高分子主链断裂,和亲水基团与主链连接链的断裂两个方面。前者使处理剂分子量降低,部分或全部失去高分子性质,从而导致大部或全部失效,后者降低处理剂亲水性或吸附能力,从而使处理剂抗盐抗钙能力和效能降低,以致丧失其作用。

(2) 处理剂的高温交联

处理剂分子中存在着各种不饱和键和活性基团,在高温作用下,可促使分子之间发生各种反应,互相连接,从而增大分子量,这种作用称为高温交联。若处理剂分子交联过度,形成空间网状结构,成为体型高聚物,则处理剂失去水溶性,处理剂完全失效,钻井液完全破坏,滤失量猛增,钻井液胶凝;若处理剂分子交联适当,增大分子量,补偿了高温降解的破坏作用,从而保持以至增大处理剂的效能,则大大有利于钻井液性能,而且使钻井液在高温作用下,性能越来越好,其结果必然是现场使用效果优于室内试验,而且越用越好。例如,磺化褐煤与磺化酚醛树脂复配使用在高温下的降滤失效果要比它们单独使用时的效果好得多,则表明交联作用有利于改善钻井液性能。

(3) 处理剂分子在黏土表面的高温解吸作用

温度升高,处理剂在黏土表面的吸附平衡向解吸方向移动,则吸附量降低。处理剂大量解吸附使黏土大量或全部失去处理剂的保护而使黏土的高温分散、聚结等作用无阻碍地发生,从而使黏土颗粒更加分散,严重地影响钻井液的热稳定性和其他各种性能,常常表现出井下高温滤失量剧增,流变性失去控制。可以通过在处理剂分子中引入高价金属阳离子使之形成络合物,用高价金属离子作为吸附基(静电吸附),若采用其他吸附基团,如螯合吸附,氢键吸附则要求分子链上吸附基比例较大,使之在黏土粒子表面发生多点吸附,来保证其吸附量,特别是在高温下的吸附量。

(4) 高温对处理剂的去水化作用

在高温条件下,黏土颗粒表面和处理剂分子中亲水基团的水化能力会有所降低,使水化膜变薄，从而导致处理剂的护胶能力减弱，这种作用常称为高温去水化。高温下，由于黏土粒子水化膜减薄，而促进了高温聚结作用，这样必然使高温下滤失量上升，流变性变坏。这种变化也具有可逆性。影响高温处理剂去水化的主要因素是亲水基团的本性及比例，例如 COO^-、SO_3^- 等强亲水基团，且该基团数量越多，处理剂高温去水化作用表现越弱，钻井液性能越稳定。

3. 高温对钻井液性能的影响

高温使钻井液中各组分本身及各组分之间在低温下本来不易发生的变化、不剧烈反应、不显著的影响都变得激化了，钻井液的热稳定性涉及钻井液所有性能，它主要表现为以下两个方面：

（1）不可逆的性能变化

钻井液经高温作用后，由于钻井液中黏土颗粒高温分散和处理剂高温降解、交联而引起的高温增稠、高温胶凝、高温固化、高温减稠以及滤失量上升、滤饼增厚等均属于不可逆的性能变化。钻井液经高温作用后视黏度、塑性黏度、动切力及静切力上升的现象称为高温增稠；若钻井液经高温作用后丧失流动性则称为钻井液高温（后）胶凝；钻井液经高温作用后，动、静切力下降的现象称为高温（后）减稠。主要表现为动、静切力下降。在劣土、低土量、高可化度盐水钻井液中经常观察到这类现象。它不是由于钻井液组分变化而纯系高温引起的变化。在实际使用中它表现为钻井液黏度、切力逐渐缓慢下降。而这种下降用常规的增稠剂也难以提高黏度。由于严重的高温减稠可导致加重钻井液重晶石沉淀，因此，在使用中也应充分注意。一般可采用表面活性剂或适当增加钻井液中黏土含量的办法加以解决。钻井液经高温作用（后）成型且具有一定强度的现象称为高温固化。凡发生高温固化的钻井液不仅完全丧失流动性而且失水猛增。此种情况多数发生在黏土含量多、Ca^{2+} 浓度大、pH 值高的钻井液中。

（2）可逆的性能变化

因高温解吸附、高温去水化以及按正常规律的高温降黏作用而引起的钻井液滤失量增大、黏度降低等均属于可逆的性能变化。

4. 深井超深井钻井液性能测定

合格的深井钻井液应该首先是从井口至井底之间的任何温度下（特别是高温下）都应具有满足钻井工艺要求的性能，即井口（低温）性能和井下（HTHP）性能都必须合格。

（1）钻井液的常规性能，用 API 标准方法测定，保证地面符合深井超深井钻井对钻井液体系的性能的要求。

（2）高温高压性能。用各类 HTHP 仪器测定（如 HTHP 流变仪、HTHP 失水仪等），测定钻井液在高温高压条件下的流变性和滤失量，评价其高温下的性能符合要求。

（3）热稳定性，又称高温后的性能。模拟井下温度，用滚子加热炉对钻井液进行滚动老化，然后冷却至室温，评价其经受高温之后的性能符合要求。

（4）钻进高压油、气、水层时，应连续不断地测定返出的钻井液密度和漏斗黏度，随时监测钻井液性能变化。

（5）进入高温高压和复杂井段，应定时定量取样送基地化验室进行分析试验。特别要做好钻井液高温高压老化试验。

（三）深井超深井钻井液性能要求

由于井深增加，井底处于高温和高压条件下，钻进井段长而且有大段裸眼，还要钻穿许多复杂地层，因此其作业条件比一般井要苛刻得多，这种钻井液必须具有抑制性好、封堵性强、高温稳定性好、良好的润滑性和剪切稀释等特性，低密度固相含量低、流变性好、高压失水量低、抗各种可溶性盐类和酸性气体的污染，有利于处理、配制、维护和减轻地层污染。

1. 具有抗地层高温能力

普通钻井液中使用的聚合物抑制剂、絮凝剂、降滤失剂，在高温高压下受到酰胺基水解、酯水解、醚键断裂等的影响，一般不超过150℃就会发生严重降解，甚至沉淀或交联，导致钻井液失效。所以要优选抗温效果好的处理剂，以避免当温度超过处理剂特有的临界温度时，不因处理剂失效而造成严重的热稳定性问题，而且不会因高温降解产生副产品的影响而破坏化学平衡。

2. 具有好的封堵性能和低的滤失量

深井超深井段地层复杂，特别是一些地层岩屑结构松散易碎，结构裂缝多，易受溶蚀且严重，裂缝中充填物胶结性差，使原来不易水化膨胀的泥岩因滤液沿微裂缝大量侵入而产生崩裂。钻井液加入类似沥青类产品（聚合醇、非渗透处理剂等）的封堵剂，可以在微裂缝周围的地层进行有效封堵，防止钻井液的滤液进一步深入，保持裂缝内的原始状态，达到防止井塌的目的。同时随井的加深，控制较低的 API 失水，严格控制高温高压失水，一般在 15mL 以下，从而达到稳定井壁的目的。

3. 具有良好的抑制性

特别是在高温条件下对黏土的水化分散具有较强的抑制作用，来抑制黏土的水化膨胀和分散，才能保证井眼较长时间的稳定，这是稳定井壁的关键，所以有些易塌的地区采用 KCl、MMH、硅酸盐等无机抑制剂与有机的抑制剂相互配合，增强钻井液的抑制性达到防塌的目的。

4. 具有良好的高温流变性

在高温下能否保证钻井液具有良好的流变性和携带、悬浮岩屑的能力至关重要。对于易发生坍塌的地层，低黏切的钻井液在高返速、高剪切的情况下更容易造成地层的坍塌，因此应该适当保持高的黏度切力，减少对地层的冲刷；而对于高密度钻井液，容易形成过高的黏切，泵压和循环压耗升高，造成复杂情况，甚至无法起钻，尤其应加强固控，在满足携岩和悬浮加重材料的前提下，尽量减少膨润土的用量以避免高温增稠，必要时加入抗高温的稀释剂控制切力。

5. 具有良好的润滑性

由于深井和超深井钻井液密度高，固相含量多，较少的滤失量就可能形成较厚的滤饼，增加了造成压差卡钻的机会，为了防止卡钻，钻井液要形成好的滤饼质量，同时加入合适的润滑剂，使钻井液有好的润滑性能。

6. 具有良好的抗污染能力

地层的高压力造成了钻井液的高密度，有时密度高于 $2.0g/cm^3$，为了保持钻井液性能，又必须加入高浓度的处理剂，再加上高温的作用，将加速各类添加剂之间的反应速度，如果又遇到来自地层的盐、石膏、高压油、气和水的作用，会更促使钻井液性能的变化，使其更难控制和掌握，因此要求深井钻井液具有更良好的抗污染能力。

7. 保持合理的钻井液密度

满足平衡地层压力、地层坍塌应力、盐膏层和膏泥岩层的蠕变应力的要求，达到稳定井眼、要防塌也要防漏、近平衡压力钻井、发现和保护油气层的目的。对于有地层应力存在的易塌层，保持一定的钻井液密度以平衡地层坍塌应力，是非常有必要的；对于有异常高压层、大段盐膏和软泥岩的地层，为了防止地层的塑性蠕变，必须采用相应的高密度钻井液。

8. 尽可能减少加重材料和钻屑含量

使用纯度高并且密度较高的加重材料，减少其加入量，降低钻井液中的固相含量，有利于流变性的调控和维护；或者通过加重材料的表面改性，来降低其对钻井液流变性的影响。可通过加入生物聚合物等改进流型，提高钻井液携屑能力；用好固控设备，要充分利用细目的振动筛，除砂器、除泥器和离心机等四级固控设备，最大限度地除去钻井液中的钻屑，必要时使用絮凝剂增加钻井液絮凝钻屑能力。

(四) 深井超深井常用钻井液体系及应用

我国深井超深井钻井液包括油基和水基两大类。油基钻井液近年主要在抗高温乳化剂的类型和品种上开展较多研究工作，陆上油田用得较少，南海西部油田深井用得较多。水基钻井液体系的最大进展是将原来的老"三磺钻井液"改进为普遍使用的聚磺钻井液，即将"聚合物钻井液"与"三磺钻井液"结合在一起而形成的一类目前仍广泛使用于深井的钻井液体系。

1. 钙处理钻井液

钙处理钻井液是我国在20世纪60年代到70年代初使用的基本深井钻井液类型，主要利用无机钙盐或钠盐来提高井眼稳定性，另外再加上铁铬木质素磺酸盐或煤碱剂、甲基纤维素（CMC）及一些表面活性剂等来维持钻井液的流变性能。如松基井（钙基）、东风2井（钙基）、新港57井（盐水基）、王深2井（饱和盐水基）等均是用钙处理钻井液钻成功的。

2. 三磺钻井液

三磺钻井液是20世纪70年代以后我国大多数深井所使用的钻井液类型，所谓"三磺"即是磺化酚醛树脂（SMP）、磺化褐煤（SMC）和磺化栲胶（SMK）。这三种处理剂有效地降低了钻井液的高温高压滤失量，进而提高了"井眼稳定性"。

三磺钻井液的研制成功，是我国在深井钻井液技术上的一大进步。其主要标志是：这三种处理剂能有效地降低高温高压滤失量，特别是加入磺化酚醛树脂后，随着井深及压差的增加，其滤失量增加很少，有时还降低（而这一特性是原钙处理钻井液体系达不到的），这样就大大地改善了滤饼质量，减少了井下坍塌卡钻等复杂情况，提高了深井钻探的成功率。例如在自深1井（四川）钻进时，在4700~5335m，向含10%的膨润土浆加入SMP 4%、SMC 6%、SP-80活性剂0.3%、AS（烷基磺酸钠）0.15%、$Na_2Cr_2O_7$ 2%、柴油5%后，在井底192℃温度下，其滤失量从未加SMP的23.7mL下降至9.6mL，摩擦系数（K_f/45min）0.07。经过五次断钻具、三次打水泥塞、一次顿钻事故，均未发生卡钻。为我国深井钻井液技术开创了新的局面。

3. 聚磺钻井液

聚磺钻井液是在钻井实践中将聚合物钻井液和磺化钻井液结合在一起而形成的一类抗高温钻井液体系。尽管聚合物钻井液在提高钻速、抑制地层造浆和提高井壁稳定性等方面确有十分突出的优点，但总的来看其热稳定性和所形成滤饼的质量还不适应于在井温较高的深井中使用。聚磺钻井液是利用各类聚合物的抑制性、包被性来保持井壁地层岩石的水化稳定，同时利用磺化处理剂来改善滤饼质量，降低高温高压滤失量，该类钻井液的抗温能力可达200～250℃，抗盐可至饱和。从20世纪80年代起，这种体系已广泛应用于各油田深井钻井作业中。

典型配方：4%～5%膨润土+1%聚合物+0.3% Na_2CO_3+2%～3%抗高温降滤失剂+2%OSAM-K+3%沥青类防塌剂+1%～3%润滑剂。

该体系在维护时，以补充混合胶液为主，加入抗高温能力强的SMP-1、SPNH，API失水小于5mL，HTHP失水小于12mL，提高钻井液抗高温能力；控制钻井液中膨土含量，调整钻井液的pH值保持在8～9之间；对于存在微裂缝的、易坍塌、掉块的泥页岩地层，加入1%～2%超细碳酸钙和2%～5%沥青类防塌剂，进行封堵防塌。

4. MMH聚磺钻井液

以蒙皂石为主的地层严重造浆，部分地层含有红泥岩，有些地层以泥岩及泥质粉砂岩为主，地层胶结性差，以含伊利石为主的泥岩不造浆，砂泥岩易分散成细颗粒，在钻井施工过程中，往往出现井眼不规则，出现大井眼、坍塌，起下钻困难，上提遇卡，下放遇阻等井下复杂问题，聚合物正电胶钻井液具有较强的抑制包被作用，具有良好的防塌性，但存在着钻井液滤失量偏大，造壁能力差。

故在聚合物正电胶钻井液的基础上，加入磺化处理剂，不仅可以提高整个钻井液体系的动塑比，而且还能提高钻井液体系的抗温能力，改善钻井液的抑制性，从而使形成的MMH聚磺钻井液体系抗温能力增强，性能稳定。实践证明MMH聚磺钻井液是一种性能良好的深井钻井液。

典型配方：4%～5%膨润土+0.2%～0.3% Na_2CO_3+0.5%～1%聚合物+1%～3%正电胶（胶液）+0.5%～1%的降滤失剂+3%～4%防塌剂+1%清洁剂和润滑剂。该体系在维护时，主要以补充聚物MMH（正电胶）胶液为主，用聚合物降失水剂适当控制失水，其他基本同聚磺钻井液维护处理。

5. 硅酸盐聚合物钻井液

硅酸盐聚合物钻井液体系在高温高压下具有很强的抑制页岩水化、防止井壁坍塌的能力，其井壁稳定机理有以下几个方面：

(1) 硅酸盐进入地层孔隙形成三维凝胶结构和不溶沉淀物，快速在井壁处堵塞泥页岩孔隙和微裂缝，阻止滤液进入地层，同时减少了压力传递作用。

(2) 硅酸盐抑制泥页岩中黏土矿物的水化膨胀和分散，并且由于与聚合物的协同作用，使黏土产生脱水而收缩，使泥页岩的结构强度提高。

(3) 在较高温度下，硅酸盐与黏土接触一定时间后，黏土会与硅酸盐反应生成一种类似沸石的新矿物。根据所用硅酸盐的不同，可分为无机聚合物硅酸盐和有机聚合物硅酸盐。硅酸盐聚合物钻井液的基本配方：2%膨润土浆+0.4% PAC+0.1% PAM+5% KCl+6%硅酸盐。按照配方顺序依次加入，按循环周加入 NH_4HPAN、PAC、SMP-1等调节钻井液性能，然后加重达到设计要求。

该体系钻进中，主要采用K-PAM、PAC、XC、KCl、硅酸盐等处理剂进行维护处理，聚合物应配成胶液均匀补充，防止性能大幅度波动，确保优良的流变性和较强的抑制性。随井深增加，逐步加大硅酸盐含量（6%～8%），确保钻井液始终具有较强的抑制、防塌能力。用 NH_4HPAN、PAC、SMP-1调节钻井液的失水造壁性，维持合理的黏切及流变性。

6. 油基钻井液

与水基钻井液相比较，油基钻井液的性能受高温影响较小，受压力的影响较大，高温性能容易控制，抑制页岩水化的能力很强，因此，油基钻井液是解决深井泥页岩、盐、膏泥岩层井壁不稳定的有效办法。油基钻井液抗地层中的盐、钙和黏土污染的能力强，钻井液的润滑性及滤失性好，能有效地降低钻具的扭矩和摩阻，防止钻具腐蚀，预防深井压差卡钻。

低胶质油包水乳化钻井液组成：柴油、乳化水（15%左右）、乳化剂、润湿剂、少量亲油胶体、石灰、加重材料；低毒油包水乳化钻井液组成：矿物油、乳化水（10%~60%）、乳化剂、润湿剂、亲油胶体、石灰、加重材料。

统计数据说明，深井超深井多采用油基钻井液，而8000m以内者则为水基钻井液。但世界最深的几口9000m以上的超深井都是使用水基钻井液钻成的。

项目四　钻开油气层和完井的维护处理

油气层是我们勘探和开发的目的层，安全顺利地打开和钻穿油气层并使其不受伤害是非常重要的，如果发生井喷事故，不仅使油井报废、使油气层遭受破坏，得不到录井资料，将延误整个勘探和开发工作，更严重的是可能危害职工生命安全、污染环境等。因此，钻开高压油气层前对钻井液应采取相应的维护与处理措施，谨防井下故障的发生。

一、钻遇油气层显示

在油气层顶部泥页岩中钻进时，或已钻入油气层时有以下几方面的显示：

（一）工程方面的显示

钻至油气层时，机械钻速变快，扭矩略有增加，钻井液出口温度下降；泵压下降而且不稳定；钻具上提后放不到原井底，循环罐钻井液液面上升，严重时钻井液槽面有油花和气泡。

（二）地质方面的显示

泥页岩钻屑变大，形状上棱角分明，泥页岩的岩屑比平时钻出的岩屑的密度要小，颗粒要大。

（三）钻井液性能方面的显示

油气侵入钻井液后，密度显著下降，液柱压力相应减小，易造成缩径、井塌、井喷、卡钻等故障，分析钻井液滤液，其氯离子含量降低，并且油气本身带有一定的活性物质和复杂的矿化水，使钻井液的黏度、切力升高，不易接受处理，有时会出现消耗处理剂的数量大、性能不稳定等现象。另外，若气体侵入钻井液而未及时排除，会使钻井液结构松弛，滤饼变厚，携带和悬浮岩屑能力变差，同时对固井质量也有不良影响。

（四）井口的显示

在钻进过程中，当油气层压力大于液柱压力时，井口会发生溢流或井涌。在钻进过程中应根据各种资料和情况进行综合分析，判断是否已钻入高压油气层。及时发现高压油气层的存在是非常重要的，这样可以及时地调整钻井液性能，安全地钻穿高压油气层，力争杜绝井喷。因此，正确地预示和判断油气层是预防井喷发生的先决条件。

二、油气层井段钻井液处理

(一) 钻井液处理前的准备

在钻开高压油气层前,应对地面设备、循环系统、井口防喷装置、加重系统、剪切泵、钻井液混合漏斗等进行全面检查,使其正常运转,同时应将处理剂、重浆、加重剂准备充足,并调整好钻井液性能,使其具有较好的抗污染能力。

根据地质预告和邻近井的资料,确定油气层深度、厚度、压力,确定加重前性能的调整,设计钻井液加重和钻井液维护与处理方案。

(二) 钻井液加重处理

调整好钻井液的性能后,要搞好钻井液加重工作,即在进入油气层前,将密度提至设计要求范围的上限,加重时要使用混合漏斗、钻井液剪切泵等,按钻井液循环周均匀加入。加重速度每分钟不超过100kg为宜,特殊情况除外。加重以后,钻井液密度不得低于设计区间的上限,并测量循环周监测钻井液密度是否均匀,同时注意经常观察油气显示。做好重钻井液防雨防水工作,管理好储备的轻、重钻井液和重晶石。每次起下钻罐内储备的重钻井液都要进行循环,以防重晶石沉淀。

(三) 钻开油气层的钻井液处理

(1) 维护处理。打开油气层后,若钻井液预处理较好,钻井液性能变化不大,可进行维护处理。此法是保证钻井液优质、均匀、稳定的有效方法。一般做法是,对于液体处理剂采用细水长流按循环周加入,对于粉状固体处理剂在混合漏斗定时定量按循环周加入。

(2) 大型处理和反复处理。大型处理的特点是药品加量多、见效快。反复处理即是在油、气侵入钻井液后,有时处理不可能达到一次成功,就需要反复多次地进行处理才能达到预想的目的。以上两种处理措施,处理前要做到心中有数,多做小型实验和处理方案,按实验数据的1/3~1/2量整周加入。当然,不论维护处理还是大型处理,其目的都是有利于加重工作,有利于洗井、除气。处理后的钻井液性能应有适宜(相对较低)的黏度和适当的切力(有利于洗井除气和悬浮重晶石)、较低的滤失和适当的pH值。

(3) 捞油除气。捞油除气有两方面的意义:一是可以恢复钻井液密度,减少处理剂和重晶石的消耗;二是避免油气越侵越多,造成钻井液性能恶化,引起井喷或其他井下故障。除气的有效方法如下:一般是用除气器、剪切泵、混合漏斗、系回水管线等低压循环系统对钻井液冲刺、循环除气法。若钻井液中气泡很多,密度降低显著,可加除泡剂除泡;侵入的油量多而又乳化不好时,放掉部分钻井液,少量的油排不出去,可加入乳化剂使油在钻井液中乳化。

(四) 起钻钻井液要求

钻开油气层第一次起钻以前,应把钻井液密度调整好,因为多数井喷事故是发生在起钻过程中和刚刚起完钻。

(1) 起钻前钻井液密度达到设计密度上限,钻井液进口和出口的密度差不大于0.01g/cm³。

(2) 停泵后井口不外溢。

(3) 起钻时灌进井内的钻井液与起出的钻具体积相符合,杜绝"拔活塞"起钻。另外,起钻不宜一次起出钻具,应首先进行短程起下钻,测量油气上窜速度,以掌握钻井液柱与油、气平衡情况。一般情况下油气上窜速度控制标准是：起下钻 10~20m/h，完井作业（如电测、固井等）控制在 10m/h 以内。

三、完井阶段钻井液的处理

(一) 电测

完钻前 50~100m 时，要对钻井液性能的参数进行调整，目的是充分清除井内钻屑，保证井壁稳定。完井黏度要比正常钻进提高 5~10s 或更高，并根据井下需要决定是否用高黏度、高切力钻井液封井。在打完进尺钻井液循环至少两周，待井内钻屑、砂子、掉块干净后，进行短程起下钻测后效，确保油气上窜速度在测井施工安全要求范围内，方可起钻，通井畅通井眼后确保测井施工安全、顺利。

由于井眼质量、井身轨迹及钻井液性能影响等原因，电测施工作业时常出现电测仪器或电缆上提遇卡或下放遇阻的现象。由于造成测井遇阻、遇卡因素较多，处理的措施也差别较大，因此，在通井前要分析判断遇阻、遇卡原因，再优选通井钻头、钻具结构和使用的工具，有针对性地处理。

下面介绍几种不同遇阻原因的通井钻具结构和钻井液处理措施。

(1) 井身轨迹差导致的电测遇阻遇卡。

该情况发生在定向井，由于定向造斜率高或降斜率高、狗腿度大都易引起电测遇阻遇卡。通常用修整井壁的工具，采用上提下放或者转动划眼的方式，对井身轨迹差的井段进行修整，破除井壁台阶使井眼尽量平滑。

(2) 钻井液性能不适合引起的电测遇阻。

① 由于钻井液黏度低，井底出现沉砂，导致电测遇阻，通常遇阻点离井底较近。处理措施是通井时充分循环洗井，尽量保持井眼的清洁，然后采用加入增黏剂等方法适当提高钻井液的黏切，增强钻井液对钻屑的悬浮能力就可解决。

② 由于上部钻进时井径控制得小，或因后期施工中钻井液清洁井眼能力差导致大量钻屑黏附在上部井眼井壁上，引起起钻时钻具拔活塞，拔垮上部地层或刮拉下黏附在上部井眼井壁的钻屑引起的电测遇阻。处理措施如下：公锥通井，上部地层划眼（或循环）时大幅度降低钻井液黏切，冲刷上部井眼，洗井干净下钻到底后，再提高钻井液黏切，控制钻井液失水，确保电测成功。

③ 由于钻井液失水大、滤饼厚，电测仪器下行阻力大，引起电测遇阻。通常采用常规钻具结构通井，调整钻井液流变性和滤失量。若钻井液黏切高、滤失量大，则在降低滤失量的同时降低钻井液黏切，充分循环冲刷井壁干净后，再适当提高钻井液黏切，起钻电测。若钻井液黏切低、滤失量大，则在降低滤失量的同时提高钻井液黏切，充分循环冲刷井壁干净后，起钻电测。

(3) 井眼质量差引起电测遇阻遇卡。

由于泥页岩地层井壁垮塌，出现不规则井眼，引起电测遇阻遇卡，该类电测遇阻遇卡最广泛、损失最严重。井径不规则导致电测遇阻的处理措施；要用修整井壁的工具对井壁的台阶进行修整，可采用上提下放或者转动划眼的方式，破除井壁台阶使之尽量平滑。造斜段台阶、斜井段的井径不规则一般用修壁器或键槽破坏器修整。钻井液在保证井壁稳定不再垮塌的前提下，要提高黏度和切力，稳定大肚子井眼里的钻屑、掉块，避免其堆积，保证电测成功。

若掉块处井径过大,且大井眼内有大量较大的掉块无法携带到地面,除采取上述措施外,通常还用黏切更高的钻井液封过该井段,使掉块稳定在大井眼内,然后起钻杆通到底,起下钻正常后电测。改变电测仪器的组合有利于解决不规则井眼引起的电测阻卡问题,主要是增加电测仪器长度,仪器前部使用具有一定弯度的导引装置,能够较好地防止仪器掉入大肚子井眼内或戳到井壁台阶上遇阻。

(4) 由于井斜位移大,形成岩屑床导致电测遇阻、遇卡由于钻井液中含有大量高分子聚合物及钻具的砸实作用,大井斜大位移井形成岩屑床后很难清除掉,因此岩屑床导致的电测遇阻遇卡处理较为困难。通常采取的技术措施如下:

① 选用带修整井壁工具的钻具通井,降低钻井液黏切,提高钻井泵排量,旋转或大幅度活动钻具破坏钻屑床。降低钻井液黏切要根据井下情况,在保证井壁稳定、满足井控需要的前提下,可大量加入清水降低钻井液黏切。

② 降低钻井液黏切,然后对岩屑床井段进行逐单根划眼,清除岩屑床。

③ 提高钻井液润滑性,除加入液体润滑剂外,可使用石墨粉和塑料小球(或玻璃微珠)配高浓度的封井液对斜井段封井,降低电测仪器、电缆的活动阻力。

④ 改变仪器组合或长度,有时也可以较好地解决该类电测阻卡问题。

(5) 地质原因引起电测遇阻遇卡。例如在同一裸眼井段内既有压力低、渗透性好的砂岩,又存在高压油气水层。当钻井液密度较高时,在低压渗透性砂层处存在较大的压差,因压差导致电测时卡仪器或电缆。常采用的措施是全井加3%~5%的玻璃球充分循环,在低压层井壁上形成一层玻璃球滤饼,大大提高了井壁的润滑性,可有效防止电测卡仪器、电缆。

井眼内有压力较高的油气水层而钻井液密度偏低时,由于流体污染钻井液易导致电测遇阻遇卡。通常提高钻井液密度压稳可解决污染钻井液和电测阻卡问题。

(二) 下套管

下套管前必须确保井眼正常:普通井将岩屑循环干净,低速度起钻后下套管;深井通常在下套管前不对钻井液性能进行大幅度调整,维持适当高的黏切;井眼不规则、易塌地层应配稠浆封相应井段;大斜度定向井、水平井用塑料小球、固体润滑剂、油基润滑剂等润滑材料封斜井段;水层、油气层活跃的井密度应略高确保压稳;易漏地层终切不宜过高防止下套管过程压力激动引起井漏。

套管下入速度应控制在使环空上返速度不大于钻进时的上返速度,套管内及时灌进钻井液,振动筛处观察好钻井液的返出情况,不返钻井液立即汇报采取相应措施。下完套管灌满后小排量开泵,下套管作业结束后,由于套管及扶正器刮拉下大量的井壁滤饼及黏附井壁的钻屑,因此要小排量平稳开泵,待井底钻屑返出、泵压正常1~2循环周后,再以正常排量循环钻井液。

(三) 固井

为了保证固井质量及测声幅作业顺利,正常循环时利用固控设备充分清除劣质固相,并加入清水及降黏剂降低钻井液黏切,冲刷井壁,尽量保持井壁干净。对于井眼较差的情况,可采用钻井液高低黏切结合的方法解决井眼清洁问题,为固井提供良好的胶结界面。

对于深井,钻井液由于受高温高压、盐膏、碳酸氢根等因素的影响,常具有密度高、黏切高以及含有的处理剂及无机盐种类多等特点。多次发生油气侵、井漏等复杂情况的井,钻井液黏土含量可能比较低,在井底高温条件下出现钻井液黏切低、悬浮能力差的情况。因此深井固井质量常常难以保证,固井结束后常出现测声幅遇阻的问题。因此,深井完钻后,要根据地层及井眼情况、钻井液的组成及性能等多方面考虑钻井液的处理方案。对钻井液密度较高的深井,下完套管调整钻井液黏切时,要注意检测钻井液中黏土等低密度固相的含量及钻井液的高温流变性能。若钻井液中黏土等低密度固相的含量过低,高温高压条件下钻井液黏切下降幅度过大,为防止下部井眼出现重晶石、钻屑沉淀的问题,在固井前,用增黏剂、高效抗温抗盐降黏剂及抗高温抗盐降滤失剂等处理,调整一定量用于顶替水泥浆的性能良好的钻井液,以保证测声幅作业的顺利进行。

若钻井液中黏土等低密度固相或高价阳离子等含量过高,可能会出现钻井液高温下极度稠化的情况。为防止测声幅作业遇阻,应对替水泥浆的钻井液进行预处理,主要是通过稀释等方法降低低密度固相的含量,增加 SMP-2 等抗高温护胶剂的含量,然后将钻井液加重到需要的密度,提高钻井液抗高温的能力。

固井时测量好水泥浆密度。注水泥后常泵入 $2m^3$ 左右的压塞液,作为水泥浆与钻井液的隔离液。采用无固相压塞液,配方为:清水 $2m^3$+2.5%~5%抗盐增黏降滤失剂+0.1%纯碱+3%~5%抗盐型降黏剂。

项目五　应会技能训练

——特殊钻井液的配制

一、配制烧碱溶液

(一) 学习目标

掌握烧碱的物理化学性质及烧碱溶液的配制;熟悉烧碱溶液的作用。

(二) 准备工作

(1) 穿戴好劳保用品。

(2) 确保配药罐容积、标记完好;确保搅拌机、阀门灵活好用。

(3) 准备充足的烧碱和水。

(三) 操作步骤

(1) 计算欲配质量浓度与体积的烧碱溶液所需要的纯烧碱量和水的体积。

(2) 加入已计算好的纯固体烧碱量,再加入适量的水使固体烧碱溶解。

(3) 开动搅拌机进行搅拌。

(4) 补充水至计算所需水量,待搅拌好后切断电源。

(四) 技术要求

(1) 敲砸或搬运烧碱时必须穿戴好劳保用品,以防灼伤。有原包装的可直接砸碎,无包装的要盖上草袋等物品再砸,但是砸时用力不能太猛,以防碎块飞溅伤人。

(2) 开动搅拌机时,要等搅拌机运转正常后方能离开。

(3) 配制时要先加入烧碱再加水,以防外溅。

(五) 相关知识

烧碱的性质及作用。烧碱又名火碱、苛性钠，化学名称为氢氧化钠，分子式 NaOH，分子量为 40.00。它是一种乳白色晶体，常温下密度为 2.0~2.2g/cm³，熔点 318℃，沸点 1388℃，易溶于水，溶解时放出热量。配制水溶液时应防止烫伤，并搅拌，以防在池底重结晶。其溶解度随温度升高而增大。溶于酒精和甘油，难溶于醇类和烃类，易吸潮，从空气中吸收 CO_2 可变成 Na_2CO_3。在水溶液中全部离解，水溶液呈强碱性，pH 值为 14，对皮肤和衣物有强腐蚀性，使用时应注意安全。

二、配制聚合物 PHP 胶液

(一) 学习目的

掌握 PHP 的性质及其胶液配制；熟悉其在钻井液中的作用。

(二) 准备工作

(1) 穿戴好劳保用品。
(2) 一套配药罐，备足固体 PHP，检查搅拌机，确保运转正常。
(3) 配药罐上接加水管线，检查水源保持充足。

(三) 操作步骤

(1) 根据欲配 PHP 胶液的质量浓度和配液量，计算 PHP 干粉用量。
(2) 注入配药罐所需水量。
(3) 开动搅拌机，使之运转正常，并缓慢加入所需 PHP 干粉。
(4) 充分搅拌使 PHP 干粉完全溶解后，停止使用搅拌机。

(四) 技术要求

(1) 加 PHP 干粉时必须均匀缓慢地加入，防止因 PHP 结块而不易溶解。
(2) 配药罐应具有容积刻度。

(五) 相关知识

PHP 是"部分水解聚丙烯酰胺"的代号，它是聚丙烯酰胺在一定温度下与 NaOH 溶液进行水解反应的产物。PHP 为无色透明胶状液体，也有粉状的，能溶于水，抗温可达 200℃。和水分子之间可形成氢键，所以可水化。PHP 的水解度是指聚丙烯酰胺分子中的酰胺基水解为羧钠基的个数占总酰胺基个数的比例。如水解度为 30%，就表示聚丙烯酰胺分子中每 100 个酰胺基中就有 30 个转化为羧钠基，还余 70 个酰胺基未转化。

三、配制膨润土浆

(一) 学习目的

掌握淡水膨润土浆的配制方法、黏土基础知识及配浆用量计算方法。

(二) 准备工作

(1) 穿戴好劳保用品。
(2) 检查剪切泵、混合漏斗、钻井液低压循环管汇、储备罐等设备是否完好无损。
(3) 黏土、纯碱等处理剂，充足的水源。

（三）操作步骤

（1）根据所需配制膨润土浆性能及总量，计算所需各种配浆使用的膨润土量、纯碱量及水量。

（2）在配浆罐中加入清水，再加入纯碱，最后加入膨润土，搅拌均匀达标后放入储备罐中。

（四）技术要求

（1）配制膨润土浆时必须使用剪切泵、钻井液低压循环管汇、混合漏斗，确保剪切充分不结块。

（2）将配好的膨润土浆加入储备罐中预水化24h后方可使用。

（五）相关知识

膨润土主要以蒙脱石为主，因其所吸附的阳离子不同而分为钠土和钙土两种。因为钠土水化能力较弱，造浆能力较强，所以适合钻井液使用。钠土一般较少，多为钙土。现场使用时，常把钙土改造成钠土（采用纯碱或烧碱改造），来满足钻井液用土的需要。

天然土矿必须经机械加工成粒度大小适宜的粉末后才能使用。其颜色为白色、灰色、灰黄色及紫红色，易吸潮结块，故一般采用聚乙烯薄膜袋为内层而聚丙烯编织袋为外层包装。

四、配制加重钻井液

（一）学习目的

掌握加重钻井液的配制和有关计算；熟悉加重剂知识。

（二）准备工作

（1）穿戴好劳保用品。

（2）按设计要求备足加重剂。备足降黏剂、NaOH、PHP胶液。

（3）检查剪切泵、混合漏斗、循环管汇、各阀门、加重罐、通气管线、压力表、安全阀等，确保运转正常、阀门灵活好用。

（4）一套常规钻井液性能测量仪，充足的水源。

（三）操作步骤

（1）根据钻井液总量和加重剂的密度，计算加重剂用量：

$$W_{加}=\frac{V_{原}\rho_{加}(\rho_{重}-\rho_{原})}{\rho_{加}-\rho_{原}} \tag{4-5-1}$$

式中　$W_{加}$——加重剂用量，t；

　　　$V_{原}$——原钻井液体积，m³；

　　　$\rho_{加}$——加重剂密度，g/cm³；

　　　$\rho_{重}$——加重后钻井液的密度，g/cm³；

　　　$\rho_{原}$——原钻井液密度，g/cm³。

（2）打开加重灰罐气阀门进气，开启剪切泵和混合漏斗。

（3）打开加重灰罐出料阀门，使加重剂通过混合漏斗进入钻井液循环罐。

（4）通过出料阀门控制加重速度，使钻井液密度每周升高0.02~0.03g/cm³（特殊情况除外）。

(5) 钻井液加重完毕，关闭气源，停止钻井液低压循环。

(6) 加重完毕后进行循环周钻井液密度检测，以检查加重质量。

(四) 技术要求

(1) 加重前钻井液黏度、切力必须处于设计最低限，并具有良好的流动性。

(2) 加重在钻井过程中进行，加重幅度必须控制在每周升高 0.02~0.03g/cm³ 范围内，防止压漏（特殊情况除外）。

(3) 加重剂必须经过混合漏斗，使之充分分散水化。加重过程必须连续，防止加重不均匀而压漏地层。

(4) 根据加重剂用量加 0.05%~0.1% 的聚合物，增强加重后钻井液的稳定性。

(5) 加重过程中尽量避免在钻井液中加大量水，可配合稀释剂处理。

(6) 加重后的钻井液性能必须调整到设计要求范围内。

(7) 若加重过程中出现加重灰罐出灰量大小变化，导致钻井液密度不均匀，则可用低密度钻井液进行适量补充，使密度均匀，防止因压力激动而压漏地层。

(五) 相关知识

能提高钻井液密度，从而提高其液柱压力的物质，称为加重料或加重剂。加重剂一般需符合以下要求：

(1) 密度大——使钻井液中固相含量不高就可达到所需密度，对钻井液性能影响不大。

(2) 是惰性物——一般不起化学反应，难溶于水，加入后不影响钻井液 pH 值及其稳定性。

(3) 硬度低——悬浮于钻井液中不致引起钻具的严重磨损。

(4) 颗粒细——一般要求 99.9% 可通过 200 目筛。

五、维护处理抑制性钻井液

(一) 学习目的

掌握抑制性钻井液的维护处理方法；了解抑制性钻井液的基本类型。

(二) 准备工作

(1) 穿戴好劳保用品。

(2) 备足钻井液处理剂，如高分子聚合物、胺基聚醇、降黏剂、NaOH、CMC、加重剂、水等。

(3) 检查固相控制设备、剪切泵、混合漏斗、低压循环管汇、各阀门、确保运转正常。

(4) 准备钻井液全套性能测量仪，pH 试纸等。

(三) 操作步骤

(1) 根据检测钻井液性能指标情况，掌握抑制剂含量，若抑制性差时需计算补充抑制剂用量。

(2) 开启剪切泵、混合漏斗、加入胺基聚醇；按比例加入配制好的高分子聚合物胶液。

(3) 保持钻井液良好的流变性能。

(4) 待钻井液处理完循环一周后，做性能检测。

(5) 清洗并摆放好仪器；保持罐面清洁卫生。

(四) 技术要求

(1) 上部造浆地层主要采用聚合物，以低黏切和低固相钻井液钻进。

(2) 钻井液转化处理，首先要使用固控设备清除有害固相，加清水调整，再加稀释剂、NaOH、CMC、PHP 综合进行处理。

(3) 转化处理后，用 PHP 配合 NaOH 溶液进行维护。NaOH 的加量以维持要求的 pH 值为准。

(4) 每只钻头下完钻，据性能要求用清水、稀释剂和 NaOH 处理，CMC 控制滤失量，PHP 维持性能要求。降黏剂和 NaOH 的比例一般按淡水 2∶1，咸水 1∶1 或 1∶2 处理。

(5) 加重前一般可先进行降黏、切处理。

(6) 完钻前先用降黏剂和 NaOH 溶液处理，再加入降滤失剂，充分洗井，以确保电测成功。

(7) 碱水产生泡沫时，可加入适当的消泡剂，对易塌井段加入防塌剂。

(8) 每次维护处理要认真测量钻井液全套性能。

(五) 相关知识

抑制性钻井液主要是使用聚合物抑制黏土分散造浆的钻井液。页岩抑制剂俗称防塌剂。目前还没有任何一种页岩处理剂对于抑制造浆及防塌都有效。页岩抑制剂的品种较多，大体上有如下三大类：

1. 聚合物钾盐

聚丙烯酸钾，代号为 KPAM，分子量为 $300×10^4$ 以上，水解度为 30%~40%，用作淡水钻井液、盐水钻井液的抑制剂，并有一定的降滤失和提黏作用。

水解聚丙烯腈钾盐，代号为 K-PAN，分子量为 $8×10^4$~$11×10^4$，主要用作淡水钻井液、盐水钻井液的防塌降滤失剂，抗盐，不抗钙，抗温 170℃ 以上。

腐殖酸钾，代号为 KHm，主要用作抑制黏土分散、防塌降滤失，并有一定的降黏作用，抗高温，不抗盐。

2. 沥青制品

沥青制品是以矿物油沥青或植物油残渣改性而成的不同品种。

磺化沥青：常用两种产品，代号为 FT-342、FT-341（膏状）和 FT-1（粉状）。它是用发烟硫酸或 SO_3 对沥青进行磺化而制成，主要用作页岩微裂缝及破碎带的封闭剂，具有防塌作用，并有较好的润滑作用。

水分散沥青：代号 SR，它的作用和磺化沥青的作用相同。

3. 无机盐类

无机盐类的页岩抑制剂主要用作降低页岩表面的渗透水化，抑制其水化膨胀，而钾离子与铵离子有固定黏土晶格的作用。

学习情境五　井下复杂情况和事故的钻井液处理

钻井是一项隐蔽的地下工程，存在着大量的模糊性、随机性和不确定问题。由于对客观情况的认识不清或主观意识的决策失误，往往会产生许多复杂情况甚至造成严重的事故，轻者耗费大量人力、物力和时间，重者导致全井的废弃。据近年来的钻井资料分析，在钻井过程中，处理复杂情况和钻井事故的时间，约占施工总时间的 6%～8%，一个拥有上百台钻机的油田，一年中就有 6～8 台钻机在做无用功。

任何事物的发生与发展都有其主客观原因，钻井事故与复杂问题的发生与发展也不例外，因此，钻井工作者必须对钻井事故与复杂问题发生发展的主要原因要有一个清晰的认识。经过无数专家对历次多发井下事故分析证明：油气开采作业中，钻井液的性能失当是引发井下复杂情况甚至是事故的主要因素。就钻井液的基本性能参数所引发的事故而言，密度小可能出现井喷或井塌，密度大则可能出现井漏；黏度切力小可能出现卡钻，切力大则可能出现既卡钻又井漏；滤失小可能出现井堵或卡钻，滤失大则可能出现既井塌又卡钻。那么，如何处理好钻井液避免井下复杂情况的出现，或出现事故后如何调整钻井液进行补救和处理就显得非常重要。

知识目标

(1) 了解钻井液在避免和处理井下复杂情况、事故的重要性；
(2) 了解由于钻井液失稳所造成的井下事故分类；
(3) 掌握根据钻井液性能参数判断井下事故类型及原因；
(4) 掌握利用调整钻井液性能参数处理井下事故方法。

技能目标

(1) 会利用钻井液避免或控制井下复杂情况的出现；
(2) 会通过钻井液分析井下事故类型及原因；
(3) 会通过配置不同类型的钻井液、堵漏剂和解卡液处理井下事故；
(4) 事故处理后，会根据情况调整好钻井液性能，避免事故不再发生。

思政要点

1991 年 3 月，海湾战争结束后的科威特，全国近 1000 口油井在燃烧。中国灭火队应科威特政府邀请，于同年 8 月 23 日抵达科威特参加油井灭火工作。我国灭火队在灭火工作中发扬了拼搏精神，在气温高、污染严重、竞争激烈、生活不适的艰苦条件下，胜利完成了所承担的灭火任务。2 个多月的时间里，共扑灭着火油井 10 口，1991 年 11 月 15 日上午，中国灭火队乘机返回祖国。

认清时事、不忘历史，国家强大离不开科技振兴。我们当代石油人要肩负起历史的使命，立足本职、不断进取、续写辉煌，为实现中华民族伟大复兴的中国梦而奋斗。

项目一　井漏事故的预防与处理

一、井漏的特征

井漏是指在石油、天然气勘探开发的钻井、修井等作业过程中，工作流体（如钻井液、修井液、固井水泥浆等）漏入地层的一种井下复杂情况。通常情况下，我们所说的"井漏"是指在油气钻井工程作业中，钻井液漏入地层的一处井下复杂情况。井漏的直观表现是地面钻井液罐液面的下降，或井口无钻井液返出，或井口钻井液返出量小于钻井液排量（不包括井下正常消耗）。

人们常称井漏为一种井下复杂情况，就是说它的发生往往不以人的意志为转移，是井下客观存在的必然结果。当然，这种说法也不是绝对的，因为内因是变化的根据，而外因是变化的条件，外因必须通过内因才起作用。假如遇到能产生井漏的漏失通道，但采取了相应有效的措施，那么就有可能不会发生井漏，或可以大大地降低漏失严重程度。另一方面，即使所遇地层本身不至于产生井漏，但所采取的施工作业措施不适应井下客观条件时（如作业压力超过地层的破裂压力），同样会造成井漏。

二、井漏的危害

井漏是石油钻井工程作业中常见的井下复杂情况之一，它不仅损失大量的钻井液，耗费钻井时间，延长建井周期，而且有可能引起井喷、井塌、卡钻等一系列其他井下复杂情况，甚至导致井眼报废，造成重大经济损失。井漏对油气勘探、开发和钻井作业所带来的危害，可以归纳为以下几个方面：

（1）损失大量的钻井液，甚至使钻进无法维持。

钻井作业过程中发生井漏后，钻井液就会源源不断地漏入地层，甚至井口无钻井液返出，严重影响钻井工程作业的顺利进行，甚至使钻进无法维持。井漏的严重程度不同，井漏损失的钻井液量不一样，少则十几立方米，多则上千立方米。

（2）消耗大量的堵漏材料。

井漏发生后，采用堵漏措施是处理井漏的主要手段之一，堵漏必然消耗大量的堵漏材料。

（3）损失大量的钻井时间。

在钻工程作业中，井漏达到一定的严重程度时，就不可能维持正常钻进，必须停钻对井漏进行处理。即使是一般性井漏，采用最简易的静止堵漏法或桥塞堵漏法，也得花费几小时或十几小时才能解决。若遇复杂井漏，有时处理起来要耗时十几天，甚至数月之久。

（4）影响地质录井工作的正常进行。

对井口返出钻屑进行鉴别分析是地质录井工作划分层位、辨别油气的重要手段。井漏发生后，尤其是失返漏失，钻屑不能返至地面，取不得应得砂样，就会失去对已钻地层的正常分析鉴别，若钻遇的地层正好为含油气地层，那么就会影响到对油气资料的分析。

（5）可能造成井塌、卡钻、井喷等其他井下复杂情况或事故。

钻井过程中发生井漏，井内液面下降，钻井液液柱压力降低，使得井内液柱压力不能平衡地层压力。这就可能造成较高地层压力中的流体进入井筒，引起溢流或井喷，或致使易塌井段垮塌，或致使膏盐地层缩径卡钻；井塌后造成沉砂卡钻，井喷后喷出 H_2S，造成钻具断裂等一系列井下复杂情况或事故，给钻井工程带来重大损失。

(6) 造成严重储层伤害。

若储层发生井漏，大量的钻井液和堵漏材料进入储层，造成严重的储层伤害。

三、井漏的原因

凡是发生钻井液漏失的地层，必须具备下列三个条件：

(一) 地质条件导致的漏失

形成这些漏失的原因，有些是天然的，即在沉积过程中、地下水溶蚀过程中或构造活动过程中形成的，同一构造的相同层位在横向分布上具有相近的性质，这种漏失有两种类型。

(1) 地层孔隙中的流体压力小于钻井液液柱压力，在正压差的作用下，才能发生漏失。这类漏失通常是渗透性漏失。这种漏失多发生在粗颗粒未胶结或胶结很差的地层，如粗砂岩、砾岩、含砾砂岩等地层。只要它的渗透率超过 $14×10^{-3} \mu m^2$，或者它的平均粒径大于钻井液中数量最多的大颗粒粒径的 3 倍时，在钻井液液柱压力大于地层孔隙压力时，就会发生漏失，如图 5-1-1 所示。

(2) 地层中有孔隙、裂缝或溶洞，使钻井液有通行的条件，会出现天然裂缝漏失和溶洞漏失。如石灰岩、白云岩的裂缝、溶洞及不整合侵蚀面、断层、地应力破碎带、火成岩侵入体等都有大量的裂缝和孔洞，在钻井液液柱压力大于地层压力时会发生漏失，而且漏失量大，漏失速度快，如图 5-1-1 所示。

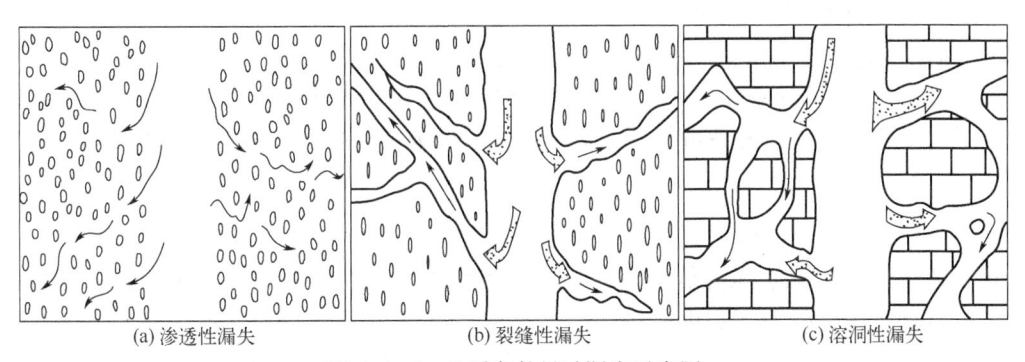

(a) 渗透性漏失　　(b) 裂缝性漏失　　(c) 溶洞性漏失

图 5-1-1　地质条件导致漏失示意图

(二) 钻井液性能导致的漏失

(1) 若钻井液密度过大，使井内液柱压力也变得很大，当地层破裂压力小于钻井液液柱压力时会把地层压裂，引发漏失。

(2) 当钻井液黏度和切力过大时，会导致钻井液回流不畅，在环空压耗和激动压力之和大于地层破裂压力时，引发漏失。

(3) 钻井液黏度和切力过小时，会导致钻井液固相含量增加甚至沉淀，导致液柱压力激增，引发漏失。

(三) 钻井工艺导致的漏失

有些井漏的因素却是后天造成的，即人为的因素，这些因素有以下几种：

(1) 由于注水开发，地层破裂压力也发生了变化，从上而下各层的最低破裂压力梯度不同，其大小与埋藏深度无关，高低压相间存在。在同一层位，上中下各部位破裂压力不同。在平面分布上，同一层位在平面上的不同位置破裂压力梯度出现了差异，引发漏失。

(2) 施工措施不当，造成了漏失。有些地层有一定的承压能力，在正常情况下可能不漏，但因施工措施不当，如下钻过快产生激动压力、加重过快、井底开泵且过猛等，引发漏失。

(3) 在处理井下复杂情况过程中，如发生溢流关井后的压井作业、发生泥包卡钻和砂桥卡钻等需要强制循环钻井液时，引发漏失。

四、井漏的预防

(一) 设计合理的井身结构

依据地层压力剖面设计井身结构。

(1) 要考虑：孔隙压力、破裂压力、坍塌压力和漏失压力。

(2) 要达到：同裸眼井段钻井液当量密度同时满足防喷、防塌、防漏的要求；至少应下套管将低破裂压力地层与高压层分开，防止压裂性井漏的发生。

(二) 确定合理的钻井液密度

确定钻井液密度时，应使作用于井壁上的压力：

(1) 小于该井段地层的最小破裂压力和漏失压力。

(2) 大于地层坍塌压力和孔隙压力。

也就是：$\rho_塌$、$\rho_孔 < \rho_{钻井液} < \rho_破$、$\rho_漏$，$p_塌$、$p_孔 < p_{钻井液} < p_破$、$p_漏$

对于 $p_漏$ 与 $p_孔$ 十分接近的孔隙、裂缝、溶洞十分发育的地层，以及 $p_破$、$p_漏$、$p_孔$ 三者十分接近易破碎地层，钻井液液柱压力要尽可能接近地层的孔隙压力，实现近平衡钻井。

(三) 选择合理黏度和切力的钻井液

合理的钻井液黏切同样可有效地预防井漏的发生。

(1) 对于地层松软、压力低的浅井段，采用大直径钻头钻进时，应选用低密度高黏切钻井液，以增大漏失阻力，防止井漏。

(2) 对于深井的高压小井眼井段或深井压力敏感层段，应选用低黏切钻井液，以尽可能降低环空循环压耗，防止井漏。

(四) 选择合理的钻井参数与钻具结构

在易漏层段或深井小井眼钻进时，应确定合理的钻井参数与钻具结构，以达到降低环空循环压耗的目的，防止井漏的发生：

(1) 在满足钻屑携带的前提下，尽可能降低钻井液排量。

(2) 选用合理的钻具结构，增大环空间隙，防止起下钻时破坏井壁滤饼。

(3) 在高渗透易漏层段钻进时，降低钻井液滤失量，改善滤饼质量，防止形成厚滤饼而引起环空间隙缩小。

(4) 易漏层段钻进，应控制钻压，适当降低机械钻速，降低实际环空钻井液密度。

（五）进行承压、先期堵漏

(1) 在进入高压层提高钻井液密度前：进行承压实验，必要时对上部地层进行先期堵漏。

(2) 溢流或井涌后，需提钻井液密度压井时：可在压井液中加入堵漏材料，对压井液进行预处理，防止压井过程中井漏。

(3) 高密度固井前：进行承压试验，必要时进行先期承压、堵漏。

五、井漏的处理

（一）减小压力激动，避免造成人为裂缝漏失

开泵要平稳，要遵守泵排量由小到大逐渐提高的原则；注意泵压表的变化，一般下钻到底先低排量循环一周。一旦发现漏失时应降低排量循环，低排量继续漏失时，停止循环起钻进行堵漏作业。当钻井液黏度、切力较大或井深时，为了减小开泵泵压高或开泵困难，可以考虑分段循环钻井液，开泵前要注意先旋转钻具；下钻速度要平稳，尤其是下钻末尾，速度要慢。

（二）使用低密度钻井液

钻井液性能一定要符合钻穿漏失层的要求，特别是对密度的要求更严格，密度过高则易漏，密度过低则易发生井壁不稳定或油气水侵甚至发生井涌，因此应按设计要求和具体施工要求选择好密度范围；钻穿漏失层的黏度和切力要适宜；在处理漏失时可采用高黏度、高切力、低滤失量的钻井液。上述几点对深井更为重要，因为作用于地层的静水压力和循环泵压（环形空间的水力损失）都是与井深成正比的。

（三）保持较小的钻井液上返速度

为了避免井漏的发生正常情况下保持 0.6m/s 的上返速度足可，上返速度过大将引起较大的井底压力，促使井漏发生；下钻循环钻井液时，应尽量避开漏失层，以防本来不漏的地层因冲刷而造成井漏。

（四）备足钻井液

钻穿漏失层前，地面要储备足够的钻井液，以备处理漏失使用。若钻井液储备不足而由其他地方不能供应时，必须起钻至漏失层以上安全井段，以防卡钻及其他故障的发生。

（五）注意加重方法

钻井液需要加重时，应循序渐进地慢慢加入加重剂，严禁无计划地乱加、猛加或间断加入，应按整周加入，每个循环周密度提高值宜控制在 $0.02~0.04g/cm^3$ 之间（井漏和溢流压井时除外）。加重时要均匀不能忽高忽低，确保不憋漏或压漏地层。

项目二　井塌事故的预防与处理

一、井塌的特征

（一）在钻进过程中发生坍塌

如果是轻微的坍塌，则返出钻屑增多，可以发现许多棱角分明的片状岩屑。如果坍塌层

是正钻地层，则钻进困难，泵压上升，扭矩增大，钻头提起后，泵压下降至正常值，但钻头放不到井底。如果坍塌层在正钻层以上，则泵压升高，钻头提离井底后，泵压不降，且上提遇阻下放也遇阻，甚至井口返出流量减少或不返。

（二）起钻时发生井塌

正常情况下，起钻时不会发生井塌。但在发生井漏后，或在起钻过程中未灌钻井液或少灌钻井液，则随时有发生井塌的危险。井塌发生后，上起遇阻，下放也遇阻，而且阻力越来越大，但阻力不稳定，忽大忽小。钻具也可以转动，但扭矩增加。开泵时泵压上升，悬重下降，井口流量减少甚至不返，停泵时有回压，钻杆内反喷钻井液。

（三）下钻前发生井塌

井塌发生后，由于钻井液的悬浮作用，塌落的碎屑没有集中，下钻时可能不遇阻，但井口不返钻井液或者钻杆内要反喷钻井液。如果塌落的碎屑集中，则下钻遇阻，当钻头未进入塌层以前，开泵正常，当钻头进入塌层以后，则泵压升高，悬重下降，井口返出流量减少或不返，但当钻头一提离塌层，则一切恢复正常。向下划眼时，虽然阻力不大，扭矩也不大，但泵压忽大忽小，有时会突然升高，悬重也随之下降，井口返出的流量也呈现忽大忽小的状态，有时甚至断流。从返出的岩屑中可以发现新塌落的带棱角的岩块和经长期研磨而失去棱角的岩屑。

（四）划眼情况不同

如果是缩径造成的遇阻（岩层蠕动除外），经一次划眼即恢复正常，如果是坍塌造成的遇阻，划眼时经常憋泵、憋钻，钻头提起后放不到原来的位置，甚至越划越浅，比正常钻进要困难得多，搞得不好，还会划出一个新井眼，丢失了老井眼，使井下情况更加复杂化了。丢失了老井眼，使井下情况更加复杂化了。

二、井塌的危害

（1）钻井液性能发生变化，密度、黏度、切力和含砂量都有所增高，造成处理频繁，浪费人力、物力和财力。

（2）钻头提起后放不到原井底，蹩钻、转盘倒车；严重时划眼越划越浅，井径出现扩大现象，严重影响钻井速度、建井周期和井眼质量。

（3）起下钻遇阻遇卡，甚至造成卡钻和堵塞循环通路，使循环中断，严重影响井下安全，并且会引起其他联锁事故（如井漏、钻具断落，甚至是井眼报废等）。

（4）测井困难，易卡电缆；井径不规则，影响地质资料和测井资料的准确性。同时影响固井质量，固井时易窜槽、水泥消耗量增大。

（5）增加钻井液的用水和处理剂的消耗量，使钻井液和钻井成本增加；若钻具断落在井内，则打捞落鱼困难、成功概率小、成本激增。

三、井塌的原因

造成井壁失稳有地质方面的原因、物理化学方面的原因和工艺方面的原因。就某一地区或某一口井来说，可能是其中的某一项原因为主，但对大多数井来说，是综合原因造成的。

（一）地质因素

（1）原始地层应力。由于地壳是在不断运动之中，于是在不同的部位形成不同的构造应力（挤压、拉伸、剪切）。当这些构造应力超过岩石本身的强度时，便产生断裂而释放能量。当井眼被钻穿以后钻井液液柱压力代替了被钻掉的岩石所提供的原始应力，井眼周围的应力将重新分配，被分解为周向力、径向应力和轴向应力，在斜井中还会产生一个附加的剪切应力。当某一方向的应力超过岩石的强度极限时，就会引起地层破裂，如图 5-2-1 所示。

（2）地层的构造状态。处于水平位置的地层其稳定性较好，但由于构造运动，发生局部的或区域的断裂、褶皱、滑动和崩塌、上升或下降，使得本来水平的沉积岩变得错综复杂起来，大多数地层都保持一定的倾角，随着倾角的增大，地层的稳定性变差，倾角为 60°左右时，地层的稳定性最差。

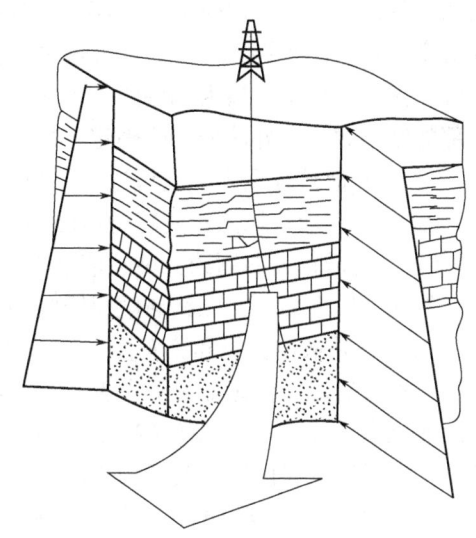

图 5-2-1　原始地层应力示意图

（3）岩石本身的性质。沉积岩中最常见的是砂岩、砾岩、泥页岩、石灰岩等，还有火成岩如凝灰岩、玄武岩等。由于沉积环境、矿物组分、埋藏时间、胶结程度、压实程度不同而各具特性。若黏土的主要成分是蒙脱石，则易吸水膨胀；若黏土的主要成分是高岭石、伊利石，则膨胀性小，但容易脆裂，而伊利石—蒙脱石混层，离子间强键减少，一部分比另一部分水化能力强，导致非均匀膨胀，进一步减弱了泥页岩的结构强度导致坍塌。

（4）高压油气层的影响。泥页岩一般是砂岩油气层的盖层或者与砂岩交互沉积而成为砂岩的夹层，如果这些砂岩油气层是高压的，在井眼钻穿之后，在压差的作用下，地层的能量就沿着阻力最小的砂岩与泥页岩的层面而释放出来，使交界面处的泥页岩坍塌入井。

（二）物理化学因素

（1）渗透引起的水化膨胀。通常钻井使用的是由淡水或低矿化度水配成的钻井液，水分总是由钻井液向地层渗透，当两者离子浓度相差很大时，渗透水化可以形成很高的渗透压，并且渗透水化是在泥页岩内部进行，它对井壁稳定有很大的破坏作用。当水渗透进入时，其体积可增加一倍，这样就减少了颗粒间的引力，使黏土的抗剪强度下降，含水量越多，粒子间的引力越小。同时水分子上所黏结的氢原子与黏土硅层表面的氧原子化合成为水分子，更增强了黏土的表面水化作用。这样，就使泥页岩膨胀系数增大，而抗压强度降低。

（2）流体静压力。如果钻井液的液柱压力高于泥页岩的孔隙压力，钻井液滤液就会在正压差的作用下进入地层，增大地层的孔隙压力，而且引起地层层面水化，强度降低，裂缝裂解加剧。滤液进入越深，裂缝的裂解越严重，泥页岩的剥落、坍塌也越厉害。但流体静压力又是井壁围压的一种平衡力，也是一种反膨胀力。

（三）施工工艺因素

地层的性质和地应力的存在是客观事实，不可改变。所以人们只能从工艺方面采取措施防止地层坍塌，如果对坍塌层的性质认识不清，工艺方面采取的措施不当，也会导致坍塌的发生。

（1）钻井液液柱压力。基于压力平衡理论，首先必须采取适当的钻井液密度，形成适当的液柱压力，这是对付薄弱地层、破碎地层及应力相对集中的地层的有效措施。但增加钻井液密度也有两重性，一方面钻井液密度高于有利于增加对井壁的支撑力，另一方面它又会导致滤液进入地层，增大地层的孔隙压力，增大黏土的水化面积和水化作用，从而降低地层内部的结构力。钻井液密度的确定，也受其他因素的影响：

① 钻井液液柱压力不能超过产层的孔隙压力；
② 钻井液液柱压力不能超过地层的破裂压力；
③ 受机械钻速的制约，钻井液液柱压力越低，机械钻速越快。

然而，以上做法，在钻遇敏感脆弱地层时，则可能引发井塌事故。

（2）钻井液的性能和流变性。钻井液的循环排量大返速高呈紊流状态，容易冲蚀井壁地层，引起坍塌，但是如果钻井液循环排量小返速低呈层流状态，某些松软地层又极易缩径。而且在已经发生井塌的情况下，不得不增大排量和返速，否则，不足以将塌块带出。高黏高切、低滤失量的钻井液有助于防塌，也有利于携带岩屑，但不利于提高钻速。

（3）井斜与方位的影响。在同一地层条件下，直井比斜井稳定，而斜井的稳定性又和方位角有关系，位于最小水平主应力方向的井眼稳定，位于最大水平主应力和最小水平主应力方向中分线的井眼较稳定，而位于最大水平主应力方向的井眼最不稳定。

（4）钻井液液面下降。液柱压力降低，引起井塌，这主要由以下原因造成：

① 起钻时未灌钻井液或灌入数量不足；
② 下钻具或套管时，下部装有回压阀，但未及时向管内灌注钻井液，以致回压阀挤毁，环空液体迅速倒流；
③ 突发性井漏，井内液面迅速下降。所有这些情况，都会使地层失去支持力而发生井塌。

（5）压力激动。如开泵过猛，下钻速度过快，易形成压力激动，使瞬间的井内压力大于地层破裂压力而压裂地层。起钻速度过快易产生抽汲压力，抽汲压力和钻井液黏度、切力、下部钻具结构、起钻速度有直接关系，一般情况下相当于减少钻井液密度 $0.10 \sim 0.13 \text{g/cm}^3$，但是在钻头泥包的情况下，抽汲压力是相当大的，使井内液柱压力低于地层坍塌应力，促使地层过早地发坍塌。在起下钻过程中，通过井眼破坏区域时，由于钻具的扰动，也可以造成井塌。

四、井塌的预防

（一）设计合理的井身结构

（1）表层套管应封掉上部的松软地层，因为这些地层最容易坍塌，对钻井液液柱压力的反应最灵敏。

（2）明显的漏层如古潜山风化壳、石灰岩裂缝、溶洞，其上部应用套管封隔。

（3）在同一裸眼井段内不能让喷、漏层并存。

（4）尽量减少套管鞋以下的大井眼预留长度，一般以 1~2m 为宜，因为大井眼的稳定性比小井眼的差得多。

（二）调整钻井液性能使其适应钻进地层

（1）对于未胶结的砂层、砾石层，应使钻井液有适当的密度和较高的黏度和切力。

（2）对于应力不稳的泥页岩、煤层、泥煤混层，应使钻井液有较高的密度和适当的黏度和切力,并尽量减少滤失量。

(3) 可以采用油基钻井液,因为泥页岩都是亲水的,混入油类后会降低黏土的吸附力,因而可以抑制膨胀。

(4) 提高钻井液的矿化度,使之略高于泥页岩,以减少渗透压,降低泥页岩的含水量和孔隙压力,使泥页岩强度增加。

(三) 保持钻井液液柱压力

(1) 起钻时,要连续地或定时地向井内灌入钻井液,保持井口液面不降或下降不超过 5m。

(2) 停工时,因为有渗透性漏失,测井时,电缆也占有一定的体积,因此都必须定时地向井内补充钻井液。

(3) 钻柱或套管柱下部装有回压阀时,要定期地向管柱内灌入钻井液,每次必须灌满。防止回压阀挤毁,而使钻井液倒流。

(4) 如管内外压力不平衡,停泵后立管有回压,不能卸方钻杆接单根。因为,这样会使环空液体倒流,环空液柱压力下降。

(四) 减少抽汲和激动压力

(1) 控制起钻速度,减少抽汲作用,特别是在钻头或扶正器泥包的情况下。上起钻柱时,井口液面不降或外溢。

(2) 对于结构薄弱或有裂缝的地层,钻进时要限制循环压力,以免压漏地层。

(3) 严格控制通过裂缝地层的起、下钻速度,减少对地层的外力干扰。

(4) 下钻后及接单根后,开泵不宜过猛,应先小排量开通,待泵压正常后再逐渐增加排量。

五、井塌时钻井液的调整

正常工作中若发现有井塌现象,要及时调整钻井液性能,避免坍塌进一步发展。

(1) 适当提高钻井液密度。

(2) 适当提高钻井液黏度、切力,提高钻井液的携岩性和悬浮性,确保坍塌掉块及岩屑携带出井口。

(3) 加入降滤失剂,降低钻井液滤失量尤其是高温高压滤失量,形成薄而致密的优质滤饼。

(4) 加入封堵类防塌剂,对易塌的层理裂隙或破碎性地层的井段有良好的封堵性,使钻井液在井壁形成良好的内外滤饼。

(5) 加入抑制性钻井液处理剂,提高钻井液与滤液的抑制性。

(6) 根据现场实际情况可转换为复合盐强抑制钻井液体系或仿油合成基钻井液体系。

项目三 卡钻事故的预防与处理

在钻井过程中,由于某些复杂多样的原因,使井下的钻具既不能上下活动又不能转动,甚至不能循环钻井液而被卡死的现象称为卡钻事故。钻井卡钻事故是困扰着石油勘探开发过程中一个世纪性的难题,也是钻井井下事故中较为多发的一种,是影响石油天然气开发成本居高不下的主要因素。卡钻一旦发生，轻则延误钻井时间，重则使井报废，钻井液在卡钻事故前、事故中和事故后都起着非常重要的作用。

下面就介绍几种由于钻井液性能变坏导致的井下卡钻事故的预防和处理。

一、沉砂卡钻

沉砂卡钻是由于钻井液携屑悬浮性能不好，其中所悬浮的钻屑或重晶石沉淀，埋住井底一段钻具而造成的卡钻。这时若正在钻进，则可能埋住一部分钻具；若正在下钻，则有可能使钻头和一部分钻具压入沉砂中，使水眼被堵死，不能循环钻井液，造成卡钻。沉砂卡钻可能发生在上部软地层的钻进过程中，由于钻速快，井眼环控岩屑浓度高，且钻井液黏度、切力低及环空返速低等原因，导致井底有大量沉砂。这时如司钻操作不当，接单根时间较长或接好单根后下放速度过快，就可能导致沉砂卡钻。另外，当设备发生故障而突然停泵失去循环时，钻屑和重晶石在钻井液悬浮能力较差的情况下迅速沉入井底而导致沉砂卡钻，如图5-3-1所示。

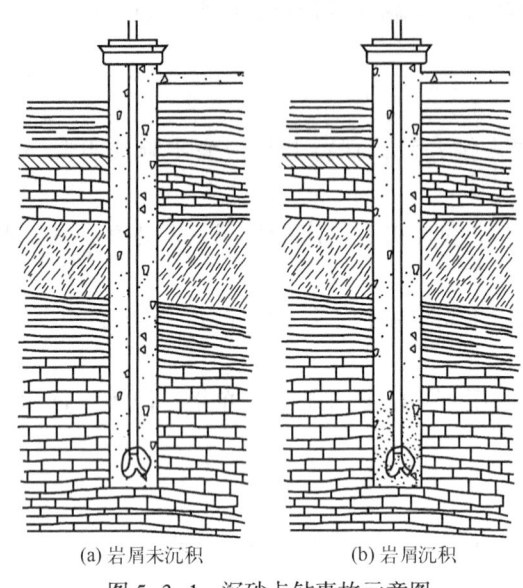

(a) 岩屑未沉积　　(b) 岩屑沉积

图5-3-1　沉砂卡钻事故示意图

（一）事故判断

（1）接单根或起钻卸开立柱后，钻井液从井口接头倒返，甚至喷势很大。

（2）接单根或立柱后重新开泵循环，泵压升高甚至憋泵。

（3）钻具上提遇卡，下放遇阻且钻具的上提或下放越来越困难，转动时阻力很大甚至不能转动。

（二）事故原因

（1）用清水钻进或用黏度小、切力低的钻井液钻进时，由于其悬浮岩屑的能力差，稍一停泵岩屑就会下沉。

（2）停泵时间越长，沉砂量就越多，尤其是在钻速较快时更是如此，严重时就可能造成下沉的岩屑堵死环空、埋住钻头与部分钻具，形成卡钻。此时若开泵过猛还会憋漏地层，或卡得更紧。

（三）事故预防

（1）保证合理的环空上返速度，使用适当黏度和切力的钻井液，以满足携带、悬浮岩屑的要求。

（2）当快速钻进或进行长井段划眼时，接立柱前应适当循环，保证岩屑上返到一定高度，以便有足够的时间接立柱。

（3）起钻前充分循环。

（4）钻进中途发生设备故障等情况时，必须上提钻具，留出足够的沉砂井段，短时间无法建立循环时，应立即起钻。

(5) 避免钻头长时间在井底静止或小排量循环。

(6) 发现泵压升高，岩屑返出多时，要逐渐加大排量循环，及时调整钻井液性能，正常后再钻进。

(7) 下钻时距井底至少留1个立柱的距离，提前接顶驱循环，划眼下放到底。

(8) 用好固控设备，尽量降低钻井液的含砂量。

(四) 事故处理

一旦发生沉砂卡钻，应尽一切可能把泵开通恢复循环（注意开泵时的排量要小），逐渐慢慢提高泵排量，并提高钻井液的黏度和切力，边循环边活动钻具，以便达到逐步清除沉砂和解卡的目的。切勿大排量、猛开泵，或盲目地猛提、硬压、强转钻具，致使沉砂挤压得更紧，卡得更死，甚至造成井漏或井塌等更为复杂的井下情况。若仍然无法恢复循环，采取爆炸松扣或套铁倒扣。

二、黏附卡钻（黏吸卡钻）

(一) 事故判断

黏附卡钻的发生频率较高，若处理不及时，补救处理难度大，造成的损失也最大。黏附卡钻通常在钻柱静止的状态下才能发生；卡点位置一般在钻铤或钻杆部位；黏附卡钻时，钻井液循环正常，进出口流量平衡，泵压没有变化；卡钻后，若发现较晚，活动不及时，卡点有可能上移，甚至直移至套管鞋附近。出现这种情况，就非常难以处理了。

(二) 事故原因

(1) 若钻进过程中方位角发生变化，产生井斜，或在定向井中，钻具因重力作用与下井壁紧密接触，且接触距离和面积很大，此时易发生黏附卡钻，如图5-3-2所示。

(2) 若井段上有渗透性地层，井内液柱压力与地层压力之间的压差（$p_{液柱}>p_{地层}$）较大，从而加剧了接触距离和面积，易发生黏附卡钻。

(3) 若钻具在井内静止时间较长，贴壁的钻具易发生黏附卡钻。

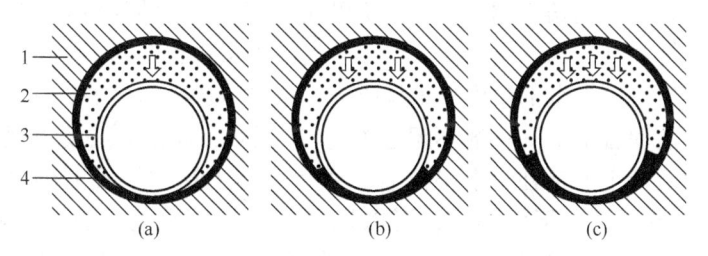

图5-3-2 滤饼黏吸的发展过程示意图
1—地层；2—钻井液；3—钻柱；4—滤饼

泥页岩也是亲水物质，可以被水浸润，只要是水基钻井液，即使滤失量等于零，这个浸润过程也无法停止。由于水的浸润，泥页岩表面的离子表现出极性，具有未平衡的自由的一部分力场，这部分力场的方向指向钻井液，能够吸附钻井液中的大量的带异性电荷的粒子。在吸附平衡建立之前，吸附物在钻井液中的浓度逐渐变小，而在泥页岩表面上的浓度逐渐加大。如果增大钻井液中的某些粒子的浓度，也就增大它们在单位时间内吸附到泥页岩表面的数目，这是一个累积的过程。加之，在钻井液液柱压力和钻柱旋转动力的作用下，吸附层的一部分水分被挤回钻井液中,井壁上就形成了一层比较厚的成分比较复杂的滤饼,这些滤饼的性能比砂岩井段的滤饼更差。

由此可以得出结论,只要有滤饼存在,就有压差卡钻的可能,砂岩井段可以卡钻,泥页岩井段也可以卡钻,无数的现场事实证明,这个结论是正确的。不过,泥页岩井段的井径往往是不规则的,和钻柱的接触面积比较小,所以压差卡钻的机会比较少一些。

(三) 事故特点

(1) 滤饼黏滞系数越大,黏附力和摩擦阻力越大,越易引起黏附卡钻。
(2) 钻具与井壁的接触面积越大,黏附力也越大,越易引起黏附卡钻。
(3) 钻井液密度越大,造成的液柱压力越大,与地层压力产生的压差越大,越易引起黏附卡钻。

(四) 事故预防

(1) 在确保井壁稳定和能平衡地层油、气、水的前提下,尽可能降低钻井液密度。
(2) 保持钻井液性能良好、均匀、稳定,钻井液的滤失量特别是高温高压滤失量要小,滤饼要薄而坚韧致密,且有低的渗透性和良好的可压缩性。
(3) 对于直井,要尽可能把井打直,避免井斜角过大和方位角剧变。注意活动钻具,减少钻具与井壁的接触时间。
(4) 采用优质钻井液,在钻井液中加入润滑剂,降低钻井液滤饼摩擦系数,同时要使用好固相控制设备,降低钻井液的含砂量,清除劣质固相保持有用固相在适宜的范围内。
(5) 保持井眼清洁及减小岩屑床的厚度。对于直井或井斜位移较小的井,钻井液要有良好的流变参数、携岩性和悬浮性。
(6) 对于大位移井和水平井,应依据所钻井斜角的大小,在搞好短程起下钻的前提下,选用合适的钻井液流变参数以及合理的环空流型和环空返速,尽量减小岩屑床的厚度。

(五) 事故处理

1. 强力活动

黏附卡钻随着时间的延长而越趋严重。所以在发现黏附卡钻的最初阶段,就应在设备特别是井架和悬吊系统和钻柱的安全负荷以内尽最大的力量进行活动。上提不超过薄弱环节的安全负荷极限,下压可以把全部钻柱的重量压上,也可以进行适当的转动,但不能超过规定的转数。如果强力活动若干次(一般不超过 10 次)无效,就没有必要再强力活动了,此时应在适当的范围内活动未卡钻柱,上提拉力不要超过自由钻柱悬重 100~200kN,下压力量根据井深及最内一层套管的下深而定,可以把自由钻柱重量的二分之一甚至全部压上去(悬重回零),使裸眼内钻柱弯曲,减少与井壁的接触点,防止卡点上移。但必须注意,钻柱只能在受压的状态下静止,不许在受拉的状态下静止。

提压无效时采用震击解卡。如果钻柱上带有随钻震击器,应立即启动上击器上击或启动下击器下击,以求解卡,这比单纯的上提、下压的力量要集中。

2. 用油或解卡液浸泡

(1) 为了解除黏附卡钻,必须首先确定卡点位置,其方法有以下两种:一是实测钻杆受到一定拉力后产生的伸长值,再用公式计算卡点;二是用测卡仪进行实测。
(2) 在确定卡点位置后,可使用原油、柴油或解卡液浸泡,以减少钻具与井壁的黏附面积并降低滤饼的摩擦系数。解卡剂必须对固相表面有良好的润滑及油润湿的特性,且对钻井液没有污染或污染程度较小。由解卡剂所配成的解卡液一般分为非加重解卡液和加重解卡液两种。

① 非加重解卡液。通常用原油或柴油与表面活性剂（渗透剂和润滑剂等）配制而成，适用于非加重钻井液。这种解卡液就是能解除黏附（或压差）卡钻的特种流体，一般多数呈油包水乳状液。其解卡原理为在解卡浸泡过程中，滤饼收缩，出现裂纹，减少钻杆与滤饼之间的封闭面积，如图5-3-3所示。同时，解卡液中的油相沿裂纹渗透而降低摩阻力，最终使压差和摩阻力同时降低，达到解卡的目的。

② 加重解卡液。适用于加重钻井液，其密度必须接近或等于钻井液密度，这样才能保证解卡液停留在卡点位置，在全部浸泡时间内均能起作用。

图5-3-3 解卡液使滤饼收缩开裂实图

3. 用稀盐酸浸泡

如果钻井液是用石灰石粉加重而钻井过程中发生了卡钻，或卡钻地层为碳酸盐岩，以上两种情况可采用稀盐酸浸泡解卡。

三、砂桥卡钻

（一）事故特征

（1）下钻时井口不返钻井液或者钻杆内反喷钻井液，即钻头进入砂桥后，由于砂桥隔断了循环通路，被钻具体积排出的钻井液不能从井口返出，而被迫进入钻头水眼从钻杆内返出，或者被挤入松软地层中。

（2）在砂桥未完全形成以前，下钻时可能不遇阻，或者阻力很小，而且随着钻具的继续深入，阻力逐渐增加，所以钻具的遇阻是软遇阻，没有固定的突发性通阻点。有时发生钻具下入而悬重不增加的现象，这是因为钻具增加的重量被砂桥的阻力所抵销的缘故。

（3）起钻时若发生砂桥，则环空液面不降，而钻具水眼内的液面下降很快。

（4）钻具进入砂桥后，在未开泵以前，上下活动与转动自如，如要开泵循环，则泵压升高，悬重下降，井口不返钻井液或返出很少。

（5）在钻进时，如钻井液排量小，或携砂能力不好，在开泵循环过程，钻具上下活动转动均无阻力，一旦停泵则钻具提不起来，特别是无固相钻井液，这种情况发生的较多。

（二）事故原因

（1）在软地层中用清水钻进时极易发生，因为软地层机械钻速快，钻屑多，而清水的悬浮能力差，岩屑下沉快。尤其是用刮刀钻头钻井时，形成的钻屑粒径大，大者如鹅卵，小者如核桃，一旦停止循环时间较长，极易形成砂桥，如图5-3-4所示。

（2）表层套管下得太少，松软地层暴露太多，这种地层总有渗透性漏失，钻井液渗进之后，破坏了地层的原有结构，一旦液柱压力稍有减少，就会发生局部坍塌，而形成砂桥。测井作业经常在套管鞋附近遇阻，就是这个道理。

（3）在钻井液中加入絮凝剂过量，细碎的砂粒和混入钻井液中的黏土絮凝成团，停止循环3~5min，即形成网状结构，可能搭成砂桥。

— 181 —

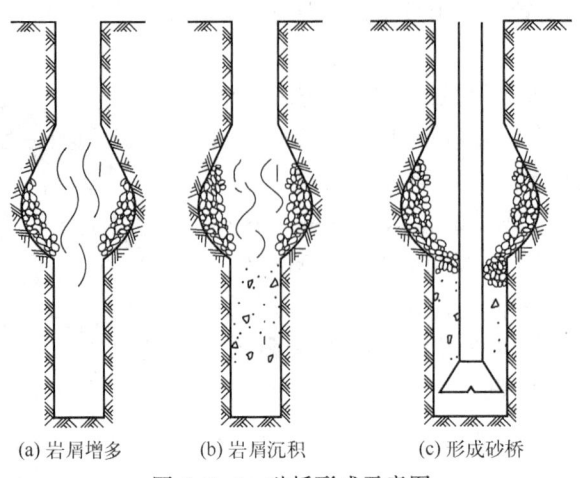

(a) 岩屑增多　　(b) 岩屑沉积　　(c) 形成砂桥

图 5-3-4　砂桥形成示意图

(4) 有些井机械钻速快，钻井液排量跟不上，钻井液中的岩屑浓度过大，一部分岩屑附于井壁，排不出来，一旦停泵，就容易形成砂桥。

(5) 改变井内原有的钻井液体系，或急剧地改变钻井液性能时，破坏井内原已形成的平衡关系，会导致井壁滤饼的剥落和原已黏附在井壁上的岩屑的滑移，而形成砂桥。

(6) 井内钻井液长期静止之后，由于切力太小，钻屑向下沉，在某一特定井段，岩屑浓度变得极大，但尚未形成具有一定抗压强度的砂桥，因此，钻头可以毫不费力地通过，但是，钻井液却返不上来。此时若钻具下入过多，开泵过猛，就帮助岩屑挤压在一起，泵压越高，挤压得越紧，形成坚实的砂桥，使钻具活动困难。

(7) 用解卡剂浸泡解除黏附卡钻时，容易把井壁滤饼泡松、泡垮，增加了解卡剂中的固相含量，排解卡剂时，如开泵过猛，泵量过大，极易将岩屑与滤饼挤压在一起，形成砂桥。

(三) 事故处理

(1) 砂桥卡钻处理方法与坍塌卡钻相近，一旦发生就很难处理。不过砂桥卡钻比井壁坍塌卡钻要轻一些，有时还可能用小排量进行循环，在这种情况下，就应维持小排量循环，逐步增加钻井液的黏度、切力，待一切情况稳定后，再逐步增加排量，力争把循环通路打开，不能贸然增加排量，增加泵压，把砂桥挤死。

(2) 如果开泵时，钻井液只进不出，钻具遇卡，无法活动，就应算准卡点位置，争取在卡点位置倒开。决不能等待观望，贻误时机，因为砂桥卡钻会发展成砂卡和黏附卡钻的混合卡钻，下手越早倒出钻具越多。

(3) 砂卡卡钻多数发生在起钻过程中，钻头不在井底，因此在套铣过程中落鱼有可能下沉，遇到这种情况，应立即对扣，活动钻具，可能在活动中解卡。如果能循环通钻井液，就方便处理了。

四、键槽卡钻

当井身质量不好或造斜率较高，该井段内井斜角和方位角发生骤然变化，即形成所谓"狗腿子"井眼时，由于经常起下钻或井较深钻具重，起钻时钻具在"狗腿子"的弯曲部位拉或勒出键槽。于是，在起下钻或在钻进过程中，钻头或钻具（主要是钻铤部分）嵌入键槽，导致键槽卡钻。

键槽卡钻不同于其他类型的卡钻,它的卡点是固定的,总在一个小范围井段内。有时在一定程度上钻具能够转动或下放,通过活动钻具有时会有解卡的可能。发生键槽卡钻时,钻井液循环一般正常,泵压也没有明显变化。起下钻时不太顺利,尤其在某一固定井段内起下钻铤或钻头,总有遇阻遇卡现象。

处理这类卡钻,关键是勿将键槽卡钻错误地认定为黏附卡钻。只要能正确地判断,按照钻井工艺消除键槽卡钻的技术措施进行处理,这类卡钻是不难解除的。

五、缩颈卡钻

缩径是指已钻过井段的井眼直径小于所使用的钻头直径,即井径缩小的现象。缩径卡钻一般发生在起下钻过程中,是指当钻头起至缩径井段发生遇卡,上提过猛而卡死;或在下钻过程中钻头下至缩径井段遇阻,划眼中措施不当而卡死。

(一) 事故特点

(1) 单向遇阻,阻卡点固定在某一点。因为小井径总是个别段,所以下行遇阻则上行不遇阻;反之,上行遇阻则下行不遇阻,而且遇阻点相对固定。有时有多个遇阻点。

(2) 多数卡钻是在钻具运行中造成的,而不是静止时造成的。

(3) 只有少数卡钻是在钻进中发生,如钻遇蠕动的盐岩、软泥岩和沥青层很容易造成缩径卡钻。

(4) 开泵循环时,泵压正常,进出口流量平衡,钻井液性能变化不大。但钻遇蠕动速率较大的盐岩、沥青、软泥岩时,泵压逐渐升高,甚至会失去循环。

(5) 离开遇阻点则上下活动和转动正常,阻力稍大则转动困难。

(6) 下钻距井底不远遇阻,可能有两种情况,一种是沉砂引起遇阻,另一种是上一只钻头直径变小,形成了小井眼。

(7) 如钻遇蠕变性的盐岩层、沥青层、软泥岩层,往往是机械钻速加快,转盘扭矩增大,并有蹩钻现象,提起钻头后,放不到原来的深度,划眼比钻进还困难。

(二) 事故原因

1. 砂砾岩的缩径

由于钻井液性能不达标或不稳定,使砂岩、砾岩、砂砾混层如果胶结不好或甚至没有胶结物,在井眼形成之后,由于其滤失量大,在井壁上形成一层厚的滤饼,而缩小了原已形成的井眼。

2. 泥页岩缩径

泥页岩井段一般表现为井径扩大,但有些泥页岩吸水后膨胀(蒙脱石含量大于70%的泥页岩),也可使井径缩小。特别是一些含水泥岩,就像揉成的面团一样现出很强的塑性,这种泥岩由于在其沉积的过程中,受到局部封闭环境的限制,水分排不出去,在压实过程中呈欠压实状态,但它又和砂岩不一样,没有骨架结构,一旦打开一个孔道,在上覆地层压力作用下,急速向孔道蠕动,把井眼缩小,甚至会把钻头包住,而失去循环通道。这种地层的蠕动和盐岩层的不一样,不受温度的影响,只和上覆地层压力有关系,和其本身所含的水量有关系。这种地层并不多见,而且分布的范围也不会很广。全国各地所遇到的多是紫红色软泥岩。

3. 盐岩缩径

(1) 盐岩层的密度不随埋藏深度的增加而增加。盐岩层的三轴应力是相等的,就等于它的上覆岩层压力。

(2) 盐岩其极限强度随约束力的增加而有少量的增加，但随温度的上升而显著下降。

(3) 盐岩在一定的温度条件下，表现出延展性，而且随着温度的上升而迅速增加。

大于3000m的深度，井温超过100℃以上时，约束力的影响几乎被温度的影响所抵消，实际上，盐岩层的强度随深度的增加而减小。盐岩层在一定的温度和压力下会发生明显的变形，如图5-3-5所示。图5-3-5(b)为软泥岩缩径，称为蠕变，它是时间、加载条件和其本身的物理特性的函数。

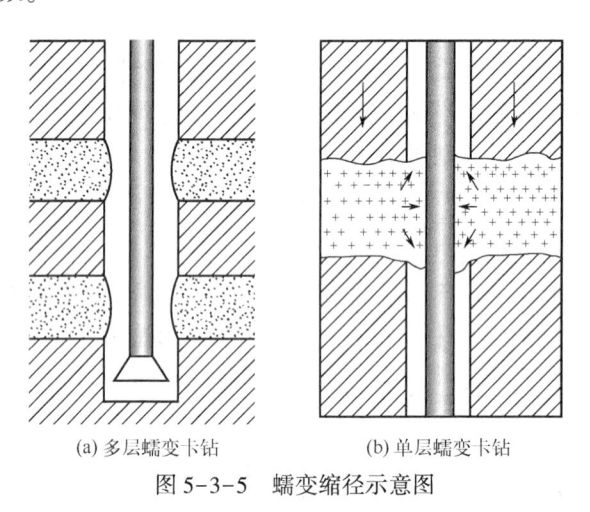

(a) 多层蠕变卡钻　　　(b) 单层蠕变卡钻

图 5-3-5　蠕变缩径示意图

(三) 事故预防

(1) 下入钻头、扶正器或其他较大的工具时，应仔细测量其外径，不能把大于井眼的钻头或工具入井。

(2) 下钻遇阻决不可强压，一般的规律是遇阻上提力要比下压力大，所以下压力越小，上提解卡概率越高。

(3) 起钻遇阻绝不能硬提。因为下压解卡的力常常比上提时阻力大得多。

(4) 控制钻井液的失水和固相含量，使渗透层井段形成薄而韧的滤饼。

(5) 钻遇特殊岩层（如岩盐层、沥青层、含水泥岩层）时，必须提高钻井液密度，增加液柱压力，以抗衡围岩的蠕动。对于岩盐层地质设计可能有预报，可以提前转化钻井液体系、增加密度。

(6) 如果上提遇阻，倒划眼无效，如此时起出的钻具超过井深的一半，可接扩眼器于钻柱中间，消除阻卡后再起钻。

(7) 对于蠕变地层可以使用偏心PDC钻头，钻开较大井眼，也可在钻头以上的适当位置接牙轮扩眼器，离钻头越近越好，以修复缩小的井眼，这种扩眼器既能正划眼又能倒划眼，在地层发生蠕变时，可以利用它起出危险段。这些措施也只能在钻井液液柱压力与地层蠕变应力基本平衡情况下才可使用。

六、泥包卡钻

所谓泥包，就是软泥、滤饼、钻屑，它们黏附在钻头或扶正器周围，或填塞在牙轮或刀片间隙之间，或镶嵌在牙齿间隙之间，轻则降低机械钻速，重则把钻头或扶正器包成一个圆柱状活塞，使其在起钻过程遇阻遇卡。它的抽汲作用，极易把松软地层抽垮，把产层抽喷。

(一) 事故特征

(1) 钻进时，机械钻速逐渐降低，转盘扭矩逐渐增大，如因泥包而卡死牙轮，则有别钻现象发生。如钻头或扶正器周围泥包严重，减少了循环通道，泵压还会有所上升。

(2) 上提钻头有阻力，阻力的大小随泥包的程度而定。

(3) 起钻时，随着井径的不同，阻力有所变化，一般都是软遇阻，即在一定的阻力下一定的井段内，钻具可以上下运行，但阻力随着钻具的上起而增大，只有到小井径处才会遇卡。

(4) 起钻时，井口环形空间的液面不降，或下降很慢，或随钻具的上起而外溢，钻杆内看不到液面。

(二) 事故原因

(1) 钻遇松软而黏结性很强的泥岩时，岩层的水化力极强，切削物不成碎屑，而成泥团，并牢牢地黏附在钻头或扶正器周围。

(2) 钻井液循环排量太小，不足以把岩屑携离井底，如果这些钻屑是水化力较强的泥岩，在重复破碎的过程中，颗粒越变越细，吸水面积越变越大，最后水化而成泥团，黏附在钻头表面或镶嵌在牙齿间隙中。

(3) 钻井液性能不好，黏度太大，滤失量太高，固相含量过大，在井壁上结成了松软的厚滤饼，在起钻过程中被扶正器或钻头刮削，越集越多，最后把扶正器或钻头周围之间隙堵塞。

(4) 钻具有刺漏现象，部分钻井液短路循环，到达钻头的液量越来越少，钻屑带不上来，只好黏附在钻头上。

(三) 事故预防

(1) 要有足够的钻井液排量。一般泥包都发生在松软地层，因机械钻速快，钻屑浓度大，必须有足够的排量才能把钻屑及时带走。

(2) 在软地层中钻进，一定要维持低黏度、低切力的钻井液性能，一般要求黏度不超过 20s，初切为零，10min 切力在 $3mg/cm^3$ 以下，甚至用清水钻进，效果更好。

(3) 在软地层中钻进，最好使用刮刀钻头，而不要用牙轮或其他型式的钻头，因为刮刀钻头不容易泥包，而且泥包后也容易消除。

(4) 在松软地层中钻进，要有意地控制机械钻速，或增加循环钻井液的时间，其目的都是降低钻井液中的岩屑浓度。

(5) 在钻进时，要经常观察泵压和钻井液出口流量有无变化。如钻井泵上水不好，则泵压与流量相应地降低；如钻具刺漏，则泵压下降而流量不变；如流量不变而泵压升高，说明井下情况复杂，不能盲目钻进。

(6) 如发现有泥包现象，应停止钻进，提起钻头，高速旋转，快速下放，利用钻头的离心力和液流的高速冲刷力将泥包物清除。如有条件，可增大排量，降低钻井液黏度，再配合上述动作，效果更好。

(7) 如已经发现有泥包现象，而又不能有效地清除，起钻时就要特别注意，不能在连续遇阻或有抽汲作用的情况下起钻，因为在这种情况下起钻，容易引起井喷，容易抽垮地层，更容易造成卡钻。最好的办法是边循环钻井液边起钻，直至正常井段，再按正常的办法上起。这样做，工序上比较麻烦，但比造成事故要好得多。

七、落物卡钻

落物卡钻是指井内掉入较大的岩块（或井口较硬的落物），不能顺利地通过环形空间而在较小井眼处卡住所造成的卡钻。有时即使落物不大，但因所采用的是满眼钻具，也会发生卡钻；特别是在技术套管内施工作业时，若物体掉入井眼，也会发生卡钻。大多数情况下，落物是井壁上坍塌的岩石，但也可能是钻头掉牙轮或地面操作不慎而掉落的物体。

防止掉块或落物卡钻的措施如下：
（1）钻井过程中使用抑制性防塌钻井液体系，保持井壁稳定。
（2）钻井液密度所形成的液注压力略高于井壁坍塌应力，确保井壁稳定。
（3）地面按照规程操作，防止落物。

项目四　溢流事故的预防与处理

在钻遇高压油、气、水层或在注水产油区钻进调整井时，若控制不好井内压力与地层压力的平衡，就会使地层高压气体侵入到井筒，气体上移推动钻井液溢出井口的现象就是溢流。溢流是井喷的前兆，溢流失去控制就发生井喷，应在发现溢流时关井控制。井喷是钻程中的恶性事故，轻则使油气层受到破坏，影响建井周期；重则使油气井报废，延误油气田的勘探与开发，甚至威胁人民的生命安全。

控制井下压力平衡的关键是钻井液的性能要及时调整，以适应复杂地层的各种参数变化。当溢流发生关闭井口后，需要对井内的高压流体进行压井作业，仍要配置相应的压井液（加重钻井液）注入井内，恢复井内压力平衡。

一、井喷的原因

钻井过程中，井内的液柱压力不是一个固定不变的恒定值，而是随钻井作业条件改变而不断发生变化。井喷发生的基本条件是井内液柱压力小于地层压力。井喷发生的主要原因可以归纳为以下几个方面：
（1）地层压力分布掌握得不够确切，采用的钻井液密度偏低。
（2）井筒中钻井液液柱下降；钻井液密度因地层流体的进入而下降。
（3）起下钻具时抽汲压力或激动压力过高。
（4）钻遇异常高压油、气、水层等。

上面已经分析了不同钻井作业过程中井内液柱压力的不同之处，表明在不同钻井作业过程中，发生井喷的原因也不完全相同。下面分别对钻井的四个主要作业过程中发生井喷的原因进行分析。

（一）钻进过程中溢流发生的原因

油气井在钻进过程中常有以下原因会导致井喷事故发生：
（1）钻到油、气、水层时，钻井液当量密度低于地层的压力系数就会发生井喷。
（2）在油气层钻进时，岩屑里的天然气、油混入钻井液中，钻井液受到油、气侵。随着钻井液沿着环空上返，气体不断膨胀。越靠近井底处钻井液中的含气量越低，钻井液密度越高；越靠近井口处钻井液的含气量越高，钻井液密度越低。如果钻井液气侵严重，没有及时采取措施，一旦液柱压力降低到小于地层孔隙压力，就会发生井喷。钻井过程中钻井液气侵的严重程度与钻井液密度、地层中的含气量、钻速以及环空返速等因素有关。

（3）如果钻进过程中发生井漏，井筒内钻井液液面下降，液柱压力降低。当液柱的静液压力降至低于高压油、气、水层压力时，就会引起井喷。

（二）起钻过程中井喷发生的原因

起钻过程中，有下述原因可引起井筒中钻井液作用在油气水层的压力下降。当压力一旦降至低于地层孔隙压力时就会引起井喷。

（1）起钻时未及时灌钻井液，造成井内液柱压力下降。
（2）起钻时钻井液停止循环，失去循环压力，使钻井液作用在地层的压力下降。
（3）起钻过程中，因钻头或钻铤泥包、地层缩径、钻井液黏度和切力过大、起下钻速度过快等原因，上提钻具时产生很高的抽汲压力，因而造成井内液柱压力下降。

（三）下钻过程中井喷发生的原因

钻井过程中钻井液切力过大，下钻时下放速度过快，就会形成过大的激动压力。裸眼井段存在易漏地层，当井筒液柱压力加上激动压力超过地层漏失压力或破裂压力时，就会发生井漏。井漏的发生导致钻井液液面下降引起井喷。此外，油气层被钻穿后，起钻后钻井液在井中静止时间过长，地层中气体不断扩散至井中，油气上窜，引起液柱压力下降，当下钻过程中此压力降到低于地层压力时，也会引起井喷。

（四）下钻后循环过程中井喷发生的原因

油、气、水层被钻穿后，由于起钻上提钻具所发生的抽汲作用，会将地层中的油气抽至井中，再加上起钻后钻井液在井中静止，地层中的气体会通过井壁扩散到井筒内，因而下钻至油、气、水层等部位循环钻井液时，随着钻井液不断上返，钻井液中的气体便不断膨胀。当气体膨胀所产生的压力大于上部液柱压力时，钻井液就会溢出井口，井内液柱压力不断下降。如果该压力降至低于油气层压力时，油气就会大量侵入井中造成井喷，如图5-4-1所示。

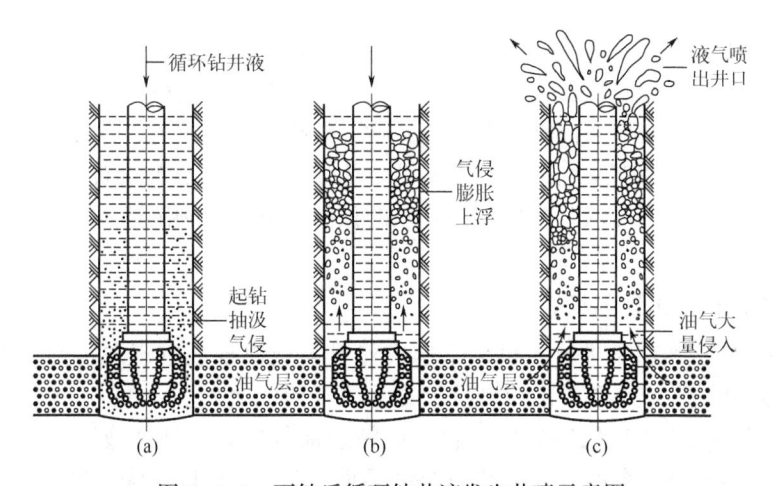

图5-4-1 下钻后循环钻井液发生井喷示意图
(a) 起钻抽汲引起的气侵气体悬浮在井底；
(b) 循环钻井液使得气侵气体上浮并不断膨胀；
(c) 气侵气体到达井口，推动钻井液一同喷出，下部负压差导致更多油气侵入。

二、井喷的监控

（一）井控职责

钻井液工或录井工负责观察钻井液出口和钻井液液面变化情况。

（二）持证上岗

钻井液工应取得井控相关证书（井控证、HSE证和硫化氢证等）。

（三）严格坐岗

(1) 探井自安装防喷器至完井，开发井自钻开油气层前100m至完井，均应由钻井液工和钻井工及地质录井工专人24h坐岗，观察溢流显示和循环池液面变化，并定时将观察情况记录于《坐岗记录》中。

(2) 钻进、起下钻、测井、完井作业及其他施工，钻井液人员负责坐岗，坐岗记录时间间隔不大于15min，溢流、井漏应加密监测。坐岗人员发现溢流、井漏及油气显示等异常情况，应立即报告司钻。

(3) 钻井液液面高度测量，起下钻杆每3柱测量一次，起下钻铤一柱测量一次（最长不超过15min）。发现溢流应立即上报司钻，司钻应按程序处置并上报。

(4) 负责调节钻井液液面检测报警装置阈值，报警值设置不得超过$1m^3$。循环罐、配液罐配备容积标尺，高压井、气井应配备$6 \sim 12m^3$的专用灌浆罐，现场至少配备两套液面检测报警装置。

(5) 钻井液性能符合设计要求，并按设计要求储备压井液、加重材料、堵漏剂和处理剂。

(6) 发现钻井液气侵后应停止钻进，坚持循环排气加重，严禁边钻边加重。若发生液面上涨应关井节流循环排气，钻井液未经除气不得重新入井。

(7) 钻进时严禁大幅度调整钻井液性能，钻井液密度复合设计要求。

三、井喷的征兆

当地层孔隙压力大于井内液柱压力时，地层中的流体就会进入井内并推动井内钻井液外溢，这种现象称为溢流。溢流发生后，如果不及时采取有效措施处理，失去控制的溢流则称为井喷。由此可见，溢流失去控制后发展为井喷，根据溢流的现象，地层流体进入井中是有征兆的，这些征兆也是井喷发生征兆。根据钻井施工实践证明，当溢流发生的征兆出现时，先处理溢流现象，就完全可以对井喷进行有效的预防。下面分别阐述不同钻井作业过程中井喷（溢流）的征兆：

（一）钻进过程中出现的征兆

(1) 在油、气、水层钻进时，机械钻速突然升高或出现放空现象；钻井液中出现油气显示；岩屑中发现油砂或水砂，或出现荧光显示，气测值增大。

(2) 钻井液性能发生比较突然地变化。如钻遇油气层时，钻井液因受气侵而造成密度降低，黏度和切力增高，温度升高；钻遇盐水层时，钻井液密度下降，黏度和切力一开始增高，随后又下降，流失量增大，pH值下降，钻井液滤液中氯离子含量增加，温度升高等；钻遇淡水层时，钻井液密度下降，黏度和切力也下降等。

(3) 泵压下降，从环空返出的钻井液不正常。从出口管所返出的钻井液流速加快，井筒中返出钻井液的量大于泵入钻井液的量，钻井液罐和钻井液槽液面上升，钻井液池里的钻井液体积增加；停泵后，钻井液出口管仍有钻井液返出等。

（二）起钻过程中出现的征兆

起钻灌钻井液不正常，灌入钻井液体积小于所计算的起出钻具的体积；起完钻之后，钻井液出口管仍有钻井液返出，钻井液池中的钻井液体积增加。

（三）下钻过程中出现的征兆

下钻返出的钻井液量不正常，从井中返出钻井液的体积超过下入钻具计算的体积；钻井液池液面增高等。

四、井喷的预防

预防井喷采取的措施包括工程措施和钻井液技术措施两个方面。

工程措施主要包括：控制在油气层钻进时的机械钻速，以防因钻速过快而造成油气进入井筒；依据三个地层压力剖面设计合理的井身结构，防止上喷下漏或下喷上漏造成液柱压力下降而引起井喷；按井的类别正确选用井控装置，发现溢流应及时使用井控装备，以防止井喷的发生等。

下面重点介绍预防井喷的钻井液技术措施。

（一）选用合理的钻井液密度

依据三个地层压力剖面，设计合理的钻井液密度，使其所形成的液柱压力高于裸眼井段最高地层孔隙压力，低于地层漏失压力和裸眼井段最低的地层破裂压力。对于油层或水层，钻井液密度一般应附加 $0.05\sim0.10\text{g/cm}^3$，对于气层则应附加 $0.07\sim0.15\text{g/cm}^3$。对于探井应依据随钻地层压力监测的结果，及时调整钻井液密度，始终保持井筒中液柱压力高于裸眼井段最高地层孔隙压力。

（二）调整好钻井液性能

除了调整钻井液密度，使其达到设计要求之外，在保证钻井液正常携带岩屑的前提下，应尽可能采用较低的钻井液黏度与切力，特别是终切力随时间变化幅度不宜过大，以降低起下钻过程中的抽汲压力或激动压力。

（三）严防井漏

在钻进过程中需要加重钻井液时，应控制加重速度，防止因加重速度过快而压漏地层。注意控制开泵泵压，防止憋漏地层。此外，对于裸眼井段存在不同压力系统的地层，当下部存在高压油、气、水层的压力系数超过上部裸眼井段地层的漏失压力系数或破裂压力系数时，应在进入高压层之前进行堵漏，提高上部地层的承压能力，防止钻至高压油、气、水层时因井漏而诱发井喷。

（四）及时排除气侵气体

钻遇到高压油气层时，钻井液往往不可避免地受到气侵而造成密度下降。因此，此时应随时监测钻井液密度。一旦发现气侵，立即开动除气器和使用消泡剂除气，以便及时恢复钻井液密度。

（五）注意观测钻井液的体积

钻开油层、气层、水层后，钻进过程中随时用肉眼观测钻井液池中钻井液的体积总量。

起钻时井筒灌满钻井液,并监测灌入钻井液的量;下钻时,观测钻井液池液面和从井筒中所返出钻井液的量。

(六) 储备一定数量的加重钻井液

当钻遇高压油、气、水层油井时,钻井队应该储备高于井筒内钻井液密度的加重钻井液,其数量接近井筒中钻井液的量。

(七) 分段循环钻井液

高压的油气井,下钻时分段循环钻井液,避免大量气体上返时膨胀而形成溢流。循环时计算油气上窜速度,用以判断油气活跃程度和钻井液密度是否适当。

五、井喷后的处理

在石油钻井作业过程中,如果发生井喷(溢流),正确选择压井钻井液,平衡地层压力、重建井内压力平衡,恢复钻井施工作业。

溢流是井喷征兆的第一信号。一旦发现溢流,必须立即关闭防喷器,用一定密度的加重钻井液进行压井,以迅速恢复井内静液柱压力,重新建立井内压力平衡,制止溢流。正确选用压井液是缩短处理溢流、井喷的时间,防止处理过程中再出现井漏、卡钻等井下复杂情况与事故的重要技术措施之一。下面讨论对压井液的一般要求。

(一) 压井液密度的确定

压井液的密度可由下式求得:

$$\rho_{mi} = \rho_m + \Delta \rho \tag{5-4-1}$$

$$\Delta \rho = 100(p_d/H) + \rho_e \tag{5-4-2}$$

式中 ρ_m——原钻井液密度,g/cm³;

ρ_{mi}——压井液密度,g/cm³;

$\Delta \rho$——压井所需钻井液密度增量,g/cm³;

p_d——发生溢流关井时的立管压力,MPa;

H——垂直井深,m;

ρ_e——安全密度附加值,g/cm³。

式(5-4-2)中,ρ_e 取值的一般原则仍然是:油层、水层为 0.05~0.10g/cm³,气层为 0.07~0.15g/cm³。用于压井液的密度不宜过高,以防止压漏地层,诱发更为严重的井喷。但压井液的密度也不宜过低,否则压不住井。

(二) 压井液的类型、配方及性能

压井液的类型和配方应与发生溢流前的井浆相同。对其性能的要求也应与原井浆相似,即必须使压井液具有较低的黏度,适当的切力;尽可能低的滤失量、滤饼摩擦系数和含砂量;24h 的稳定性应小于 0.05g/cm³,以防止重晶石沉淀和压井过程中发生压差卡钻。

(三) 压井加重钻井液的用量及配置要求

用于压井的加重钻井液,其体积量通常为井筒体积加上地面循环系统中钻井液体积总和的 1.5~2 倍。配置加重钻井液时,必须预先调整好基浆性能,膨润土含量不宜过高(随加重钻井液密度的增大而减小),然后再加重。向钻井液中加入重晶石一定要均匀,力求保持稳定的钻井液性能。在采取循环加重压井时,加重按循环周加入重晶石,一般每个循环周钻井液密度提高值应控制在 0.05~0.10g/cm³，力求均匀、稳定。

综上所述，井喷是钻井过程中的恶性事故，会造成巨大经济损失或人员伤亡。但只要掌握合理的钻井施工和科学的钻井液技术，井喷是完全可以预防和避免的。

项目五 应会技能训练
——根据井下事故调整钻井液性能

一、处理强造浆地层下钻遇阻划眼的钻井液性能

（一）学习目标

掌握强造浆地层下钻遇阻划眼注意的问题，钻井液处理思路及处理剂用量的计算；掌握强造浆地层下钻遇阻原因的有关知识。

（二）准备工作

（1）穿戴好劳保用品。

（2）分析下钻遇阻原因，设计钻井液处理措施与方案。确定处理方案后，计算处理剂用量，并写出处理配方。

（3）检查振动筛、除砂器、离心机及混合漏斗和剪切泵、循环系统等设备，确保各项设备运转正常。

（4）现场常用测量仪器要齐全。

（5）准备好必要的处理剂，如降黏剂、聚合物、降滤失剂等。

（三）操作步骤

（1）使用好振动筛，筛布筛网应细于 150 目；启动使用除砂器；启动使用离心机。降低钻井液含砂量和固相含量，清除劣质固相。

（2）根据钻井液造浆的不同程度，加入足量的已配制好的聚合物稀胶液。

（3）启动剪切泵，使用混合漏斗加入准备好的降黏剂配合 NaOH 水溶液。

（4）钻井液流变性达标后，大量补充聚合物，使钻井液具有较强的抑制性。

（四）技术要求

（1）提高钻井液聚合物含量达到 0.5% 以上，用于控制强造浆地层划眼时进入钻井液中的黏土再分散。

（2）钻井液保持低黏度、低切力、低密度、流变性好，呈紊流状态。

（3）划眼到底继续钻进该造浆地层时，一般不进行提黏处理。

（五）相关知识

强造浆地层下钻遇阻一般是明化镇或馆陶组地层，主要原因是该地层蒙脱石含量高，蒙脱石易水化分散造浆严重，若钻井液抑制性较差或固控设备使用不好，钻井液黏度、切力、密度急剧升高，所钻出的井眼没有扩大性，加之井壁地层吸水地层内的蒙脱石水化膨胀，造成井眼缩径，起钻至该井段易拔活塞，造成井壁不稳定拔缩井眼，导致下钻遇阻复杂情况。

二、处理沉砂下钻遇阻划眼的钻井液性能

（一）学习目标

掌握下钻沉砂遇阻划眼注意的问题、钻井液处理剂用量的计算；掌握下钻沉砂遇阻原因的有关知识。

（二）准备工作

（1）穿戴好劳保用品。

（2）分析下钻遇阻原因，设计钻井液处理措施与方案。确定处理方案后，计算处理剂用量，并写出处理配方。

（3）检查振动筛、除砂器、离心机及混合漏斗和剪切泵、循环系统等设备，确保各项设备运转正常。

（4）现场常用测量仪器要齐全。

（5）准备好必要的处理剂，如降黏剂、增黏剂、聚合物、降滤失剂等。

（三）操作步骤

（1）使用好振动筛，筛布筛网应细于150目；启动使用除砂器；根据岩性分散强弱情况使用离心机；降低钻井液含砂量和固相含量，清除劣质固相。

（2）钻井液中加入足量的已配制好的聚合物胶液。

（3）启动剪切泵，使用混合漏斗加入准备好的降黏剂或增黏剂（根据钻井液黏度切力决定所加入的处理剂）。

（4）钻井液流变性达标后，加入降失水剂，提高钻井液稳定性。

（5）钻井液中补充聚合物，使钻井液具有较强的抑制性和触变性。

（四）技术要求

（1）提高钻井液聚合物含量达到0.5%以上，抑制划眼时大量沉砂水化分散。

（2）钻井液保持良好的流变性好，具有良好的携岩性和悬浮性及触变性。

（3）划眼到底继续钻进时，根据地层岩性再调整钻井液性能。

（五）相关知识

沉砂下钻遇阻一般是钻井液黏度、切力低，井眼岩屑含量浓度高不清洁，有时是井眼不规则有"糖葫芦"或"大肚子"井眼，停泵后存于大井眼的大量的砂子或掉块、钻屑下沉等，造成下钻遇阻的发生。该情况划眼时注意开泵要慢，低排量低泵速，小排量循环一周后，控制泵排量不宜过大，控制划眼速度注意防止憋泵或整卡钻具。

三、处理虚厚滤饼下钻遇阻划眼的钻井液性能

（一）学习目标

掌握虚厚滤饼下钻遇阻划眼原因、钻井液处理思路及处理剂用量的计算；掌握虚厚滤饼下钻遇阻有关知识。

（二）准备工作

（1）穿戴好劳保用品。

（2）分析下钻遇阻原因，设计钻井液处理措施与方案。确定处理方案后，计算处理剂

用量，并写出处理配方。

（3）检查振动筛、除砂器、离心机及混合漏斗和剪切泵、循环系统等设备，确保各项设备运转正常。

（4）现场常用测量仪器要齐全。

（5）准备好必要的处理剂，如降黏剂、增黏剂、聚合物、降滤失剂等。

（三）操作步骤

（1）使用好振动筛，筛布筛网应细于150目；启动使用除砂器；根据虚厚滤饼分散强弱和钻井液增黏情况使用离心机。降低钻井液含砂量和固相含量，清除劣质固相。

（2）钻井液中加入足量的已配制好的聚合物胶液。

（3）启动剪切泵，使用混合漏斗加入准备好的降黏剂，调节钻井液流变性。

（4）钻井液流变性达标后，加入降失水剂与封堵类防塌剂，使滤饼薄而致密。

（5）钻井液中补充聚合物，使钻井液具有较强的抑制性。

（四）技术要求

（1）提高钻井液聚合物含量达到0.5%以上，抑制划眼时大量虚厚的滤饼水化分散。

（2）钻井液保持良好的流变性，具有良好的携岩和悬浮性及触变性。

（3）划眼到底继续钻进时，根据地层岩性加入封堵材料，封堵渗透性强的地层井段。

（五）相关知识

钻井液虚厚滤饼下钻遇阻，一般是在渗透性强的砂岩井段，若钻井液滤失量大或在某一井段形不成优质的滤饼，由于起钻后钻井液静止时间较长，而钻井液中的自由水不断的进入渗透性强的地层，固体物在井壁堆积，形成虚厚的滤饼。在下钻时虚厚滤饼被钻头刮下，且越来越多形成垫层或包住钻头、钻铤，下放钻具遇阻，上提下放遇阻、遇卡，有时下放不能通过，就需要划眼畅通井眼。该情况划眼时注意开泵要慢，低排量低钻速，小排量循环一周后提高至正常排量，控制划眼速度注意防止憋泵或整卡钻具（同沉砂划眼类似）。

四、处理井壁坍塌下钻遇阻划眼的钻井液性能

（一）学习目标

掌握井壁坍塌下钻遇阻划眼原因，钻井液处理思路及处理剂用量的计算；掌握井壁坍塌下钻遇阻有关知识。

（二）准备工作

（1）穿戴好劳保用品。

（2）分析下钻遇阻原因，设计钻井液处理措施与方案。确定处理方案后，计算处理剂用量，并写出处理配方。

（3）检查振动筛、除砂器、离心机及混合漏斗和剪切泵、循环系统等设备，确保各项设备运转正常。

（4）现场常用测量仪器要齐全。

（5）准备好必要的处理剂，如降黏剂、聚合物、增黏剂、降滤失剂、防塌剂等处理剂；准备重晶石粉等。

（三）操作步骤

（1）使用好振动筛，筛布筛网应细于150目；启动使用除砂器；根据钻井液固相情况

使用离心机。降低钻井液含砂量和固相含量，清除劣质固相。

（2）钻井液中加入已配制好的高含量聚合物胶液。

（3）启动剪切泵，使用混合漏斗加入准备好的降滤失剂、防塌剂。

（4）钻井液性能达标后，根据井下情况确定是否提高钻井液黏度与切力。

（5）根据实际情况可考虑提高钻井液密度控制井壁坍塌。

（6）可转为强抑制体系钻井液。

（四）技术要求

（1）提高钻井液聚合物含量达到0.5%以上，使钻井液具有较强抑制性。

（2）钻井液保持适当高的黏度、切力，具有良好的携岩性和悬浮性；根据地层应力情况适当提高密度。

（3）划眼到底继续钻进时，根据地层岩性再加入封堵类防塌剂。

（五）相关知识

钻井液坍塌掉块下钻遇阻，一般是在大段的泥页岩井段，若钻井液滤失控制不好，尤其高温高压滤失量较大，滤液抑制性不好，泥页岩井段易发生坍塌掉块，易发生起钻遇卡，下钻遇阻复杂情况。该情况划眼时注意开泵要慢，低排量低泵速，注意整泵情况，一旦整泵则易引发坍塌掉块，甚至造成整卡钻具的故障。开泵后小排量循环一周后，逐渐提高至正常排量，控制划眼速度注意防止憋泵或整卡钻具。

五、处理压差卡钻后钻井液性能

（一）学习目标

掌握压差卡钻后钻井液性能的调整方法；熟悉卡钻的类型、原因、预防及处理方法；了解压差卡钻现象。

（二）准备工作

（1）穿戴好劳保用品。

（2）备好备足解卡剂、稀释剂、絮凝剂、降滤失剂、烧碱等。

（3）检查固相控制设备运转确保正常。

（4）检查混合漏斗和剪切泵、循环系统等设备，确保各项设备运转正常。

（5）钻井液全套性能测试仪。

（三）操作步骤

（1）沉砂卡钻后，一般开泵困难，应尽一切可能憋通钻头水眼，恢复循环（注意开泵时的排量要$<5s^{-1}$）。

（2）一旦恢复循环，使用好振动筛，筛布筛网应细于150目；启动使用除砂器；根据岩性分散强弱情况使用离心机。降低钻井液含砂量和固相含量，清除劣质固相。

（3）启动剪切泵，使用混合漏斗加入准备好的增黏剂（根据钻井液黏度切力决定所加入的处理剂）。

（4）钻井液流变性达标后，加入降失水剂，提高钻井液稳定性。

（5）钻井液中补充聚合物，使钻井液具有较强的抑制性和触变性。

（四）技术要求

（1）在极软的地层钻进时应注意控制钻速，防止环空中的钻屑数量分散过高。

(2) 钻井液保持合适的黏度和切力，以便能有效地携带与悬浮钻屑和重晶石。

(3) 应设计合理的环空返速，较好地清洗井眼与井底。

六、处理泥页岩坍塌卡钻钻井液性能

(一) 学习目标

掌握井塌卡钻后钻井液性能的调整处理；熟悉卡钻的类型、原因、预防及处理方法；了解井塌卡钻现象。

(二) 准备工作

(1) 穿戴好劳保用品。

(2) 备好备足增黏剂、稀释剂、聚合物、降滤失剂、防塌剂、烧碱。

(3) 检查固相控制设备运转确保正常。

(4) 检查混合漏斗和剪切泵、循环系统等设备，确保各项设备运转正常。

(5) 钻井液全套性能测试仪。

(三) 操作步骤

(1) 使用好振动筛，筛布筛网应细于150目；启动使用好除砂器；根据钻井液固相情况使用离心机。进行钻井液固相控制，清除钻井液中的劣质有害固相。

(2) 在地层孔隙压力允许的条件下，尽量降低钻井液密度，降低井内静液柱压力。

(3) 启动剪切泵，使用混合漏斗加入准备好的降黏剂，调整好流型，加入烧碱适当提高pH值，加入降滤失剂提高滤饼质量，进一步调整钻井液性能。

(4) 钻井液性能达标后，大排量循环钻井液，以利于解卡。

(四) 技术要求

(1) 进行钻井液固相控制时应配合加入选择性絮凝剂。

(2) 钻井液性能稳定性良好，确保打入解卡剂后性能不发生变化。

(3) 解卡后防止开泵过猛和大幅度活动钻具。

七、处理沉沙卡钻后钻井液性能

(一) 学习目标

掌握压沉砂卡钻后钻井液性能的调整方法；熟悉卡钻的类型、原因、预防及处理方法；了解沉砂卡钻现象。

(二) 准备工作

(1) 穿戴好劳保用品。

(2) 备好备足增黏剂、稀释剂、聚合物、降滤失剂、烧碱等。

(3) 检查固相控制设备运转确保正常。

(4) 检查混合漏斗和剪切泵、循环系统等设备，确保各项设备运转正常。

(5) 钻井液全套性能测试仪。

(三) 操作步骤

(1) 沉砂卡钻后，一般开泵困难，应尽一切可能憋通钻头水眼，恢复循环（注意开泵时的排量要<5s^{-1}）。

（2）一旦恢复循环，使用好振动筛，筛布筛网应细于150目；启动使用除砂器；根据岩性分散强弱情况使用离心机。降低钻井液含砂量和固相含量，清除劣质固相。

（3）启动剪切泵，使用混合漏斗加入准备好的增黏剂（根据钻井液黏度切力决定所加入的处理剂）。

（4）钻井液流变性达标后，加入降失水剂，提高钻井液稳定性。

（5）钻井液中补充聚合物，使钻井液具有较强的抑制性和触变性。

（四）技术要求

（1）在极软的地层钻进时应注意控制钻速，防止环空中的钻屑数量分散过高。

（2）钻井液保持合适的黏度和切力，以便能有效地携带与悬浮钻屑和重晶石。

（3）应设计合理的环空返速，较好地清洗井眼与井底。

八、处理泥页岩坍塌卡钻钻井液性能

（一）学习目标

掌握井塌卡钻后钻井液性能的调整处理，熟悉卡钻的类型、原因、预防及处理方法了解井塌卡钻现象。

（二）准备工作

（1）穿戴好劳保用品。

（2）备好备足增黏剂、稀释剂、聚合物、降滤失剂、防塌剂、烧碱。

（3）检查固相控制设备运转确保正常。

（4）检查地面循环设备、剪切泵、混合漏斗运转确保正常。

（5）钻井液全套性能测试仪。

（三）操作步骤

（1）井塌卡钻时，钻头水眼若未被堵死，可采用小排量开泵（注意开泵时的排量要<5s^{-1}）。建立循环，并同时缓慢活动钻，逐渐增大排量，逐渐带出坍塌物而解卡。

（2）开泵建立循环，使用好振动筛，筛布筛网应细于150目；启动使用好除砂器；根据情况使用离心机。降低钻井液含砂量和固相含量，清除劣质固相。

（3）启动剪切泵，使用混合漏斗加入准备好的增黏剂或降黏剂，调整流型（根据钻井液黏度切力决定增黏或降黏）。

（4）钻井液流变性达标后，加入降失水剂、防塌剂，提高钻井液防塌性能。

（5）钻井液中补充聚合物，使钻井液具有较强的抑制性和触变性。

（四）技术要求

（1）建立循环，并同时缓慢活动钻，逐渐增大排量，逐渐带出坍塌物而解卡。

（2）钻井液保持合适的黏度和切力，以便能有效地携带与悬浮坍塌掉块。

（3）钻井液具有低失水优质滤饼，钻井液及其滤液具有较强的抑制性，钻进入易塌层前足量加入防塌剂，预防井塌发生。

（4）根据地层水敏强弱程度，可更换强抑制防塌钻井液或盐水及合成基钻井液体系。

九、配制随钻堵漏钻井液

（一）学习目标

掌握随钻堵漏钻井液的配制方法；熟悉漏失的类型、原因、预防及处理方法；了解渗透性漏失的现象。

（二）准备工作

（1）穿戴好劳保用品。

（2）备足膨润土浆或老浆，准备增黏剂、超细碳酸钙、高温可变形封堵类处理剂、随钻堵漏剂等。

（3）检查固相控制设备运转确保正常。

（4）检查地面循环设备，剪切泵、混合漏斗确保运转正常。

（5）钻井液全套性能测试仪。

（三）操作步骤

（1）更换振动筛筛布，使用40~80目筛布。

（2）启动剪切泵，使用混合漏斗加入准备好的超细碳酸钙和随钻堵漏剂及高温可变形封堵类处理剂（按钻井液配方）。

（3）根据钻井液现场实际情况决定是否加入增黏剂或降黏剂，调整钻井液流变性。

（4）堵漏成功后，可适当提高钻井液密度，在压差的作用下使随钻堵漏剂尽量进入地层近井壁带，提高堵漏效果。

（四）技术要求

（1）对于孔隙—裂缝性漏失层，在进入该层段之前，可在钻井液循环过程中加入随钻堵漏材料。

（2）随钻堵漏剂加入漏失消失后，应该保持12~24h再筛除钻井液中未进入漏层的剩余堵漏剂。

十、配制桥塞堵漏钻井液

（一）学习目标

掌握桥塞堵漏钻井液的配制方法；熟悉漏失的类型、原因、预防及处理方法；了解裂缝于溶洞性漏失的现象。

（二）准备工作

（1）穿戴好劳保用品。

（2）备足膨润土浆或老浆，准备降黏剂、增黏剂、高温可变形封堵类处理剂、核桃壳颗粒（根据漏失情况选择不同的粒度）蚌壳渣、棉籽皮、矿物纤维、屏蔽暂堵剂等。

（3）检查固相控制设备运转确保正常。

（4）检查地面循环设备，剪切泵、混合漏斗（较大颗粒或纤维成团类堵漏剂不能通过漏斗加入），剪切泵外接辅助加料管线，确保运转正常、畅通。

（5）钻井液全套性能测试仪。

(三) 操作步骤

(1) 打开缓冲罐底阀。

(2) 准备好可注入的配制桥塞钻井液循环罐，关闭与其他循环罐连通的阀门，根据需要准备好待配制钻井液。

(3) 调整好待配钻井液流变性、pH 值、密度及其他性能指标。

(4) 启动剪切泵，使用混合漏斗加入准备好的核桃壳颗粒、蚌壳渣、屏蔽暂堵剂及高温可变形封堵类处理剂（按钻井液配方）。

(5) 使用剪切泵外接辅助加料管线边冲击边加入棉籽皮、矿物纤维等纤维和团状类堵漏剂，使其均匀地分散在配制的堵漏液体系内。

(四) 技术要求

(1) 配制完桥塞堵漏液，根据实际液量和加入堵漏剂的数量再写出配方。

(2) 配制桥塞堵漏成功后，应该保持 12~24h 再筛除钻井液中未进入漏层的剩余堵漏剂。

学习情境六　钻井液 HSE 管理

知识目标

（1）了解钻井液和处理剂的危害；
（2）了解钻井液对健康和环境损害的方式；
（3）掌握安全生产和劳动保护的方法；
（4）懂得安全用电和个人防护的理论知识。

技能目标

（1）会安全处理钻井液及处理剂；
（2）会控制钻井液对健康和环境的破坏；
（3）会使用安全防护设施。
（4）会简单的现场救护。

思政要点

2010年4月20日，位于墨西哥湾马孔多油田的海洋石油钻井平台——"深水地平线"（Deepwater Horizon）号爆炸起火，该钻井平台是美国 Transocean 石油公司租赁给英国石油公司（BP）的固定式海洋石油钻井平台。事故是由于平台发生井喷进而失控造成的，它是美国历史上最大的水下井喷事件。这次井喷造成了巨大的生态灾难，每天有近2万桶原油泄漏进墨西哥湾，5月25日美国宣布封海禁渔，禁渔区域达2万平方公里，原油污染给当地人带来了巨大的经济损失。

通过这次事件，我们更深一步认识到了安全生产的重要。2002年11月1日我国颁布并实施了《中华人民共和国安全生产法》，经过2009年和2021年两次修订，于2021年9月1日再次颁布实施。我们要更加认真地学习钻井相关知识，打好扎实的基本功，杜绝事故隐患，安全生产。

项目一　钻井液、处理剂的危害

钻井液的危害包括处理剂和钻井液单独或共同产生的危害，它贯穿于钻井液使用、后处理残渣以及钻井液、废水处理排放的全过程。若使用不当，不仅会对作业人员产生危害，还会污染环境、土壤和水系等。可见了解钻井液的危害以及安全防护，对于钻井液有关的安全生产和环境保护具有重要的意义。本章重点介绍钻井液的安全与防护，钻井液及处理剂的危害，以及钻井液对健康和环境的影响途径和基本的安全防护。

钻井液及处理剂的危害既有相同点，又有特殊性。就钻井液处理剂而言，其危害与处剂的性质直接相关，危害程度取决于所用钻井液处理剂的危险属性。而钻井液的危害既与钻井液的类型、成分和稳定性密切相关，也与钻遇地层性质有关，如地层气、地层含重金属等情况。本节从处理剂和钻井液两方面对其危害进行介绍。

一、钻井液的危害

钻井液造成的健康危害取决于其中的有害成分，以及操作人员与这些有害成分的接触程度。一般情况下接触方式包括：固体产品的直接接触；粉尘吸入，含有有害挥发物成分的空气和蒸气的吸入；液体产品的直接接触（产品直接接触和挥发性物质吸附到衣物上的接触）和挥发至空气中有害成分的吸入。通过规范使用条件、控制措施和个人防护用具可以减少或避免接触。钻井液通过皮肤接触及吸入等不同途径对人体造成的健康危害通常包括以下三方面。

(一) 皮肤危害

当钻井液在敞开式系统中循环，并处于搅拌状态时，发生皮肤接触的可能性很大。皮肤接触不只局限于两手和前臂，而是可以延伸到身体的各个部位。实际的接触程度取决于钻井液体系和个人防护用具的使用情况。在测定钻井液性能、钻井液性能维护处理，以及处理与钻井液相关的复杂情况时，接触的可能性会增加，尤其是取样测定性能时。

皮肤接触钻井液的危害程度取决于钻井液的组成成分和钻井液的碱度。一般情况下，相比于钻井液的成分，水基钻井液的碱性，即高 pH 值的钻井液的影响更直接，更不容忽视。

(1) 皮肤刺激和皮炎。皮肤接触的危害主要体现在刺激、皮炎和致癌方面。皮肤接触到钻井液之后，最经常出现的后果就是皮肤刺激和接触性皮炎。接触性皮炎是最常见的化学因素诱发的职业病之一，大约占所有职业病的 10%~15%。发病的症状和严重程度各不相同，主要取决于接触钻井液的类型和持续时间，同时还取决于个人的敏感程度。

对于水基钻井液，其碱性往往会导致皮肤脱脂，长时间接触甚至造成腐蚀性损伤。盐水钻井液，特别是含高价金属盐的钻井液，如氯化钙溶液会严重刺激甚至灼伤皮肤，这是由于氯化钙能使湿润的肌肤脱水而产生刺激性。

对于混油或油基钻井液而言，钻井液中的石油烃类会除去皮肤中的天然脂肪，导致皮肤干燥和开裂。皮肤开裂之后就会使化学物质渗透到皮肤内部，造成皮肤刺激和皮炎。有些人可能会对这种作用比较敏感。皮肤刺激主要是由于石油烃类，尤其是芳香烃和 $C_8 \sim C_{14}$ 石蜡烃。含有这些化合物的石油产品，如煤油和柴油可以被皮肤吸收，进而造成皮肤刺激。钻井液中常用的线型 α-烯烃和酯类等对皮肤仅有轻微的刺激性，而线型内烯烃则完全没有刺激性。

除了钻井液中烃类成分的刺激性之外，其他一些化学剂也可能具有刺激性、腐蚀性或敏化作用。例如氧化钙具有刺激性，溴化锌具有腐蚀性，而多胶乳化剂常会引起过敏。尽管水基钻井液含有的烃类物质较少，但其中的化学剂仍可引起皮肤刺激和皮炎。在防护不当或个人卫生习惯较差时，过分的接触可能会导致油脂类粉刺和毛囊炎等。

(2) 致癌。在低芳香烃或不含芳香烃的油基钻井液中，常用的烯烃、酯和石蜡烃不含具有特定致癌风险的化合物、在动物实验中也未发生致癌现象，所以即使皮肤接触这些化合物也不会产生肿瘤风险。然而高芳香烃含量钻井液，尤其是燃料柴油，可能会含有大量的多环芳香烃、高比例多环芳香烃可能具有遗传毒性。尽管尚未出现柴油使人类致癌的流行病学方面的证据，但在对老鼠进行的研究（在其皮肤上涂抹柴油）中发现，皮肤长期接触柴油可以引发皮肤肿瘤且与柴油的多环芳香烃含量无关,出现这种现象的原因是慢性皮肤刺激。对人类来说,慢性刺激可以造成小块皮肤增厚,最终形成粗糙的疣状肿块,而这种肿块有可能会转化为恶性肿瘤。水基钻井液一般不会产生致癌作用,但水基钻井液中可能存在重金属中的任何一种都有可能引起头痛、头晕、失眠、健忘、神经错乱、关节疼痛、结石、癌症。

(二) 吸入危害

当钻井液在一个敞开系统中循环,且处于高温和搅拌状态时,就会在钻井液罐上方形成蒸气、气溶胶或尘埃的混合物。对于水基钻井液,蒸气中包含水蒸气和混在其中的处理剂挥发成分。对于油基或合成基钻井液,蒸气中可能含有烃类中的低沸点馏分(石蜡烃、烯烃、环烷烃和芳香烃),而在形成的雾中含有烃类的小液滴。这些烃类馏分中可能含有添加剂、硫、单环芳香烃或多环芳香烃。值得注意的是,尽管烃类中含有 BTEX(苯、甲苯、乙基苯、三种二甲苯的异构体等的单环芳香烃类物质合成)等低沸点有害物质的量可以忽略,但这些物质能够以相当高的速度蒸发,有可能导致在蒸气相中的浓度高于预期,在某些职业安全与健康方面的法规中可能规定了一些化合物的接触上限,在作业中接触程度不应超过限制。

钻井液中的气味与健康并没有直接关系,但与工作环境有直接关系。某些钻井液具有令人不愉快的气味,这既可能是由于其主要成分引起的,也可能是由某种特定的处理剂引起的。在钻井作业中钻井液可能常会被原油、地层气和钻屑污染,而这些污染可能会改变钻井液的气味。在钻井过程中进行的液面上气体挥发物测量表明,在液面上存在二甲基硫酸、乙丁醛和其他一些化合物。前两种化合物都有一种刺激性气味,会导致工作环境令人不愉快。

众所周知,钻井液是不能食用的,因而相对于其他接触途径,入口的可能性很小而几乎可以忽略。然而如果用被污染的手拿取食物或抽烟,就会存在入口的风险,因此在作业中应当遵守良好的卫生习惯。当由于防护不当而吸入蒸气、气溶胶或尘埃的混合物等一种或多种污染物时,可能会对健康造成以下危害:

(1) 神经中毒。吸入高浓度的碳氢化合物可能会导致烃诱发性神经中毒,其症状有多种形式,包括头痛、恶心、头晕、疲劳、身体协调性变差,注意力和记忆力减退、步态失稳,甚至昏迷。这些症状都是暂时性的,仅在极高浓度下才会出现。长时间接触高浓度的正己烷可能会导致末梢神经伤害。

(2) 肺部伤害。对于接触水基流体气溶胶的作业人员来说,最常见的症状是咳嗽和多痰。流行病学研究表明,接触矿物油产生的雾和蒸气的作业人员肺纤维化病例增多。吸入毒理学研究表明,接触矿物油类产生的高浓度气溶胶时,主要导致肺泡巨噬细胞在肺部的聚集,这种聚集伴有油滴,其程度与气溶胶浓度有关。气溶胶浓度较高时可观察到炎症细胞。应当注意的是,极高浓度的低黏碳氢化合物气溶胶既可被呼出,也可以液滴的形式沉积在肺中,引起化学性肺炎,有可能会进一步导致肺水肿、肺纤维化,偶尔也会出现死亡病例。

在某些情况下,职业性接触钻井液会引起呼吸系统感染,这可能是由于钻井液中的化学剂或钻井液的物理化学性质所致,由于水基钻井液的 pH 值通常是 $8.0\sim10.5$,因此碱性液可能是危害的主要因素。

(3) 致癌风险。按致癌性,钻井液可分为三类:第一类为可忽略芳香烃含量的钻井液;第二类为中芳香烃含量的钻井液;第三类为高芳香烃含量的钻井液。第一类钻井液中常用的烯烃、酯和石蜡烃不含有苯或多环芳香烃等致癌性化学物。第二类钻井液和第三类钻井液中,尤其是第三类钻井液可能含有少量的苯。

需要注意的是，所有钻井液都可能会被油藏中的原油污染，其中含有少量的苯，这点通常难以预见。由于苯的沸点很低，其在蒸汽相中的浓度可能会高于预测值。当苯在空气中的质量分数远高于 $0.5×10^{-6}$，与其接触会导致急性白血病。由于通常情况下接触到苯在空气中的质量分数远低于 $0.5×10^{-6}$，故一般不具有致癌风险。

另外，水基钻井液中以各种化学状态或化学形态存在的重金属，在进入环境或生态系统后就会存留、积累和迁移，最终造成危害。如随废水排出的重金属，即使浓度很小，也可在藻类和底泥中积累，被鱼和贝的体表吸附，产生食物链浓缩，从而造成公害。如果长期食用这些含有重金属的鱼类，将会产生一定的危害。

（三）其他组合危害

眼睛最有可能因为被蒸气熏着或溅入气溶胶或粉尘而接触到钻井液等污染物。各类钻井液中的碳氢化合物对眼睛或只有轻微的刺激性。然而，水基钻井液、油基钻井液和合成基钻井液中的一些处理剂可能对眼睛有刺激性或腐蚀作用。

作业过程中，在少数情况下，如果钻井液或其基液处于高压状态。可能会通过皮肤注入体内。一般情况下钻井液对身体内部组织来说伤害是低的，因为可预见的主要伤害还是皮肤刺激。钻井液使用中若直接接触处理剂时，对于其危害可以参考前面关于处理剂危害的有关介绍。

二、处理剂的危害

钻井液处理剂的危害与处理剂性质直接相关，对于基本的无机和有机化工产品，有些属于危险化学品，控制不当会造成大的危害，是安全防护的重点。与基本的无机和有机化学品相比，聚合物和天然材料改性处理剂的危害要小得多，多数情况下其中的残留原料是造成危害的关键，只要防护得当，一般不会带来大的风险。处理剂对操作人员危害的主要是在装卸、运输、储存和使用中可能的接触、接触程度和处理剂是否严格执行使用操作频次、规程和个人防护用具的使用有关。通常属于间歇性接触。

（一）安全危害

一些无机或有机处理剂，尤其是属于危险化学品方面的处理剂，其安全危害主要体现在以下方面：

（1）爆炸物。爆炸物（或混合物质）是指本身能够通过化学反应产生气体，而产生气体的温度、压力和速度能对周围环境造成破坏的一类固态或液态物质（或物质的混合物）。其中也包括发火物质，即使它们不放出气体。发火物质（或发火混合物）是指在通过非爆炸自主放热化学反应产生的热、光、声、气体、烟或所有这些的组合产生效应的一种物质或物质的混合物。

爆炸性物品是含有一种或多种爆炸性物质或混合物的物品。烟火物品是包含一种或多种发火物质或混合物的物品。

（2）易燃气体。易燃气体是指在 20℃ 和 101.3kPa 标准压力下，与空气混合有易燃范围的气体。

（3）易燃液体。易燃液体是指闪点不高于 93℃ 的液体。

（4）易燃固体。易燃固体是指容易燃烧或通过摩擦可能引燃或助燃的固体。易于燃烧的固体为粉状、颗粒状或糊状物质，它们与燃烧着的火柴等火源短暂接触即可点燃，火焰可迅速蔓延。

（5）自反应物质或混合物。自反应物质或混合物是即使没有氧（空气）也容易发生激烈放热分解的热不稳定液态或固态物质或者混合物。自反应物质或混合物如果在实验室实验中其组分容易起爆、迅速爆燃或在封闭条件下加热时显示剧烈效应，应视为具有爆炸性质。

（6）氧化性固体。氧化性固体是指本身未必燃烧，但通常因放出氧气可能引起或促使其他物质燃烧的固体。

（7）金属腐蚀剂。金属腐蚀剂是指腐蚀金属的物质或混合物，通过化学作用显著损坏或毁坏金属的物质或混合物。

（二）健康危害

一些基本的处理剂对健康危害主要体现在以下方面：

（1）急性毒性。急性毒性是指在单剂量或在24h内多剂量口服或皮肤接触一种物质，或吸入接触4h之后出现的有害效应。

（2）皮肤腐蚀或刺激。皮肤腐蚀是指对皮肤造成不可逆损伤。即使用实验物质4h后，可观察到表皮和真皮坏死。腐蚀反应的特征是溃疡、出血、有血的结痂、而且在观察期14d结束时，皮肤、完全脱发区域和结痂处于漂白而褪色。应考虑通过组织病理学来评估可疑的病变。皮肤刺激是使用实验物质达到4h后对皮肤造成可逆损伤。

（3）严重眼损伤或眼刺激。严重眼损伤是指在眼前部表面施加实验物质之后，对眼部造成在使用21d内并不完全可逆的组织损伤，或严重的视觉物质衰退。眼刺激是指在眼部表面施加实验物质之后，在眼部产生在使用21d内完全可逆的变化。

（4）呼吸或皮肤过敏。呼吸过敏物是吸入后会导致气管过敏反应的物质。皮肤过敏物是皮肤接触后会导致过敏反应的物质。过敏包括两个阶段：第一个阶段是因接触某物质而引起特定免疫记忆。第二阶段是引发，即因接触某种物质而产生细胞介导或抗体介导的过敏反应。

（5）生殖细胞致突变性。生殖细胞致突变性是指可能导致人类生殖细胞发生可传播给后代的突变。在对导致生殖细胞致突变性的物质和混合物进行分类时，也要考虑活体外致突变性或生殖毒性实验和哺乳动物活体内体细胞中的致突变性或生物毒性实验。

（6）致癌性。致癌性是指毒性化学物质或化学物质混合物能致使生物体因摄入此化学物质而导致癌细胞产生的特性。致癌物是指可导致癌症或增加癌症发生率的化学物质或化学物质混合物。在动物实验性研究中诱发良性和恶性肿瘤的物质也被认为是假定的或可疑的人类致癌物。

（7）生殖毒性。生殖毒性是指对哺乳动物或对成年男性或女性的生殖和生育功能的有害作用，对生殖细胞、受孕、妊娠、分娩、哺乳等亲代生殖机能的不良影响，及对子代胚胎、胎儿发育、出生后发育的不良影响。

（8）吸入危害。吸入危害是指可能的外来化学物质对人类造成吸入中毒的危害性。"吸入"是指液态或固态化学物质通过口腔或鼻腔直接进入或者因呕吐间接进入气管和下呼吸系统。吸入中毒的危害性包括化学性肺炎、不同程度的肺损伤或吸入后死亡等严重急性效应。

项目二 钻井液对健康、环境危害的方式

钻井液对健康和环境的影响程度,既与接触程度有关,也与钻井液的组成和类型有关。通常油基钻井液对健康和环境的影响远超过水基钻井液,且与所用的基础油密切相关。

一、对健康的影响途径

钻井过程中,对作业人员健康影响的可能途径包括由于钻井液蒸发或挥发产生的气溶胶和蒸汽吸入或通过皮肤接触的方式接触到钻井液时。例如,在配制和使用钻井液的过程中,可能在操作场所产生空气悬浮污染物、灰尘、雾和蒸气。吸入灰尘的可能性主要在钻井液配制、维护处理加料和加重时。最有可能吸入雾和蒸气的地点是沿着连接喇叭口和固控设备的出口管线附近,固控设备有钻井液振动筛、除砂器、除泥器、离心机和钻井液罐。

钻井作业中经常要用高压枪来冲洗振动筛,有时还会使用一些溶剂油或汽油等碳氢化合物类的液体作为清洗介质,清洗工作会在邻近的工作环境中产生雾或蒸汽。在清洗和更换振动筛筛布时,作业人员有可能吸入高浓度雾和蒸汽,也有可能皮肤接触。

钻井液的温度、排量、井深、井段以及多环芳烃的黏度等因素可能会影响工作环境中作业人员接触有害物质的程度。与钻井液及危害物质的接触程度和接触频率与持续的时间有关。当循环中的钻井液温度升高时,其中的轻质烃类组分就会蒸发(有些矿物基油在70℃下每10h可蒸发体积的1%)。烃类蒸气冷却后就会凝结成雾,雾滴粒径尺寸一般在1μm以下。另外,振动筛也会以机械方式生产雾滴,这种雾滴既含有轻质的烃类组分,也含有较重的烃类组分,而且这一现象会随着温度的升高而加强。

液面上气体测量表明,液体上方的蒸气相浓度随着温度升高而上升。例如,作为基液的柴油,在20℃下产生的蒸气质量分数为100×10^{-6},而80℃下产生的蒸气质量分数为1000×10^{-6}。

控制工作场所烃类蒸气的量对降低危害是十分重要的。油基钻井液和合成基钻井液产生的烃类蒸气中也含有钻井液处理剂成分,因挥发性较强,还可能含有所钻遇的含油气地层释放出来的烃类。因此,在筛选钻井液配方时,应尽可能减少含有害成分处理剂的用量。对健康影响最大的因素之一是接触持续时间。不当的个人防护、防护用具被污染时,如在碳氢化合物中浸泡过的纤维手套、内部被污染的橡胶手套等,会大大增加接触持续时间,因为使用被污染的用具实际上等于延长了与污染物的接触时间,尤其是与皮肤接触。

下面结合不同作业环境和作业环节,介绍钻井液对健康的影响途径和决定影响程度的因素。

(一) 振动筛遮雨或遮阳棚

在振动筛的遮雨或遮阳棚内作业时,作业人员既有可能吸入钻井液产生的气溶胶和雾,也有可能使皮肤接触钻井液。作业过程中接触钻井液污染物的机会主要在取样、振动筛维护和检查、监测等过程。

(1) 取样。取样是日常工作。取样包括取钻井液样品和收集钻屑样等。在测量钻井液密度、漏斗黏度或流变性、滤失量等参数时,往往要在振动筛之前或之后进行取样。作为钻井液技术员或钻井液工的一项正常操作,其发生的频率较高,持续接触时间视测量频繁程度

和参数的多少而定。接触方式主要是皮肤接触（手）、吸入蒸气（雾）等。钻井液出口温度、钻井液的成分和性能既是影响接触的因素，也是由于接触而对健康产生影响的因素。

对于为了测量钻屑的油含量，或用于地层岩石的分析，需要从振动筛处取样或采集钻屑的常规操作，属于间歇性的接触，与取钻井液样相比，接触时间较少。接触方式主要是钻井液溅落（面部、手、身体），皮肤接触钻井液（手），吸入蒸气（雾）。影响接触的因素主要是钻屑在筛面上的累积，钻井液出口温度，钻井液的成分与性能。对于地质录井人员在收集岩屑样时，也会出现同样的接触，同时还包括岩屑的分选、清洗和保存等。

（2）振动筛维护。振动筛维护也是日常工作。在振动筛需要更换筛布（振动筛不工作时）、日常维护、检查筛布是否磨损和破损修理（更换筛布）时，常会接触钻井液。这些常规操作为间歇性接触，具体接触时间视具体情况或操作的熟练程度而定，但时间一般较短。接触方式有：因工作环境受污染而吸入；皮肤接触被钻井液污染的设备表面等。影响因素包括筛布寿命、振动筛的设计与可靠性。

在使用高压枪和烃类基液清洗振动筛筛布、工作场所、导流槽等作业时，常会接触钻井液，接触持续时间一般根据作业需要或具体作业要求而定。接触方式有：因工作环境受污染而吸入，包括清洗介质产生的雾或气溶胶；皮肤接触被钻井液污染的设备表面；钻井液溅落到面部、身体或手。影响因素包括清洗方式、设备、介质等。

（3）检查、监测。为了了解振动筛和筛布的工作状况，如，筛布网眼、网眼破损等，以及了解气体分离器或导流槽的工作状况时，也会接触钻井液。作为常规操作，接触发生频率高，持续接触时间一般在 5min/h 以上。接触方式有：因工作环境受污染而吸入；钻井液溅落到面部、身体或手上。影响因素包括设备的设计与布局、固相的特性或含量及筛布选择。

除上述因素外，可能会影响作业人员接触有害物质的因素还有：钻井液的工作环境温度、排量、井深、井段以及用于配制油基钻井液的多环芳香烃的运动黏度；是否露天；工作场所的空间大小及布局；员工的 HSE 意识等。

（二）混合漏斗

混合漏斗是一个锥形加料装置，通过它可将粉末状或液态材料及处理剂混入钻井液体系中，在加料过程中操作人员会接触化学剂和其他材料。

在混合漏斗处通常是由人工搬运和混入所需材料和化学剂，除非是全自动加料系统，在操作中不可避免地会产生粉尘，同时也可能发生液体溅落。无论是产生粉尘还是液体溅落，都具有潜在的危害性。一些自动化的设施可以通过机械方式搬运粉末状材料，甚至可以机械化拆除包装、处置包装袋，这样便有利于减少操作人员接触处理剂粉尘的机会。液体化学剂可以用泵将其泵入混合漏斗，而不必人工倾倒。

搬运袋装的粉末产品和桶装的液体产品，以及混入重晶石类粉末状产品时，操作人员难以避免与其接触。此时的接触途径以吸入为主，因为产品在搬运及通过混合漏斗混入的过程中会产生粉尘。但也可能发生皮肤接触，尤其是在搬运粉末状材料的情况下。为了尽可能减少接触，可以将所使用的材料和处理剂以散装形式盛在大罐中，以机械方式混入钻井液体系中，也可以通过遥控方式进行操作，以最大限度地减少井场作业人员接触污染物。

在通过漏斗加料时，影响接触的主要因素是加料和包装处置，一般影响因素是加料设备的设计及类型、是否露天、工作场所的空间大小及布局、总体与局部排风条件、环境温度和员工的 HSE 意识等。下面一些作业环节都会有机会接触污染物并影响健康。

（1）加入固体处理剂。在采用喷管式混合漏斗加料，直接加入指定的钻井液罐，或通过自动设备加料等过程中，将会直接通过吸入或皮肤接触灰尘，也可能由于皮肤接触被污染的设备表面，钻井液溅落等途径接触处理剂和钻井液。接触持续时间视具体情况不同而不同，可能数小时，也可能数天。影响接触和危害的因素包括喷管式混合漏斗的设计、加料设备的构型、包装类型、散装材料输送罐、固体材料特性、材料加入量、系统稳定性，以及产品和包装是否适合于自动加料。

（2）加入液体处理剂。在将液体产品通过喷管式混合漏斗加料，直接加入指定的钻井液罐，或通过自动设备加料过程中，会由于皮肤接触被污染的设备表面，也可能会由于发生溅落等接触钻井液处理剂和钻井液。影响因素包括持续时间、喷管式混合漏斗的设计、加料设备的构型、包装类型、液体处理剂特性、处理剂加入量、系统的可靠性，以及产品和包装是否适合于自动加料。

（3）包装物处置。在配制钻井液及钻井液性能维护处理过程中，需要将用过的包装物收集并处置掉，包括大、小包装袋、包装桶、中型散装容器等。在加料作业过程中会由于皮肤接触被污染的设备表面、处置废料过程中吸入灰尘和蒸气等持续接触。持续接触时间与加料数量有关。影响接触的因素包括包装类型、处理剂特性、处理剂的兼容性、废料的收集、储存和处置方法等。

（三）钻井液罐区

在钻井液罐上和罐区周围，会由很热的钻井液遭遇冷空气后发生凝结所造成一种高湿度的环境，在该区域的作业人员尽管通常只需执行一些定期性的、重复性的简单操作，但在该环境中仍有吸入和皮肤接触污染物的潜在可能。通常接触蒸气、雾或钻井液的机会主要包括以下作业环节：

（1）钻井液罐的使用。在盛放和循环钻井液过程中会连续性吸入蒸气或雾。影响吸入程度的因素与钻井液温度，裸露的液面面积，罐的设计、尺寸和工作场所的设计等有关。

（2）人力清洗钻井液罐。在进行人力清除流体或固相、并清洗罐的内表面时，会由于溅落、接触被污染的设备表面、吸入蒸气、雾等接触钻井液，在清洗作业期间是连续性的接触。影响因素包括温度、有限空间、清除工具的设计和操作方法及照明条件等。

（3）自动清洗钻井液罐。在采用机械方式清除流体或固相，并清洗罐的内表面时，设备的安装和拆除期间会由于接触被污染的设备表面、吸入蒸气或雾等接触钻井液。影响因素包括钻井液罐的构型，钻井液罐的设计，清除设备的设计等。

（4）在钻井液罐之间倒钻井液或循环钻井液。在钻井液罐之间倒钻井液，通常使用水龙带和电泵，搅拌罐内钻井液等过程中，在管线连接和泵送钻井液期间，会由于接触被污染的设备表面、吸入蒸气或雾，可能发生溅落等接触钻井液。影响因素包括泵送或搅拌设备的设计、操作方法和钻井液罐的设计。

除上述所涉及的影响因素外，影响接触和健康的因素还有罐区的设计和总容量、周边工作场所的空间大小及布局（例如敞开罐还是封闭罐）、是否露天、环境温度、天气条件、总体及局部的排风条件和作业人员的 HSE 意识等。

（四）袋装材料存放

搬运袋装的粉末处理剂和桶装的液体处理剂，以及混入重晶石类粉末产品时，作业人员与处理剂接触是难以避免的，既可能皮肤接触，也可能会吸入。但不同作业环节的接触方式和接触程度会有所不同。

(1) 处理剂的存放。在存放袋装或桶装处理剂，以及用于配制和维护钻井液体系时，会短时间、间歇性地接触，如皮肤接触被污染的设备表面、搬运包装破损的处理剂时吸入灰尘和蒸气等。影响接触的因素包括包装类型、处理剂特性、存放区的布局和设计。

(2) 处理剂的搬运。将袋装或桶装处理剂运至加料区或从加料区运离的过程中，会产生短时间、间歇性的接触。如皮肤接触被污染的设备表面、搬运包装破损的材料时吸入灰尘和蒸气。将带包装的处理剂运至加料区或从加料区运离过程中，会由于搬运包装破损的材料而短时间、间歇性地吸入灰尘和蒸气。影响接触的因素包括包装类型和处理剂的特性。此外，还包括存放区的设计及类型、工作场所的空间大小及布局、是否露天、环境温度、天气条件、总体排风条件和作业人员的 HSE 意识等。

(五) 钻台

在钻台上的作业人员与钻井液等的接触基本上是皮肤接触，由于其手工操作的特点，这种接触可能是长时间的和重复性的。接触的原因可能是手工搬运不干净的设备，以及在清洁和高压冲洗时的喷洒和泄漏。在下套管、起下钻、接单根、下完井管柱等作业中，起下钻期间将会连续性接触钻井液等。通常使皮肤接触被污染的设备表面，钻井液溅落到皮肤、吸入蒸气或雾。对健康的影响与钻台作业的自动化程序和钻井液温度等有关。在需要清除钻井液污染时，会有间歇性和持续性接触。接触方式包括溅落、皮肤接触被污染的设备表面，以及吸入蒸气、雾或气溶胶。对健康的影响程度与清洗设备的类型和所用的清洁剂有关。

除上述因素之外，钻台上对健康的影响因素还有工作区的空间大小及布局、总体排风条件、工作环境、天气条件，作业人员的 HSE 意识等。

(六) 实验室

在钻井过程中，钻井液工程师每天都会进行多次钻井液的性能检测，检测时需要在钻井液罐中或出口管线、钻井液槽处取样，并使用不同实验设备获取必要的数据，以便于对钻井液体系进行分析和性能调整。在测试钻井液的性能时，很难避免操作人员与钻井液的反复接触，一般进行测试时皮肤接触的可能性比吸入的可能性要高。有些实验需要在高温下进行，如将钻井液的液相成分——油和水蒸发出来时。在通风条件差的情况下，这项实验会产生令人不适的气味。

在开展钻井液研究和配方实验中也会接触钻井液，有时还可能会在加样过程中吸入或皮肤接触粉尘，长期高温老化后的钻井液样，可能会产生一些有害的挥发物而被吸入。在实验室由于上述接触方式而对健康造成的影响因素包括实验频次、钻井液和处理剂的性质、工作区的空间大小及布局、室内通风条件，以及 HSE 意识等。

需要强调的是，在使用油基钻井液时，石油类污染物一般可以通过呼吸、皮肤接触、食用含污染物的食物等途径引入人体，影响人体多器官的正常功能，引发多种疾病，包括皮肤、肺、膀胱、阴囊癌症、接触性皮炎、皮肤过敏、色素沉着、痤疮、视听错觉、引发抑郁、胃肠障碍，甚至知觉丧失和记忆力丧失等多种疾病。石油中所含化合物种类不同对人体健康的危害不同。

(1) 脂肪烃类。饱和的低级烃多具有麻醉作用，中级烃的麻醉性及刺激性增强，高级烃中有致癌物的有害物质稠环芳烃类。

(2) 稠环芳香烃类。多环芳烃是环境中存在着的致癌性和致突变性强的物质，尤其是双环和三环为代表的多环芳香烃毒性更大。

（3）苯系物。苯及苯系物对人的皮肤、黏膜有刺激作用，可引起皮炎，并作用于造血组织、诱发贫血、白细胞减少等各种症状，具有致突性，对中枢神经系统有抑制性，长期慢性中毒会造成血性白血病。

（4）酚类。是一种细胞原浆毒，与原浆中蛋白质发生化学变化，而使细胞失去活性。

（5）苯胺类。具有很强的致癌性，苯胺衍生物对中枢神经系统有很明显的影响。

二、对环境的影响途径

水基钻井液中以各种化学状态或化学形态存在的重金属，在进入环境或生态系统后会存留、积累和迁移，造成危害。由于重金属对人体的伤害极大，如随废水排出的重金属，即使浓度小，也可在藻类和底泥中积累，被鱼和贝的体表吸附，产生食物链浓缩，从而造成公害。

由于钻井液 pH 值、盐分较高，进入土壤后可使土壤板结，加剧土壤的盐碱化程度。用于各类钻井液的处理剂均含有 Cr^{6+}、Ba^{2+}、Ag^+、Ca^{2+}、Hg^+、Na^+、CO_3^{2-}、SO_4^{2-}、C 等。蓄积在钻井液池的废钻井液及其所含污染物会对废浆池周围土壤产生垂直下渗和水平扩散作用。实验表明，石油类在土壤中下渗的影响范围及对土壤的污染通常集中在 2m 以内，在意外情况下若钻井液溢出，更会扩大影响面。钻井液中的高浓度污染物渗入地下水，会在环境或动植物体内蓄积，而危害人类的健康和安全；废物中的有机处理剂使水体的 COD、BOD 增高，影响水生生物的生长。

对遗留废池中的钻井液样品进行检测表明，废浆中石油类含量一般在 104~2120mg/kg，污染指数 2~201，超标率达 100%，说明废浆中石油类含量较高。在 13 组土壤样品中挥发酚和硫化物均有检出，挥发酚为 0.002~0.012mg/kg，硫化物为 0.06~0.32mg/kg，说明石油钻井会引起挥发酚和硫化物升高。重金属均有检出，但均未超出土壤标准值。

在未采取防渗措施的废浆池，钻井液污染物会随雨水下渗、水平扩散污染浅层地下水。通过对废浆池下部土样的分析表明，石油类含量为 36~1308mg/kg，污染指数为 0.7~11.1，采取防渗措施的钻井液池下部土体中石油类含量较低，而未采取措施的石油类含量较高。在土壤样品中挥发酚和硫化物均有检出，挥发酚 0.002~0.007mg/kg，硫化物 0.02~0.15mg/kg，说明挥发酚和硫化物含量随着废浆池在雨季淋滤有一定影响。锌、铅、总铬、铜、镉、汞、砷等重金属含量随着废浆池在雨季淋滤含量有所升高，检出值大于附近土壤中的含量。由此可见，若长期在环保措施不力的情况下，钻井液会直接或间接地对浅层地下水水质产生一定的影响。

油基钻井液，对环境的影响主要取决于基液的性质，对环境的影响除与水基钻井液相同的一些影响外，主要是油类的影响。下面具体介绍不同因素对环境的影响情况：

（一）含盐和重金属钻井液的影响

1. 盐的影响

钻井作业中由于钻井工艺的需要常常要使用盐水钻井液，对于这类钻井废弃物有严格的处理规定，要进行专门的脱盐处理方可排入环境，一般不会引发环境问题。而钻进中大量使用的淡水钻井液所引起的潜在盐污染则常常被忽视。事实上，以淡水作为基础连续相的钻井液由于各种处理剂的影响，常常会导致体系的总矿化度升高，钻井液在循环使用过程中也会溶解部分地层中所含有的无机盐类，造成钻井液水相部分的矿化度升高。

对某油田的废弃淡水钻井液总盐量、硫酸盐和氯化物进行分析，氯化物测定结果显示，钻井液滤液中氯化物含量一般>400mg/L，多数情况下氯化物含量>1000mg/L。在《农田灌溉水质标准》（GB 5084—2021）规定中，明确限定了农灌水的 Cl^- 应≤200mg/L。若长期采用高含盐水（Cl^->500mg/L）灌溉农田，将使土壤溶液的渗透压增大，土体通气性、透水性变差，土壤变硬进而板结、龟裂，养分有效性降低，植物难以从土壤中吸收水分导致不能正常生长，严重时致使土壤无法返耕，最终加速土壤的盐碱化程度，造成土壤的浪费，致使生态环境遭到破坏。特别是对于一个具有一定规模、井位比较集中的油田，由于钻井液使用总量巨大，这种影响更不可低估。当油田进行相当一段时间的开发后，会将数千吨当量的盐类分散至地面。

某些油田所在地域常见的局部盐碱化土壤带与此不无关系。根据水文统计资料，世界河流的平均含盐量为100mg/L，我国一般为100~200mg/L。显然，钻井废液的含盐背景值要高出环境背景值数倍，具有引发潜在污染的可能。同时通过对废弃钻井液污染影响的土柱淋滤实验研究表明，在石油钻井集中区土壤的可溶性盐分容易随废弃钻井液一起下渗迁移；土壤对废弃钻井液中的盐分有一定的吸附截留能力，但这种吸附截留能力很有限，使得盐分可随水分一起下渗迁移而进入深层土壤或地下水中；含盐废弃钻井液的外排和下渗，既是土壤淋洗脱盐的过程，又是盐分不断输入土壤的过程，对土壤剖面和地下水的盐分含量有较大影响。

2. 重金属污染导致土壤中重金属富集

重金属一般是伴随钻井液处理剂、基础材料（如低品质的重晶石）进入体系的，也可能是随钻屑由地层中携带出来的进入钻井液。重金属主要包括汞、铬、镉、铅、砷等。钻井液中重金属多以吸附态、络合态、碳酸盐态和残渣态存在，它的最终归宿是土壤，因此土壤成了所有污染物的最终承载体。

对于重金属而言，由于它在土壤中一般不易因水的作用而迁移，也不可微生物降解，而且不断积累，并有可能转化为毒性更大的甲基类化合物，因此重金属污染是一种终结污染。土壤中重金属积累到一定程度就会对土壤—植物系统产生毒害，不仅导致土壤的退化，农作物产量和品质降低，而且通过径流和淋洗作用污染地表水和地下水，恶化水文环境，通过直接接触食物链等途径危及人类的生命和健康。尤为严重的是重金属在土壤系统中的污染过程具有隐蔽性，长期性和不可逆性的特点。同时还有明显的累积性，可使污染的影响持久和扩大。

土壤中汞的存在形态有无机态与有机态，并在一定条件下相互转化。无机汞虽然溶解度低，但在土壤微生物作用下，汞可以向甲基化方向转化。在富氧条件下主要形成脂溶性的甲基汞，可被微生物吸收、积累，进而转入食物链造成对人体的危害；在厌氧条件下，主要形成二甲基汞，在微酸性环境下，二甲基汞可转化为甲基汞。汞对植物的危害因农作物的种类不同而不同。汞在一定浓度下使农作物减产，在较高浓度下甚至使农作物死亡。

土壤中镉的存在形态分为水溶性镉和非水溶性镉。水溶性镉能被农作物吸收，对生物危害大。而非水溶性镉在土壤偏酸性时或氧化条件下，也变成可溶性，在土壤中易于迁移。被植物吸收后的镉若进入人体会使人患上骨痛病、糖尿病，损伤肾小管，还会引起血压升高、心血管、癌症、致畸等疾病。

铅在土壤中易于与有机物结合，铅对植物的危害表现为叶绿素下降，阻碍植物呼吸及光合作用。铅对动物的危害则是累积中毒。人体中铅能与多种酶结合从而干扰有机体多方面的生理活动，导致全身器官衰竭。铬被植物吸收后，会阻碍水分和营养向上部输送，并破坏植物的代谢作用。人体中铬含量严重超标时，会使人发生口角糜烂、腹泻、消化紊乱等症状。

土壤中砷大部分为胶体吸收或和有机物络合，形成难溶化合物。砷对植物的危害最初症状是叶片卷曲枯萎，进一步是根系发育受阻，最后是植物根、茎、叶全部枯死。砷对人体危害很大，它能使红细胞溶解，破坏人体正常生理功能，甚至导致癌症等。

（二）含石油类物质钻井液的影响

石油类污染物在土壤中的存在状态主要有 4 种，即残留态、挥发态、自由态和溶解态。残留态是指由于石油吸附作用或是毛细作用而残留在土壤多孔介质中的污染物，其以液态形式存在但不能在重力作用下自由移动；挥发态是指由挥发进入土壤气相中，并在浓度梯度作用下不断扩散的污染物；自由态是指在重力作用下可自由移动的部分，其可通过挥发和溶解向土壤和地下水中释放；溶解态是指溶解在地下水中，并随地下水迁移扩散。

1. 石油类污染物对土壤性质的影响

石油对土壤的污染主要集中在 20cm 左右的表层。石油排入土壤后，能破坏土壤结构，影响土壤的通透性，改变土壤有机质的组成和结构，降低土壤质量。因石油类物质的水溶性一般很小，土壤颗粒吸附石油类物质后不易被水浸润，难以形成有效的导水通路，使土壤的透水性降低、透水量下降。石油类物质在土壤中的残留性、累积性较强，能显著影响土壤同外界环境的物质能量交换。石油进入土壤在向地下渗透过程中还会沿地表扩散、侵蚀土层，使之盐碱化、沥青化、板结化，在重力作用下向土壤深部迁移，由于石油的黏度大，黏滞性强，在短时间内形成小范围的高浓度污染，改变土壤的物理化学性质，土壤性质的改变会直接影响土壤中化合物的行为，破坏土壤的生产功能。另外，在一定的环境条件下，石油烃中不易被土壤吸收的部分能渗入地下并污染地下水，所以对地下水的潜在危害性也是不容忽视的。

2. 石油类污染物对陆生植物的影响

当土壤中石油含量小于 1mg/kg 时，石油对植物的生长有促进作用，因为植物能将石油中的碳、氢、氧、氮等通过木质化作用而转化成植物生长所需的物质。只有当土壤中的石油含量较高时，对植物的生长才有抑制作用。不同的植物种类，受到石油类污染物的抑制效果也不一样。土壤中的石油类污染物在植物根系上形成一层黏膜，阻碍根系的呼吸与吸收功能，根部从土壤中吸收的石油能向叶子和果实移动，并不断积累放大。石油中不同馏分对植物的影响有所不同，沸点在 150~275℃ 以内的石油馏分对植物的毒害较大，因为它能穿透植物内部，在细胞间隙和维管束系统中运行，破坏植物体正常的生理机能。高沸点的烃因分子量较大而不能穿透植物的内部组织，但易在植物的表面形成一层薄膜，妨碍植物的气孔，影响植物的蒸腾和光合作用，抑制营养物质的吸收和转移，造成植物死亡。

3. 石油污染物对陆生动物的影响

石油污染物主要通过动物取食、呼吸、皮肤渗透等方式进入动物体内，能破坏生物体细胞膜性结构的脂溶性，有选择性地损害机体的神经系统，腐蚀呼吸道以及对生物机体内代谢的毒性作用，致使动物皮肤、嘴巴和鼻腔过敏、发炎，无法正常觅食；破坏和抑制免疫系统，有时还会引发继发性的细菌或真菌感染；破坏血液中的红细胞；引起肝脏萎缩、肺、呼吸道、肾等多种器官衰竭。

4. 石油类污染物对水资源的影响

当河流受到石油类污染之后，会限制河流的水功能区的建设；当河流污染到达一定限度时，石油类污染指标会成指数增加，当地的地下水达不到灌溉用水标准与国际饮用标准，直接影响到农业灌溉与人们的日常生活，造成当地群众饮用的困难。

项目三　钻井液环保技术

据不完全统计，中石油每年钻井约 2 万口，钻井过程中产生的废弃钻井液数量巨大，随着国家新环保法规执行力度的不断加大，其带来的环境污染问题越来越受到当地政府和民众的高度关注，钻井废弃物的无害化治理已成为亟待解决的问题。

目前，采用的废弃钻井液处理技术存在很多不规范现象，井场储存池未做防渗的情况仍然存在，成熟适用、经济高效的废弃钻井液与钻屑处理配套技术尚未形成。近年来，虽然开展了多项钻井液环保技术研究，但总体上来看，尚未从源头上形成真正的绿色环保型钻井液体系，也未建立系统科学的精细管理机制。

一、废弃油基钻井液及钻屑处理技术

（一）液体油基钻井液资源回收环保技术（LRET）

国外对废弃油基钻井液及钻屑处理的研究开始较早，初期比较有代表性的技术有固化法、坑内密封填埋法及钻屑回注等，这些方法未从根本上消除环境污染的隐患，且对可利用资源造成了浪费。近年来，哈里伯顿、MI-SWACO 等均采用机械甩干+热解析工艺来处理废弃油基钻井液及钻屑。油基钻井液是国家规定的危险废物，随着深层和非常规资源的勘探开发，国内塔里木克深—大北地区超深井、四川威远—长宁、云南昭通页岩气及大庆致密油钻井等均使用了油基钻井液，相对废弃水基钻井液的处理，投入的费用及环保重视程度较高，目前已形成了溶剂解析、机械甩干、离心、微生物及热解析处理等方式，各项技术在不同区块均取得了一定效果，基本能够实现回收利用和达标排放。

（二）甩干—离心回用技术

（1）利用约 0.3mm 的筛网，将大颗粒隔离在筛网内部，通过刀片将筛网内固体挂出，形成含油率低的干渣，小颗粒和钻井液从筛网穿过，再经过离心分离后，质量较好的钻井液回收，含粉尘和小颗粒较多的固相收集堆放，其中干渣部分约占总体积的 50%，回收钻井液占 10%~15%（图 6-3-1）。

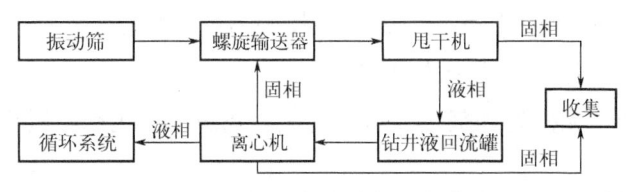

图 6-3-1　离心甩干回收钻井液技术流程示意图

（2）该技术已在涪陵和长宁应用，处理费用低、可回收利用部分基础油、占地面积小。

（3）不足：处理不彻底，一般处理后钻屑的含油率较高（5%~8%），需进一步处理，二次处理费用高。

（三）机械+微生物处理技术

（1）首先利用机械方法（高效离心机或甩干机）分离出含油钻屑中的固体和液体，能将岩屑含油量降低到5%以下，大约可回收10%~15%的油基钻井液。

（2）剩余含油岩屑输送至防水防渗透处理场，添加适量的微生物营养剂、活化剂和pH值能调节剂，将岩屑有机物降解为二氧化碳和水等物质，最终达到无害化。

（四）电磁波处理技术

光波加热废弃物料80℃，使废弃物表面开始膨化产生微孔气泡；温度持续上升至150℃时，油和水开始在微孔气压作用下分离，水被蒸发殆尽；温度升至约220℃，油汽化挥发，通过排烟管道排出箱体外冷凝至40℃以下回收。

（1）利用光波、电磁波和微波将含油岩屑加热到不同温度，将油、水从岩石颗粒上分离、蒸发，从而降低岩屑含油量。

（2）该技术采用叠式组装，运输方便，占地面积小。在苏53-74-21H井全油基钻井液含油岩屑进行了应用，岩屑含油量由21%降为1.6%。

（3）不足：防爆考虑不周全，物料易堆积堵塞，未充分考虑不凝气及排放等问题。

（五）热解吸技术

将油基钻井液升温至烃类的挥发温度，去除钻屑或其他物质中的油类组分；再利用分离除尘方法去除干粉岩屑；利用冷凝方法回收基础油水。连续处理含油钻屑124t，对36个干钻屑样品进行含油量检测，平均含油量0.42%，回收油满足重新配制油基钻井液技术要求。

不足：柴油馏程宽，绝氧加热到500~1000℃以上才能完全气化，操作温度高、消耗热量大、能耗高、设备投资大，存在爆炸风险。

二、废弃水基钻井液及钻屑处理技术

废弃水基钻井液是复杂的多相稳定胶态悬浮体系，成分极为复杂，主要由黏土、加重材料、各种化学处理剂、水、油及钻屑组成。随着技术进步特别是合成高分子化学的发展，一大批新型合成高聚物出现并用于钻井液处理剂，使得废弃钻井液的组成变得越来越复杂，这就给废弃水基钻井液的处理带来极大困难。

20世纪70年代初国外就研究了废弃水基钻井液对土壤、滩涂、沼泽及陆海动植物的影响，并对钻井废液的处理作了严格规定，促进了环保型钻井液和废弃水基钻井液处理技术的发展，有力地保护了环境。我国在废弃水基钻井液对环境影响这方面的研究起步较晚，直到20世纪90年代才开展了一些初步研究，对废弃水基钻井液对环境的影响有了一些认识，试验了一些废弃水基钻井液处理技术，但成功技术推广进展缓慢。

（一）水基钻井液组分——无机处理剂

（1）水基钻井液中无机处理剂主要包括纯碱、烧碱、氯化钠、氯化钙、氯化钾等无机盐类。

（2）高浓度的可溶性盐类与可交换性的钠可以使土壤盐碱化，进而影响植物的生长。

（3）盐度含量过高也可使植物吸水困难，有损植物生长及土壤的化学性质。

（二）水基钻井液组分——有机处理剂

水基钻井液中的有机处理剂主要包括以下五种：降黏剂、降滤失剂、页岩抑制剂、增黏剂、堵漏剂。这些有机处理剂有一个共性就是造成钻井废液的 COD 值严重超标。

（1）聚磺钻井液中使用的磺化处理剂会增加废弃钻井液中硫化物浓度。

（2）页岩抑制剂多为沥青及其改性沥青产品。沥青的主要成分为胶质和沥青质，这些成分对环境有较严重影响。

（3）有些降黏剂还含有重金属离子 Fe^{3+}、Cr^{3+}，使用该类处理剂会增加钻井废液中的重金属离子浓度。

（三）水基钻井液组分——油类物质

水基钻井液中使用的润滑剂主要为油类物质，主要影响水体的 BOD 含量。由于油类物质在水体中很难被微生物降解，因此油类对生物体的毒性几乎无处不在。钻井过程中产生的钻屑对环境的影响也是不可忽视的。钻屑往往黏附了大量的油类、有机处理剂，如果钻屑不经处理，直接堆放在井场或者排放到海洋中，对环境仍可以造成破坏或污染。

（四）水基钻井液组分——加重材料

加重材料一般采用重晶石，其主要成分为 $BaSO_2$，但含有烃类化合物、铅类化合物与锌类化合物杂质，会在使用过程中生成可溶性的 Ba^{2+}、Pb^{2+}、Zn^{2+}。这三种离子均属于毒性较大的可溶性重金属离子，能在环境或动植物体内蓄积，对人体健康产生不良的影响。另外废弃水基钻井液中的黏土颗粒具有吸附重金属离子的能力，并影响金属的存在状态。

废弃水基钻井液常用处理方法主要有固化法、固液分离法、注入安全地层法和生物处理法。

（1）固化法。

使用泥浆变水泥（MTC）等技术，向废弃水基钻井液中加入具有固结性能的固化剂，使其转化成类似混凝土似的固化体，然后将固化体深埋，上面恢复植被。固化体可固结钻井液中的有害成分，如重金属离子、有机物、油类等，显著减小对土壤的渗滤，减少对环境的影响和危害。

该方法所需设备较少，操作简单，成本也较低。但需要等待废弃钻井液较长时间蒸发，且固化物长期在水中浸泡后，浸出物仍会影响环境。

（2）固液分离法。

固液分离原理是在废弃水基钻井液中加入一定的混凝剂（絮凝剂和凝聚剂）进行絮凝反应，反应物在固液分离设备（如高效离心机、板框压滤机、真空过滤机等）中实现固液分离。分离出的液相可用于配制钻井液循环利用，节约钻井成本，也可以经过化学处理达标后排放。固相则可用作路基土修路、垫井场、制砖或直接填埋，以满足环保要求。

废弃水基钻井液处理工艺技术流程如下：整个随钻处理过程分为废弃物收集、破胶脱稳、固液分离及废水综合处理四部分。废弃物收集：通过螺旋输送机组，随钻收集钻井废弃物；破胶脱稳：对破胶罐中的废弃钻井液进行加药、脱稳、破胶、絮凝、沉淀，达到固液分离要求后，泵入固液分离装置；固液分离：主要设备有隔膜压滤机、滤饼输送机、滤液收集输送装置，压滤机对废弃钻井液进行固液强化分离，将滤饼含水率控制在 20% 以内；废水综合处理：通过脱色、深度氧化吸附、膜过滤等工艺，实现达标排放。

该分离法的技术特点是：设备少，占地面积小；现场处理速度快，效果好；自动化程度高，可操作性强；可实现钻井现场"零排放"标准；实现废物再利用。

(3) 注入安全地层法。

以废弃的油井或专用井作为注入井,选择压裂梯度较低,封闭性较好,不会引起产层或地下水层污染的地层作注入层,利用泵及井口装置将废弃钻井液注入地层。这种方法对设备的要求比较高,且受注入地层的限制,不能被普遍采用,在美国和加拿大等国家这种方法已被禁止使用。

(4) 生物处理法。

生物处理法是利用现代微生物工程技术的方法,针对废弃水基钻井液中有害成分,选育具有高效降解能力的微生物复合菌群,通过微生物在废弃钻井液池中原位生长繁殖,经过复杂的生物、化学过程对废弃钻井液中危害生态环境的有害成分进行高效的降解转化,使其脱毒、脱胶、脱盐碱、脱水,达到生物无害化处理的目的,使油气田钻井后被污染的土壤环境得到生物修复,生态环境得到恢复。

该方法具有成本低、反应条件温和、安全长效以及无二次污染等显著特点。该方法的难点是选择合适的微生物菌种。

三、废弃钻井液处理总体发展趋势

要求: 围绕如何降本增效,从源头控制、过程控制、末端治理的不同阶段,分别建立钻井液污染治理与综合利用技术系列,重点研究目前亟需解决的大量废弃水基钻井液的综合处理及环保型水基钻井液配套技术。

方向: 变后续被动处理为钻井液无害化,从末端治理向源头控制、过程控制转变,针对不同井深、井型要求,分步实现钻井液无害化。

目标: 满足各项法规政策要求,实现绿色钻井、污染物零排放、环境零污染和废弃物再利用。具体来说就是要达到:源头控制——环保型钻井液体系及处理剂材料;过程控制——建立评价标准及规范,全过程零污染;末端治理——液相循环再利用,固相达标排放。

(一) 技术对策

(1) 尽快规范建立钻井液环保性能评价标准体系,与国家及地方政府的环保要求接轨,保证环保钻井液应用的真实性与可靠性。

① 油气钻井作为一个专业性较强的特殊行业,目前没有建立专门的钻井液环保性能评价标准体系和规范。

② 有些以淀粉、天然纤维素及无毒聚合物等原料改性生产的钻井液处理剂,从理论上分析,应该环境友好,但缺乏检测数据支撑。

③ 应尽快建立专门针对处理剂及钻井液体系环保性能评价的标准体系(从生物毒性、植物毒性两方面进行评价),以提高处理剂及钻井液体系环保性能评价的准确性和科学性,尽早实现与国家及地方政府的环保要求接轨,保证环保钻井液应用的真实性与可靠性。

(2) 从源头抓起,禁止含重金属等成分的污染性较强钻井液处理剂的使用,加强过程控制力度,减少废弃钻井液与钻屑处理难度。

① 目前,钻井过程中使用的钻井液处理剂有几百种,根据地层情况选用的钻井液配方也千差万别,形成了多套水基钻井液体系,表现为处理剂材料种类较多、组成复杂、差别较大。

② 针对常用的钻井液处理剂材料及钻井液体系，应尽快开展对环境的影响及毒性鉴定试验，甄别出环境友好型钻井液处理剂及体系种类，建立中石油环保型钻井液处理剂材料及钻井液体系目录，供钻井过程中优先选用。

③ 从源头禁止使用含重金属等成分的污染性较强的处理剂及钻井液体系，加强过程控制力度，减少后期废弃钻井液与钻屑处理难度。

（3）针对浅井和钻遇地层复杂程度较低的井，钻井过程中应优先使用环保型水基钻井液体系，降低废弃钻井液与钻屑处理成本。

① 大庆、长庆、青海、内蒙古、山西以及环渤海湾地区油气田，很多处于环境较敏感地区，开发过程中所钻井多为地层复杂程度较低的井或井深小于2500m浅井。

② 此类井钻井周期短，也不需要钻井液具有太高的抗温能力，可借鉴海洋油田钻井经验，选用经环保部门检测无毒的钻井液处理剂及材料配制环保型水基钻井液，使废弃钻井液与钻屑无需深度处理即可实现达标排放，这将大大减少钻井废弃物的处理费用、有效降低成本。

（4）针对深井、大斜度井、水平井和钻遇地层复杂程度较高的井，加强废弃钻井液的回收重复利用，以降低成本、减少废弃物排放量。

① 深井、大斜度井、水平井和钻遇地层复杂程度较高的井，钻井周期长，为满足润滑、井壁稳定、抗高温抗盐、抗污染等要求，大量使用了对环境影响较大的难以降解处理剂、含油处理剂和各种磺化材料，有些处理剂中还含有重金属离子。

② 对这些井产生的废弃钻井液与钻屑处理，可选用高速离心机等高效固液分离机械装置，在无需或很少添加其他化学剂的条件下，在井场就实现废弃钻井液和钻屑的高效固液分离，分离出的浆体在现场直接实现回收利用；分离出的固相经过集中固化等工艺技术处理后，达到国家标准 GB 15618—2018《土壤环境质量标准 农用地土壤污染风险管控标准（试行）》的相关要求，实现达标排放。这样不仅简化了钻井废弃物处理工艺流程、实现了废物再利用、降低了成本，也可有效减少废弃物排放量、保护环境。

（二）技术管理对策

将钻井公司作为废弃钻井液与钻屑无害化处理的责任主体，激发其积极性与主动性，同时加强油田公司的技术协调管理、过程控制及监督。

（1）钻井公司是钻井施工的主体，也应成为钻井液无害化处理的责任主体，各油田按照勘探生产分公司《钻井废液与钻屑处理管理规定（暂行）》，在油气田勘探开发投资计划中列出相关处理费用，应主要用于钻井公司对钻井废液与钻屑的处理。

（2）通过建立谁损害、谁恢复的责任制度和谁环保、谁受益的奖励机制来激发钻井公司的积极性与创造性，使他们主动选用环境友好型的无毒处理剂及钻井液体系、设法减少钻井废弃物的排放量，并通过不断延伸完善产业链，为油公司提供钻井液及废弃物处理一体化总包服务模式。如选用第三方对钻井废弃物进行处理，则会导致钻井公司对这项工作缺乏积极性，甚至漠不关心，最终使钻井废弃物处理难度增加，难以实现废物回收利用，处理量和处理成本也会居高不下。

（3）油公司则通过加强技术协调管理、过程控制和监督检测，来规范废弃钻井液及钻屑处理技术方案，防止对环境造成影响，以满足国家和地方政府环保要求。

项目四　现场安全与救护

一、安全生产

安全生产是企业管理中的一个基本原则，其含义是在生产过程中保障人身安全和设备、井下安全。就是说，既要消除危害人身安全与健康的一切有害因素，也要消除损坏设备、产品或原材料的一切危害因素，保障生产的正常进行。

石油工业安全生产的基本原则主要包括：

（1）安全第一，预防为主。
（2）管生产必须管安全。
（3）安全具有否决权。
（4）企业行政负责人是安全生产的第一责任者。

二、劳动保护

劳动保护就是依靠技术和科学管理，采取技术和组织措施，消除劳动过程中危及人身安全和健康的不良条件与行为，防止伤亡事故和职业病，保障劳动者在劳动过程中的安全和健康。国家为保护劳动者在生产活动中的安全与健康，在改善劳动条件、防止工伤事故、预防职业病、实行劳逸结合、加强女工保护等方面采取的各种组织措施和技术措施，统称为劳动保护。

三、安全用电和急救

（一）安全电压

对地电压在 250V 以上的为高压，对地电压在 250V 以下的为低压。

一导体对地或两导体间电压低于 50V（交流频率 50~500Hz，有效值）为安全电压。安全电压额定值的等级是 42V、36V、24V、12V、6V。当电气设备采用了超过 24V 的安全电压时，必须采取预防直接接触带电体的保护措施。

（二）触电事故

当人体触及带电体，或带电体与人体之间闪击放电，或者电弧波及人体时，电流通过人体进入大地或其他导体，形成导电回路，这种情况称为触电。

触电时人体会受到某种程度的伤害，按其形式可分电击和电伤两种情况。电击是电流通过人体内部所造成的伤害，主要影响呼吸、心脏和神经系统，使人体内部组织破坏，乃至死亡。电伤是电流对人体外部造成的局部伤害，包括电弧、熔化的金属微粒渗入皮肤等。

触电一般有以下四种类型：

（1）单相触电。人站在大地上，人体碰到一根带电的导线而触电称为单相触电。对高压带电体，人体虽没有直接触及，但由于超过了安全距离，高压对人体放电引起触电也属于单相触电。

（2）两相触电。人体同时接触两相导线所造成的触电称为两相触电。

（3）跨步电压触电。当带电体落地或设备发生接地故障时，电流在接触点周围土壤中形成分部电位，人在接地点周围两脚之间出现的电压称为跨步电压，由此引起的触电称为跨步电压触电。

(4) 接触电压触电。人体触及短路故障设备的外壳而引起的触电称为接触电压触电。

(三) 触电事故的预防

1. 防止直接触电的措施

(1) 人员操作时，一定要用绝缘工具和用具。
(2) 导线的接头要包缠严密，不漏电。
(3) 检修电气设备前要切断电源，并挂检修牌。
(4) 手持式移动电器必须有接地地线，电源线不得有接头。
(5) 电器设备必须有接地线。

2. 防止间接触电的措施

(1) 所有用电设备要有良好的接地及接零保护。
(2) 创造不导电环境，防止绝缘损坏时人体触及不同电位的两点。
(3) 进行电气设备隔离，防止裸露导体或故障带电设备造成触电。
(4) 制造等电位环境，把所有容易同时接近的裸露导体或设备相互连接起来，以防发生危险的接触电压。
(5) 使用安全电压、绝缘及用电保护等措施，防止发生间接触电。

(四) 触电与急救

发生触电后，最重要的是设法使触电者尽快脱离电源，进行现场急救。

1. 使触电者脱离电源时应注意的事项

(1) 关闭电源开关，断开电源。
(2) 用绝缘物包住刀把或剪刀切断电线或用干燥的木棒挑开电线。
(3) 在万不得已的情况下，可以用干燥的麻绳、布带套在伤员身上，将其拉离电源。
(4) 救护人员切勿在未确认已经断电的情况下用手直接接触伤员，防止触电。

2. 对触电者进行现场急救时应注意的事项

(1) 伤员脱离电源后，立即使之平卧，迅速清除口腔和呼吸道内的异物，解松衣扣、腰带，以保持呼吸道畅通。
(2) 如呼吸和心跳停止，应迅速进行人工呼吸和胸外心脏按压，切忌盲目抬扛触电者。常用的人工呼吸方法有俯卧压背法、仰卧压胸法、仰卧牵臂法、口对口吹气法四种。
(3) 急救中不可滥用强心剂。
(4) 现场挽救无效时，应及时送医院抢救。转送途中不要中断人工呼吸和胸外挤压等抢救措施。

四、个体防护与急救

钻井液工在生产中经常接触到一些化学药品，其中不乏强酸、强碱等强腐蚀性及有毒药品，因此要特别注意个体保护。

(一) 防止化学伤害的措施

(1) 建立安全防护措施。强碱储备罐的罐口应高出地面1m以上；当与地面等高时，应在周围设置防护栏,并加设罐盖,以防人员跌入。

(2) 接触和搬运腐蚀性较强的化学药品时,必须穿戴好相应的劳保用品。如口罩防腐手套、防护眼镜等用品,人要站在上风口,轻搬轻放,防止药品飞溅伤人。

(3) 清除或排放腐蚀性液体时,应缓慢操作,慢开阀门,以防液体飞溅伤人。人应站在安全部位,穿戴好防护用具,面部不要对着阀门。

(二) 化学伤害的急救

皮肤或黏膜被化学物质灼伤后,造成局部或全身损害,往往需要一定的作用时间,时间越短,损害越轻。因此,应该尽量在最短的时间内采取自救或互救的方法进行现场急救处理。绝不要等待医生来现场或转送医院再作处理,以免延误时间,影响治疗效果。急救措施如下:

(1) 迅速使受伤害者脱离致伤现场,去除受污染的衣物。

(2) 清洗创面。立即就近用大量流动清水冲洗伤面的污物,防止污染物继续对皮肤组织的伤害,或经皮肤吸收而发生中毒。

(3) 被污染的皮肤,经水彻底冲洗后,必要时可适当用中和剂,如酸灼伤可用3%~5%小苏打溶液洗涤,以中和创面残留的酸;如碱灼伤,经水洗后可用饱和硼酸溶液或1%醋酸溶液洗涤。注意中和时间不宜过长,然后再用清水冲洗。

(4) 创面经冲洗后,可用消毒敷料包扎,然后根据伤害者的情况,决定是否转送医院进行治疗。

(5) 遇有化学物质溅入眼内引起化学性眼灼伤,应立即用大量流动的清水或生理盐水冲洗眼睛,并不断转动眼球,直至污染物被全部冲洗干净为止。现场处理后根据灼伤情况,决定是否转送医院治疗。

项目五 应会技能训练

——正压式空气呼吸器的佩戴与洗眼器的使用

一、正压式空气呼吸器的佩戴

(一) 学习目标

熟练掌握正压式空气呼吸器的正确佩戴和使用;掌握正压式空气呼吸器的检查内容;了解正压式空气呼吸器的型号、结构、状态、放置位置等。

(二) 使用检查

(1) 检查合格证。

(2) 打开气瓶开关,稳定后再关闭,检查气瓶压力(瓶内压力应达到28~30MPa)。

(3) 检查背带、腰带、胸带,达到合格使用要求,调整好使用状态。

(4) 气瓶正确地固定在背托架上,残气报警哨无堵塞,固定牢固。

(5) 全面罩的视窗明亮,面罩密封、全面罩头带卡扣并调整好长度。

(6) 检查高压管路和中压管路无老化、龟裂、无漏气现象,检查及气密性合格。

(7) 检查残气报警器,报警正常。

（8）检查旁通阀工作正常。

（9）检查供气阀与面罩连接必须好用，检查面罩的气密性要密封。

（10）每次交接班要进行检查。

（11）全部检查完成，正常没有问题后应装箱、上盖、备用。

(三) 佩戴操作

（1）发现或听到硫化氢超标报警，立即打开箱盖，打开气瓶开关。

（2）迅速将面罩上的颈带套在脖子上，面罩挂在胸前。

（3）由下向上戴面罩，密封框下没有异物，然后收紧系带（由下向上）。

（4）快速将供气阀和面罩连接。

（5）呼吸正常后，将压缩空气瓶瓶口向下背在肩上。

（6）背负呼吸器后，先拉紧肩带（有胸带的要扣好），再拉紧腰带，确保呼吸顺畅、佩戴牢固。

（7）戴好安全帽。

正压式空气呼吸器佩戴示意图如图 6-5-1 所示。

图 6-5-1　正压式空气呼吸器佩戴示意图

(四) 使用要求

（1）每次交接班要进行检查。

（2）检查发现及时整改，若问题不能解决必须及时更换，不能带问题备用。

（3）在检查整个过程中，面罩放置始终正面朝上，安全帽不能离身。

（4）佩戴使用时间在 45s 内完成，越快越好。

（5）若不够熟练，必须练习熟练达到要求后再上岗。

二、洗眼器的使用

(一) 学习目标

掌握洗眼器的安装、使用与维护保养；熟悉防止化学伤害的措施及急救知识；了解危险化学品使用中的各种危险性。

（二）准备工作

（1）穿戴好劳保用品。

（2）检查洗眼器，保证正常使用。

（3）备足洗眼液用品，如医用酒精、醋酸溶液、小苏打溶液、生理盐水和肥皂水等。

（4）准备擦布若干。

（三）操作步骤

1. 眼部冲洗

（1）取下洗眼器冲眼喷头防尘盖。

（2）打开冲眼喷头阀门，将眼部移到冲眼喷头上方。

（3）根据出水高度，调节眼部与出水喷头的距离。

（4）使用完毕，关闭冲眼喷头阀门并将防尘盖复位。

2. 躯体冲洗

（1）脱去污染的衣物，站到喷淋头下。

（2）用手向下拉动洗眼器冲淋拉杆，水从喷淋头自动喷出，冲洗躯体伤害部位。

（3）使用完毕，将拉杆复位。

（四）技术要求

（1）眼部冲洗时，眼睛要睁开，眼珠来回转动；连续冲洗时间不得少于15min，再行就医治疗。

（2）躯体冲洗时，不得隔着衣物冲洗伤害部位，冲洗时间至少持续5~10min。

（五）相关知识

洗眼器属于应急设施范围，当作业人员躯体、脸部和眼睛等部位受到酸、碱、有机物等有毒、有腐蚀性的物质侵害时，通过洗眼器的快速和有效冲洗、喷淋，使受伤者的伤害程度减轻到最低程度，从而保障人员安全。

参 考 文 献

［1］ 孙焕引．钻井液使用与维护．北京：石油工业出版社，2013．
［2］ 赵博，郏志刚．钻井事故预防与处理．北京：石油工业出版社，2020．
［3］ 徐同台．保护油气层技术．3 版．北京：石油工业出版社，2010．
［4］ 刘红兵．油层物理．北京：石油工业出版社，2016．